W0259966

ALLE ZEIT WACH
1842

Manfred Meyer

Elektrische Antriebstechnik

Band 1

Asynchronmaschinen im Netzbetrieb und drehzahlgeregelte Schleifringläufermaschinen

Mit 121 Abbildungen und 14 Tabellen

Springer-Verlag Berlin Heidelberg GmbH

Dr.-Ing. **Manfred Meyer**
Ordinarius des Elektrotechnischen Institutes der Universität Karlsruhe

Text und Formeln wurden mit einem Textsystem der Springer Produktions-Gesellschaft bearbeitet.

CIP-Kurztitelaufnahme der Deutschen Bibliothek
Meyer, Manfred: Elektrische Antriebstechnik / Manfred Meyer. – Berlin ; Heidelberg ; New York ; Tokyo : Springer
Bd. 1. Meyer, Manfred: Asynchronmaschinen im Netzbetrieb und drehzahlgeregelte Schleifringläufermaschinen. 1985

Meyer, Manfred: Asynchronmaschinen im Netzbetrieb und drehzahlgeregelte Schleifringläufermaschinen / Manfred Meyer. Berlin ; Heidelberg ; New York ; Tokyo : Springer, 1985. (Elektrische Antriebstechnik / Manfred Meyer; Bd. 1)

ISBN 978-3-540-13852-5 ISBN 978-3-642-86542-8 (eBook)
DOI 10.1007/978-3-642-86542-8

Ursprünglich erschienen bei Springer-Verlag Berlin Heidelberg New York Tokyo 1985

Datenkonvertierung durch Daten- und Lichtsatz-Service, Würzburg;

2160/3020-543210

Vorwort

Die elektrische Antriebstechnik, über deren derzeitigen Stand in diesem zweibändigen Werk berichtet werden soll, befindet sich heute in einer stürmischen Entwicklung. Während die Anpassung der elektrischen Maschinen an die moderne Antriebstechnik in evolutionären Bahnen verläuft, werden die Fortschritte auf den Gebieten Umformung elektrischer Energie (Leistungselektronik) und Steuer-, Meß- und Regeltechnik durch Innovationen bei den elektronischen Bauelementen geprägt. Technische Fortschritte ermöglichen neue, bessere Lösungen für die an ein Antriebssystem gestellten Forderungen bezüglich Wirkungsgrad, Netzrückwirkungen, Regeldynamik, Überwachung und Betriebssicherheit.

Im vorliegenden ersten Band wird zunächst anhand der direkt an das Drehstromnetz geschalteten Asynchronmaschine mit Kurzschlußläufer eine Einführung in die Probleme der Antriebstechnik gegeben. Anschließend wird gezeigt, wie die Asynchronmaschine mit relativ geringem Aufwand, sei es durch Verändern der Größe der Statorspannung oder — bei der Schleifringläufermaschine — durch Verändern des Läuferwiderstandes bzw. durch Stromrichterkaskaden in der Drehzahl gesteuert oder geregelt werden kann.

Der zweite Band wird sich mit regelbaren Antrieben auf der Basis der stromrichtergespeisten Gleichstrommaschine beziehungsweise der umrichtergespeisten Drehstrommaschine befassen.

Ich habe mich bemüht, den Stoff möglichst anschaulich darzustellen. Auf die mathematische Ableitung der die Betriebsweise eines Antriebes beschreibenden Gleichungen wurde weitgehend verzichtet; der weitergehend interessierte Leser wird über das Literaturverzeichnis auf vertiefende Arbeiten hingewiesen. Die Grundlagen der Elektrotechnik und Grundkenntnisse über das stationäre und das dynamische Verhalten elektrischer Maschinen, über die Stromrichter-, Schaltungs- und Steuerungstechnik sowie über Regelungssysteme werden vorausgesetzt.

Das vorgestellte zweibändige Werke will und kann keinen Anspruch auf Vollständigkeit erheben. Antriebssysteme mit Universalmotoren und mit Elektro-Kleinstmotoren werden wegen ihrer relativ geringen wirtschaftlichen Bedeutung bewußt ausgeklammert. Aber auch bei den behandelten Antriebsgruppen wurde nicht der Versuch unternommen, eine vollständige Darstellung der heute im Einsatz und in der Entwicklung befindlichen Antriebssysteme zu geben. Ich habe die Antriebsarten dargestellt, die heute eine wirtschaftliche Bedeutung haben bzw. die, von denen ich annehme, daß sie in Zukunft eine bekommen werden.

Das zweibändige Werk über die elektrische Antriebstechnik ist aus dem Manuskript einer zweisemestrigen Vorlesung hervorgegangen, die ich für Studenten des siebenten und achten Semesters an der Universität Karlsruhe halte. Es wendet sich zunächst an Studierende der Universitäten, Wissenschaftlichen Hochschulen und Fachhochschulen, soweit sie sich mit der elektrischen Antriebstechnik befassen. Darüberhinaus soll auch der in der Praxis mit Antriebsaufgaben befaßte Ingenieur angesprochen werden.

Das Manuskript wurde von Frau A. Krisch mit großer Ausdauer geschrieben. Die Bildvorlagen wurden von Frau B. Bohn mit viel Geduld gezeichnet. Herr Dr.-Ing. W. Fetscher prüfte kritisch das Manuskript und trug mit Änderungsvorschlägen zu Verbesserungen bei. Ihnen allen gilt mein herzlicher Dank.

Beim Springer-Verlag bedanke ich mich für die gute und angenehme Zusammenarbeit. Nicht zuletzt danke ich meiner Frau für die Geduld, mit der sie die Arbeit an diesem Buch tolerierte.

Karlsruhe, im Januar 1985 Manfred Meyer

Inhaltsverzeichnis

Inhalt des Bandes 2:

Stromrichtergespeiste Gleichstrommaschinen und voll umrichtergespeiste Drehstrommaschinen

Formelzeichen, Indizes und Schaltplanzeichen

1. Formelzeichen

a Aussteuerung, Einschaltzeitverhältnis

B Materialkonstante bei Heißleitern

C Kapazität
C_A Schalldruckbewertungspegel nach Kurve A
C_W Wärmekapazität
c Ausbreitungsgeschwindigkeit

D Verzerrungsleistung
D_{r1} ohmsche Spannungsänderung
D_{x1} induktive Spannungsänderung
d Durchmesser

F Kraft
FI Trägheitsfaktor
f Frequenz allgemein
f_D Differenzfrequenz
f_N Nennfrequenz
f_R Frequenz der elektrischen und magnetischen Rotorgrößen
f_S Frequenz der elektrischen und magnetischen Statorgrößen
f_e Eigenfrequenz
f_n Netzfrequenz
f_p Pendelmomentfrequenz

G Güte des Kommutierungskreises
g Erdbeschleunigung

I Stromstärke allgemein (Effektivwert)
i Zeitwert des Stromes I
$\hat{i}$ Spitzenwert des Stromes i
$\underline{I}$ Zeitzeiger des Stromes I
$\underline{i}$ Raumzeiger des Stromes I
I_A Anlaufstrom
I_R Rotorstrom
I_L Leiterstrom
I_S Statorstrom
I_T Transformatorstrom
I_{Tn} netzseitiger Transformatorstrom
I_{TS} stromrichterseitiger Transformatorstrom
I_d Gleichstrom
I_f Erregerstrom

I_μ Magnetisierungsstrom
I_ν Strom der ν-ten Oberschwingung
i Regelgröße des Stromes I
i_w Führungsgröße des Stromes I

J Trägheitsmoment
J_A Trägheitsmoment der Arbeitsmaschine
J_M Trägheitsmoment der elektrischen Maschine
$(\Sigma J)_M$ Gesamtträgheitsmoment der rotierenden Massen bezogen auf die Welle der elektrischen Maschine
j Imaginäre Einheit

K Kosten
K_0 Korrekturgröße
k Konstante
k spezifische Kosten
$k_ü$ Überspannungsfaktor

L Induktivität
$L_{R\sigma}$ Rotorstreuinduktivität
L_{Sh} Hauptinduktivität bezogen auf die Statorseite
$L_{S\sigma}$ Statorstreuinduktivität
L Pegel
L_S Meßflächenmaß
L_W Schalleistungspegel
L_{WA} A-bewerteter Schalleistungspegel
L_p Schalldruckpegel
L_{pA} A-bewerteter Schalldruckpegel
$\bar{L}_p$ Meßflächenschalldruckpegel
L_{pA} A-bewerteter Meßflächenschalldruckpegel

M Drehmoment allgemein (Mittelwert)
M_A Anzugsmoment
M_{Br} Bremsmoment
M_G Gegenmoment der Arbeitsmaschine
M_K Kippmoment
M_M Moment der elektrischen Maschine
M_N Nennmoment
M_S Sattelmoment
M_b Beschleunigungsmoment
$M_{b\,mi}$ mittleres Beschleunigungsmoment
M_v Verzögerungsmoment
m Zeitwert des Drehmomentes
m_{max} zeitlicher Maximalwert des Drehmomentes
m Anzahl der Netzphasen
m Masse

n Drehzahl, Regelgröße Drehzahl
n_A Drehzahl der Arbeitsmaschine
n_M Drehzahl der elektrischen Maschine
n_{sy} synchrone Drehzahl
n_w Führungsgröße der Drehzahl

P Leistung allgemein, Regelgröße Leistung
p Zeitwert der Leistung P
$\hat{p}$ Spitzenwert der Leistung p
P_D Drehfeldleistung

1. Formelzeichen

P_N	Nennleistung
P_S	Statorleistung
P_T	Transformatorleistung
P_V	Verlustleistung
P_d	Gleichstromleistung
P_{el}	elektrische Leistung
P_{elR}	elektrische Leistung der Rotorwicklung
P_{mech}	mechanische Leistung
P'_{mech}	auf den Rotor übertragene mechanische Leistung
$P_{mech\,N}$	mechanische Nennleistung
P_w	Führungsgröße der Leistung
p	Polpaarzahl
p	Pulszahl
p	Schalldruck
p_0	Bezugsschalldruck
p_s	statischer Luftdruck
$\bar{p}$	Meßflächenschalldruck
Q	Blindleistung
Q_1	Grundschwingungsblindleistung
Q_w	Führungsgröße der Blindleistung
R	Widerstand allgemein
R_N	Nennwiderstand
R_R	Rotorwiderstand
R'_R	auf die Statorseite bezogener Rotorwiderstand
R_S	Statorwiderstand
R_T	Widerstand bei der Temperatur T
R_V	Vorschaltwiderstand
R_W	Wärmewiderstand
R_{RW}	Strangwiderstand der Rotorwicklung
R'_k	auf die Statorseite bezogener Widerstand des Kommutierungskreises
r_S	bezogener Statorwiderstand
Re	Realteil
S	Meßflächeninhalt
S_0	Bezugsmeßfläche
S	Scheinleistung
S_1	Grundschwingungsscheinleistung
S_{TB}	Bauleistung des Stromrichtertransformators
s	Schlupf
s_0	Leerlaufschlupf im Kaskadenbetrieb
s_K	Kippschlupf
s_L	Schlupf an der Lücke des Stellbereiches
s_N	Nennschlupf
t	Zeit allgemein
T	Periodendauer
T	Zeitkonstante
T_R	Rotorzeitkonstante
T_ϑ	Wärmezeitkonstante
t_A	Anlaufzeit
t_B	Belastungszeit
t_{Br}	Bremszeit
t_H	Hochlaufzeit
t_L	Leerlaufzeit

t_S	Spieldauer
t_T	mittlere Totzeit des Stromrichters
t_b	relative Belastungsdauer
t_e	Ersatzzeitkonstante
t_g	Glättungszeitkonstante
T_n	Nachlaufzeit des Reglers
t_r	relative Einschaltdauer
T	absolute Temperatur
T	Temperaturklasse
T_N	Nenntemperatur
U	Spannung allgemein (Effektivwert)
u	Zeitwert der Spannung U
$\hat{u}$	Spitzenwert der Spannung u
$\underline{U}$	Zeitzeiger der Spannung U
$\underline{u}$	Raumzeiger der Spannung U
U_{1Sp}	Spannung an der 1. Spule
U_2	Läuferspannung
U_{20}	Läuferstillstandsspannung
U_D	Durchschlagspannung
U_S	Statorspannung
U_T	Transformatorspannung
U_{TS}	stromrichterseitige Transformatorspannung
U_d	Gleichspannung
U_i	innere Spannung
U_n	Netzspannung
U_p	Prüfspannung
u	Überlappungswinkel
$ü$	Übersetzungsverhältnis
u_{TX}	induktive Komponente der Transformator-Kurzschlußspannung
V_R	Proportionalverstärkung des Reglers
V_S	Proportionalverstärkung der Regelstrecke
v	Geschwindigkeit
W	Arbeit, Energie
W_{VR}	im Rotor anfallende Verlustenergie
W_{VV}	im Vorschaltwiderstand anfallende Verlustenergie
W_{rot}	rotatorische Energie
W_{tra}	translatorische Energie
X	Blindwiderstand, Reaktanz
$X_{R\sigma}$	Streublindwiderstand der Rotorwicklung
$X'_{R\sigma}$	auf die Statorseite bezogener Streublindwiderstand der Rotorwicklung
X_{Sh}	auf die Statorseite bezogener Hauptblindwiderstand
$X_{S\sigma}$	Streublindwiderstand der Statorwicklung
X_h	Hauptreaktanz, Hauptblindwiderstand
X'_k	auf die Statorseite bezogener Blindwiderstand des Kommutierungskreises
X_σ	Streublindwiderstand
Z	Schalldruckbewertungspegel
α	Steuerwinkel des fremdgetakteten Stromrichters
α_w	Aussteuerungsbegrenzung im Wechselrichterbetrieb; Wechselrichtertrittgrenze
Δ	Differenz, Unterschied
$\Delta\vartheta$	Erwärmung

$\Delta\vartheta_{gr}$ Grenzerwärmung
Δs lastabhängige Schlupfänderung bei Kaskadenbetrieb

η Wirkungsgrad
η_G Getriebewirkungsgrad
η_M Wirkungsgrad der elektrischen Maschine
θ elektrische Durchflutung
ϑ Temperatur
ϑ_K Kühlmitteltemperatur
ϑ_{gr} Grenztemperatur

λ Leistungsfaktor

ν Ordnungszahl der Oberschwingung

ϱ spezifische Masse
ϱc Kennimpedanz des schalleitenden Mediums

σ Streuziffer
σ Summe der kleinen Zeitkonstanten
σ_S Statorstreuziffer

Φ magnetischer Fluß allgemein
$\underline{\Phi}$ Flußzeiger
Φ_{sp} Spaltpolfluß

φ Verschiebungswinkel zwischen Spannung und Strom
φ_1 Grundschwingungs-Verschiebungswinkel
φ_{n1} Grundschwingungs-Verschiebungswinkel des Netzstromes
φ_{R1} Grundschwingungs-Verschiebungswinkel des Rotorstromes

Ψ Verkettungsfluß

ω Winkelgeschwindigkeit, Kreisfrequenz
ω_A Winkelgeschwindigkeit des Rotors der Arbeitsmaschine
ω_M Winkelgeschwindigkeit des Rotors der elektrischen Maschine
ω_{R1} Winkelgeschwindigkeit der Grundwelle der Rotordurchflutung
$\omega'_{S\nu}$ Winkelgeschwindigkeit der ν-ten Oberwelle der Rotordurchflutung im Stator
ω_{mech} mechanische Winkelgeschwindigkeit
$\omega_{mech\,N}$ Nennwert der mechanischen Winkelgeschwindigkeit
$\omega_{mech\,sy}$ Winkelgeschwindigkeit der Grundwelle des Drehfeldes, mechanische Winkelgeschwindigkeit bei synchroner Drehzahl

2. Indizes

A Anzug-, Anfahr-
A Arbeitsmaschine

B Bauleistung
B Belastung
B Blind-
Br Brems-
b Beschleunigung

D Differenz-
D Durchschlag-

el	elektrisch
G	Gegen-
g	Glättung
gr	Grenz-
i	den Stromregelkreis betreffend
K	Kipp-
k	Kommutierung
k	Kurzschluß
L	Leerlauf
L	Leiter
L	Lücke
M	elektrische Maschine
max	maximal
mech	mechanisch
min	minimal
N	Nenn-
n	Nachlauf
n	Netz
n	den Drehzahlregelkreis betreffend
p	Prüf-
p	Schalldruck
R	Regler
R	Rotor
S	Regelstrecke
S	Sattel
S	Spieldauer
S	Stator
S	Stromrichterseitig
Sp	Spule
sp	Spaltpol
sy	synchron
T	absolute Temperatur
T	Tot-
T	Transformator
ü	Überspannung
V	Verlust-
V	Vorschalt-
v	Verzögerung
W	Wicklung
W	Wirk-
w	Führungsgröße
ϑ	thermisch, Wärme

σ	Streu-
μ	Magnetisierung

3. Schaltplanzeichen

A	Arbeitsmaschine
A	Gerätegruppe für Regelung, Steuerung, Überwachung
A	Fliehkraftschalter
A	Kippverstärker
B	Meß-, Überwachungs-, Auswertegerät
C	Ausgangsrelais
C	Kondensator
D	Hilfsschalter
E	Auslöseanzeige
F	Auslösegerät
F	Überstrom-Zeitschutz: Sicherung oder Überstrom-Relais
FT	Freilaufthyristor
G	Generator, insbesondere Tachogenerator
G	Getriebe
G	Gerätegruppe für Umformung elektrischer Energie
GR	Gleichrichter
H	Meldeleuchte
J	Eingangsschaltung
K	Schütz
L	Leiter des elektrischen Netzes
L	Drosselspule
M	elektrische Maschine, Elektromotor
P	Potentiometer
Q	Schaltvorrichtung
R	Temperaturfühler (Meßwiderstand)
R	Widerstand
R_V	Anlaß- bzw. Stellwiderstand
SR	Stromrichter
T	Taster
T	Transformator, auch Stromwandler
U	Klemmenbezeichnung, Bezeichnung eines Wicklungsstranges

V Klemmenbezeichnung, Bezeichnung eines Wicklungsstranges

W Klemmenbezeichnung, Bezeichnung eines Wicklungsstranges
WR Wechselrichter

Y Bremslüfter

Z Klemmenbezeichnung bei Einphasen-Asynchronmaschine mit Kondensator-Hilfsphase

1 Einführung

1.1 Allgemeines zum elektrischen Antrieb

1.1.1 Aufgabenstellung

Aufgabe des elektrischen Antriebes ist es, die im elektrischen Versorgungsnetz mit der Spannung U_n zur Verfügung stehende elektrische Energie in mechanische Energie umzuwandeln und damit die Arbeitsmaschine anzutreiben (Bild 1). Die Arbeitsmaschine muß, um die von ihr erwartete mechanische Arbeit leisten zu können, vom elektrischen Antrieb mit dem benötigten Drehmoment M bei der erforderlichen Drehzahl n bzw. der entsprechenden mechanischen Winkelgeschwindigkeit ω_{mech} angetrieben werden. Die von der Arbeitsmaschine benötigte Leistung ergibt sich zu

$$P_{mech} = \omega_{mech} \cdot M. \tag{1}$$

Unter der Voraussetzung, daß die Spannung des elektrischen Versorgungsnetzes konstant ist, wird sich der vom elektrischen Antrieb aufgenommene Strom I – bei Mehrphasensystemen symmetrische Belastung vorausgesetzt – entsprechend der abgegebenen mechanischen Leistung P_{mech}, dem Wirkungsgrad des elektrischen Antriebs η, dem Leistungsfaktor λ auf der Netzseite und der Anzahl der Netzphasen m einstellen. Bei Leistungsfluß aus dem elektrischen Netz zur Arbeitsmaschine ist die vom elektrischen Antrieb aufgenommene elektrische Leistung

$$P_{el} = m \cdot U_n \cdot I \cdot \lambda$$

um die Verluste des elektrischen Antriebes größer als die abgegebene mechanische Leistung.

Bei einem großen Teil der Arbeitsmaschinen reicht es aus, wenn sie mit einer konstanten oder näherungsweise konstanten Drehzahl angetrieben werden; in diesem Fall benötigt der elektrische Antrieb nur die Steuerbefehle "Ein" und "Aus". Erfordert der Arbeitsprozeß jedoch eine stetig einstellbare Drehzahl, so ist der Antriebsregelung

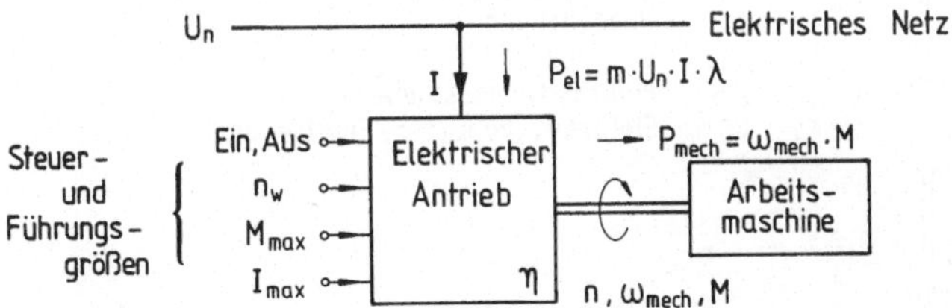

Bild 1. Der elektrische Antrieb als Energiewandler zwischen dem Netz und der Arbeitsmaschine

die Führungsgröße der Drehzahl n_w vorzugeben. Daneben kann es erforderlich sein, mit Rücksicht auf die Überlastbarkeit der Antriebskomponenten den Maximalwert des Stromes I_{max} oder im Hinblick auf die Arbeitsmaschine bzw. den Arbeitsprozeß einen Maximalwert des Drehmomentes M_{max} vorzugeben.

1.1.2 Antriebskomponenten

Der elektrische Antrieb besteht in der Regel aus einer größeren Anzahl von Komponenten, die sich in drei große Gruppen zusammenfassen lassen (Bild 2).

Als erstes sei die als elektromechanischer Energiewandler wirkende elektrische Maschine M einschließlich der mit ihr verbundenen Meß- und Überwachungseinrichtungen – z.B. Tachogenerator und Temperaturfühler – erwähnt.

Zwischen der elektrischen Maschine und dem speisenden Netz befindet sich die Gerätegruppe G, die neben Schalteinrichtungen zum Ein- und Ausschalten des elektrischen Antriebes Geräte zur Umformung oder Anpassung elektrischer Energie sowie die zur Regelung und zum Schutz des Antriebes erforderlichen Meß- und Überwachungsglieder enthalten kann.

Im Falle der direkt auf das Drehstromnetz geschalteten Asynchronmaschine mit Kurzschlußläufer wird die Gruppe G nur die Schalteinrichtung – Schütz oder Motorschutzschalter – sowie einen Kurzschluß- und einen Überstrom-Zeitschutz enthalten; im Falle einer stromrichtergespeisten Gleichstrommaschine dagegen kommen noch der Stromrichter, der als Energiewandler Drehstromenergie in Gleichstromenergie überführt, gegebenenfalls ein Stromrichtertransformator zur Spannungsanpassung und die für den Stromrichterbetrieb erforderlichen Meß- und Überwachungseinrichtungen dazu.

In der Komponentengruppe A sind die für die Regelung, Steuerung und Überwachung des Antriebes erforderlichen Baugruppen zusammengefaßt. Im Falle der direkt am Drehstromnetz arbeitenden Asynchronmaschine können hier z.B. die Ständertemperatur-Überwachung und die Lagerschwingungs-Überwachung zusammengefaßt sein, während bei der stromrichtergespeisten Gleichstrommaschine noch die

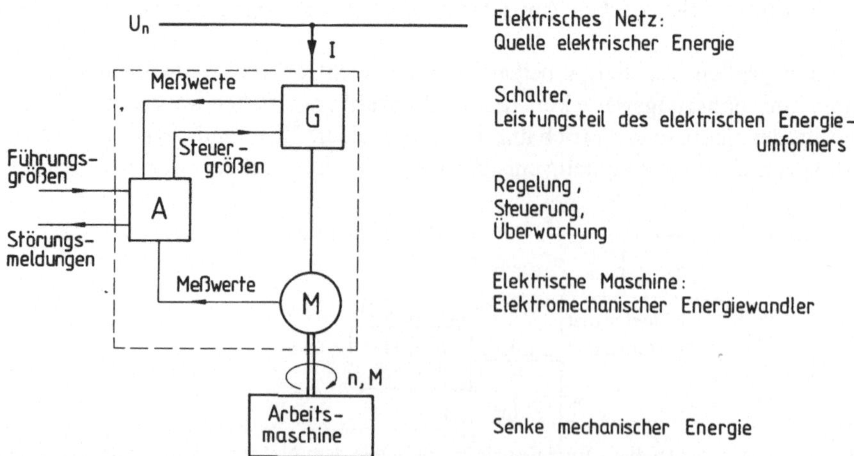

Bild 2. Blockdarstellung der Komponenten eines elektrischen Antriebes

entsprechenden Baugruppen für die Antriebsregelung und die Stromrichtersteuerung dazu kommen.

1.1.3 Leistungsbereich

Elektrische Antriebe werden für einen sehr großen Leistungsbereich gefertigt. Zu den leistungsschwächsten elektrischen Antrieben gehört der Zeigerantrieb von Digitaluhren mit Analoganzeige. Hier handelt es sich um Schrittmotor-Antriebe, deren Leistungsaufnahme im µW-Bereich liegt. Zu den größten der dem Verfasser bekannten Antriebe gehört der Motor des 50:16²/3-Hz-Bahnspeiseumformersatzes in Seefeld mit einer Leistung von 80 MW; es handelt sich um eine doppeltgespeiste Asynchronmaschine, deren Drehzahl in einem schmalen Bereich um die synchrone Drehzahl herum geregelt werden kann. Der Leistungsbereich elektrischer Antriebe erstreckt sich somit etwa von 10^{-6} W bis 10^{8} W, d.h. über ungefähr 14 Zehnerpotenzen. Dieser große Bereich, in dem elektrische Antriebe gefertigt werden, bedingt zwischen kleinen und großen Leistungen höchst unterschiedliche Anforderungen an Konstruktion, Wirkungsgrad und Kosten und damit eine große Anzahl unterschiedlicher Lösungen für die Antriebsprobleme.

1.1.4 Unterscheidungsmerkmale

Der größte Teil der elektrischen Antriebe läuft heute mit konstanter oder näherungsweise konstanter Drehzahl, die elektrischen Maschinen werden dabei direkt an das speisende Netz geschaltet. Diese Antriebe arbeiten ungeregelt.

Für viele Arbeitsprozesse reicht jedoch eine konstante Drehzahl nicht aus, sondern es ist erforderlich, die Drehzahl entweder stufenweise oder kontinuierlich in einem gewissen Drehzahlbereich ändern zu können. Ein wichtiges Unterscheidungskriterium liefern somit die Begriffspaare ungesteuert/gesteuert und ungeregelt/geregelt.

Ein anderes Unterscheidungsmerkmal ist die Art der vom Antrieb erzeugten Bewegung. Der größte Teil der elektrischen Maschinen setzt die elektrische Energie in mechanische Rotationsenergie um. Es gibt jedoch auch Linearmotoren, die – allerdings mit schlechterem Wirkungsgrad – elektrische Energie in mechanische Translationsenergie umformen. Schließlich sei noch auf die Schwingankermaschinen hingewiesen, die mechanische Vibrationsenergie erzeugen, wie sie zum Beispiel zum Antrieb von Vibrationsförderrinnen gebraucht wird.

Elektrische Antriebe werden auch nach der Art der eingesetzten elektrischen Maschinen eingeteilt. Aus diesem Gesichtspunkt heraus ist heute hauptsächlich nach Asynchron-, Synchron- und Gleichstrommaschinenantrieben zu unterscheiden.

Schließlich ist es auch noch üblich, die Antriebe nach der Maschinenspannung zu charakterisieren. Bei Nennspannungen bis zu 1000 V spricht man von Niederspannungsantrieben, bei Nennspannungen über 1000 V von Hochspannungsantrieben.

1.1.5 Maschinengruppen und Leistungsklassen

Es soll hier eine Aussage über den Absatz verschiedener Antriebsarten in den unterschiedlichen Leistungsklassen versucht werden. Leider ist dem Verfasser keine Stati-

Tabelle 1. Produktion rotierender elektrischer Maschinen[a] in der BRD im Jahre 1981

Art der Maschinen	Absatz in 10^6 DM					
	gesamt		$P_N < 7{,}5$ kW		$P_N < 375$ W	
Mehrphasen-Wechselstrommaschinen	1678	[51%]	961		167	
Gleichstrommaschinen	779	[24%]	479		362	
Einphasen-Wechselstrommaschinen	543	[17%]	543		204[b]	
Universalmotoren	102	[3%]	102		[c]	
Elektro-Kleinstmotoren bis 37,5 W	176	[5%]	176		176	
Summe elektrische Maschinen	3278	[100%]	2261	[69%]	909	[28%]

[a] ausgenommen Wechselstromgeneratoren. [b] Angabe gilt für $P_N < 75$ W. [c] Angabe in der ZVEI-Statistik nicht enthalten.

stik über den Absatz an kompletten Antrieben bekannt, so daß er sich zunächst auf die vom ZVEI (Zentralverband der Elektrotechnischen Industrie e.V.) im Jahresbericht 1982 des Fachverbandes Elektrische Maschinen veröffentlichten Umsatzzahlen für elektrische Maschinen stützen muß, weiterhin werden noch Folgerungen aus einer von Frost und Sullivan erstellten Marktanalyse zur Frage der elektrischen Antriebe mit einfließen.

Tabelle 1 enthält die Umsatzstatistik der in der Bundesrepublik Deutschland im Jahre 1981 gefertigten elektrischen Maschinen mit Ausnahme der Wechselstromgeneratoren. Die in der Tabelle 1 aufgeführten Maschinen werden also inzwischen Bestandteile elektrischer Antriebe geworden sein. Betrachtet man zunächst einmal den Gesamtabsatz der einzelnen Maschinenarten, so zeigt sich, daß die Mehrphasen-Wechselstrommaschinen mit einem Anteil von 51 Prozent am Gesamtmaschinenabsatz die Spitzenreiter sind. Der weitaus größte Teil dieser Maschinen ist als Drehstrommaschinen ausgeführt worden und von diesen wiederum der weitaus größte Anteil als Asynchronmaschinen. Da nach der erwähnten Marktstudie im Jahre 1980 der Absatzanteil der drehzahlgeregelten Drehstromantriebe nur bei knapp 10% desjenigen der drehzahlgeregelten Gleichstromantriebe lag, läßt sich mit Blick auf den Absatzanteil der Gleichstrommaschinen schließen, daß die direkt an das Netz geschalteten Drehstromasynchronmaschinen nach wie vor das Rückgrat der Antriebstechnik bilden, daß der größte Teil der installierten Antriebsleistung durch diese Maschinenart gestellt wird.

An der zweiten Stelle rangieren die Gleichstrommaschinen mit 24% des Gesamtabsatzes. Da eine Gleichstrommaschine erheblich teurer ist als die leistungs- und drehzahlgleiche Asynchronmaschine mit Kurzschlußläufer, dürfte der Anteil der installierten Leistung an Gleichstrommaschinen erheblich kleiner sein als der Umsatzanteil. (Eine Gleichstrommaschine in Schutzart IP 23 für eine Nennleistung von 100 kW bei einer Nenndrehzahl von 1500 min^{-1} kostet etwa das zweifache der vergleichbaren Asynchronmaschine mit Kurzschlußläufer.) Die gelieferten Gleichstrommaschinen werden fast ausschließlich in gesteuerten bzw. geregelten elektrischen Antrieben zum Einsatz gekommen sein, wobei der größte Teil über einen Stromrichter gespeist wird.

Die dritte große Gruppe elektrischer Maschinen stellen die Einphasen-Wechselstrommaschinen mit 17% des gesamten Umsatzes. Ihr Einsatzbereich ist auf Leistungen kleiner als 7,5 kW begrenzt, da bei größeren Leistungen die Drehstrommaschinen eindeutige Vorteile bieten. Auch hier besteht der größte Teil dieser Gruppe aus Asynchronmaschinen.

Die in der ZVEI-Statistik noch aufgeführten Motorengruppen – Universalmotoren und Elektro-Kleinstmotoren – bringen mit 3% bzw. 5% nur relativ kleine Anteile am Gesamtumsatz.

Betrachtet man die Aufteilung des Umsatzes nach Leistungsklassen, so fällt auf, daß 69% des Gesamtumsatzes auf Maschinen mit Nennleistungen unter 7,5 kW und immerhin noch 28% auf Maschinen mit Nennleistungen unter 375 W entfallen. Die elektrischen Antriebe kleiner Leistung stellen somit einen bedeutenden Umsatzfaktor dar und dürfen in einer Veröffentlichung über elektrische Antriebe nicht vergessen werden.

1.1.6 Auswahl der zu behandelnden Antriebsarten

Die direkt am Drehstromnetz oder – im unteren Leistungsbereich – am Wechselstromnetz arbeitende Asynchronmaschine stellt auch heute noch die am weitesten verbreitete und am meisten, sowohl nach der Stückzahl als auch nach Wert, eingesetzte Antriebsart dar. Sie soll nachfolgend im ersten Band dieses Werkes in dem erforderlichen Umfang berücksichtigt werden.

Einleitend wird eine Einführung in die im allgemeinen weniger bekannte Arbeitsweise der Einphasen-Wechselstrommaschinen gegeben, ehe dann auf die Probleme der Asynchronmaschinenantriebe mit Kurzschlußläufer allgemein eingegangen wird. Viele an dieser Anriebsart erörterte Problemstellungen, wie z.B. Fragen der Schutzart, der Geräuschentwicklung, der Betriebsarten, des thermischen Motorschutzes, der Isoliersysteme und Beanspruchungen bei Schaltvorgängen, lassen sich auf die später zu erörternden anderen Antriebsarten übertragen.

Im weiteren Verlauf wird dann auf die Drehzahlsteuerung der Asynchronmaschine mit Kurzschlußläufer durch Steuerung der Größe der Drehspannung eingegangen (Umrichtergespeiste Asynchronmaschinen mit Kurzschlußläufer werden im zweiten Band behandelt).

Abschließend werden im ersten Band drehzahlgesteuerte bzw. drehzahlgeregelte Asynchronmaschinenantriebe mit Schleifringläufer beschrieben, wobei auf Antriebe mit Stromrichterkaskaden insbesondere eingegangen wird.

Der zweite Band ist den stromrichtergespeisten drehzahlgeregelten Antrieben gewidmet. In einem ersten Teil wird die stromrichtergespeiste Gleichstrom-Kommutatormaschine ausführlich behandelt, die den heute am weitesten verbreiteten drehzahlgeregelten elektrischen Antrieb mit den größten Umsatzzahlen darstellt.

Anschließend wird dann auf die umrichtergespeisten Drehstrommaschinen-Antriebe eingegangen, die heute in einer großen Anzahl von Varianten sowohl bezüglich des Leistungsteiles als auch der Steuer- und Regelverfahren angeboten und entwickelt werden. Diese Antriebsart hat an den geregelten elektrischen Antrieben heute noch einen nur relativ kleinen Umsatzanteil, mit dessen Ausweitung jedoch gerechnet wird. Stromrichtergespeiste Gleichstrom-Stromrichtermaschinen (Stromrichtermotoren), umrichtergespeiste Drehfeldmaschinen, Direktumrichterspeisung und Speisung über Zwischenkreisumrichter, Kennliniensteuerungen und feldorientierte Regelverfahren sind hier die wichtigsten der behandelten Themen.

2 Elektrische Antriebe ohne kontinuierliche Drehzahlsteuerung, dargestellt am Beispiel der Asynchronmaschine mit Käfigläufer

2.1 Überblick über Leistungsbereich, Arten der Asynchronmaschine, Antriebskomponenten und -anwendungen

Leistungsbereich

Asynchronmaschinen werden in einem Leistungsbereich von etwa 100 mW bis 100 MW gefertigt, d.h. der Leistungsbereich erstreckt sich über etwa 9 Zehnerpotenzen hinweg.

Im unteren Teil des Leistungsbereiches, die Grenze liegt bei etwa 1 kW, steht für die Speisung der Maschinen häufig nur ein Einphasen-Wechselstromnetz zur Verfügung, so daß die Drehstromasynchronmaschine nicht eingesetzt werden kann. Typische Anwendungsfälle sind im Haushalt bzw. in Haushaltsgeräten eingesetzte Antriebe kleiner Leistung wie z.B. Heizungspumpen-, Laugenpumpen-, Hauswasserpumpen- und Waschmaschinentrommel-Antriebe.

Einphasen-Asynchronmaschinen

Bevor auf die Wirkungsweise der Einphasen-Asynchronmaschinen eingegangen wird, sei kurz an die der Drehstromasynchronmaschine erinnert. Setzt man bei einer Drehstromasynchronmaschine – einen schematischen Schnitt zeigt Bild 3 – eine symmetrische Anordnung der Wicklungsstränge und eine sehr fein verteilte Wicklungsanordnung voraus, so entspricht die magnetische Induktion längs des Luftspaltes einer Sinusfunktion. Wird eine symmetrische sinusförmige Drehspannung an die Klemmen U1, V1 und W1 gelegt, so läuft der magnetische Fluß im Luftspalt in Form einer sinusförmigen Drehwelle um. Stellt man den Fluß als Raumzeiger in ständerfesten Koordinaten dar, so bewegt sich unter den oben genannten Voraussetzungen die

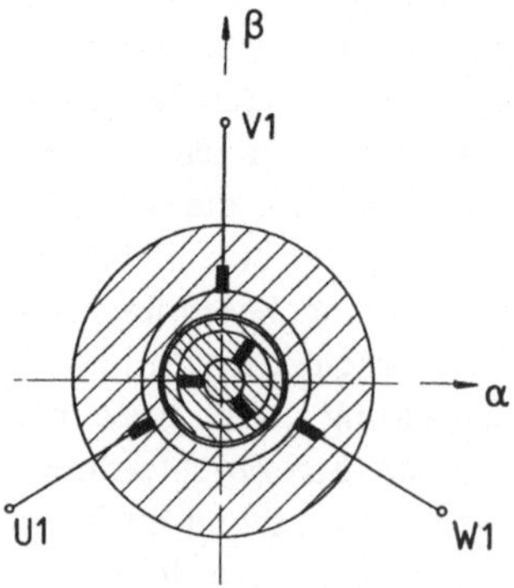

Bild 3. Schnitt durch eine Drehstromasynchronmaschine senkrecht zur Maschinenachse mit symbolischer Darstellung der Statorwicklungsstränge und der Kurzschlußwicklung des Rotors

Spitze des Flußzeigers mit konstanter Geschwindigkeit auf einer Kreisbahn; es wird deshalb auch von einem kreisförmigen Drehfeld gesprochen.

Solange eine Differenz zwischen der Winkelgeschwindigkeit des Drehfeldes $\omega_{\text{mech sy}}$ und der mechanischen Winkelgeschwindigkeit ω_{mech} besteht, wird in der Läuferwicklung eine Drehspannung mit der Schlupffrequenz

$$f_R = s \cdot f_S = \frac{\omega_{\text{mech sy}} - \omega_{\text{mech}}}{\omega_{\text{mech sy}}} \cdot f_S \tag{2}$$

induziert, die symmetrische Läuferströme treibt, die ihrerseits wieder in Wechselwirkung mit dem magnetischen Fluß das Maschinendrehmoment bilden. Dieses ist unter den genannten idealisierten Voraussetzungen zeitlich konstant, enthält also keine Wechselanteile oder Pendelmomente.

Wird eine stillstehende Drehstromasynchronmaschine nur einphasig angeschlossen, so bildet sich kein Drehfeld, sondern nur ein Wechselfeld aus. Die Folge ist, daß kein Drehmoment gebildet wird und die Maschine nicht anlaufen kann.

Einphasen-Asynchronmaschinen benötigen somit eine Anlaufhilfe, die auf unterschiedliche Weise verwirklicht werden kann. Verbreitet sind hauptsächlich zwei Lösungen, der Spaltpolmotor und die Asynchronmaschine mit Kondensator-Hilfsphase [2].

Beim Spaltpolmotor wird ein für den Anlauf erforderlicher gegenüber dem Hauptfluß zeitlich und räumlich versetzter Hilfsfluß erzeugt, der mit einem Teil des Hauptflusses transformatorisch gekoppelt ist. Die Bauform und die Wicklungsanordnung einer typischen, in großen Stückzahlen gefertigten Spaltpolmaschine, eines 2-poligen Laugenpumpenmotors, ist in Bild 4a dargestellt. Die Erregerwicklung mit den Anschlüssen U1 und U2 versorgt über das Joch die Polschuhe mit einem Wechselfluß. In den Polschuhen sind jeweils zwei zum Luftspalt hin geöffnete Nuten angebracht. Von diesen Nuten, die einen Teil des Polschuhes abspalten, hat der Motor seinen Namen. In die Nuten werden Kurzschlußwicklungen eingelegt, die den Wechselfluß in dem umschlossenen Polbereich dämpfen und gegenüber dem Fluß im Hauptpolbereich verzögern. Bild 4b zeigt die übliche schematische Darstellung eines Spaltpolmotors mit Erregerwicklung und Spaltpolwicklung im Ständer und einer symmetrischen Kurzschlußwicklung im Läufer. Der Winkel γ ist der räumliche Winkel zwischen dem gesamten Polfluß und dem Spaltpolfluß (siehe auch Bild 5).

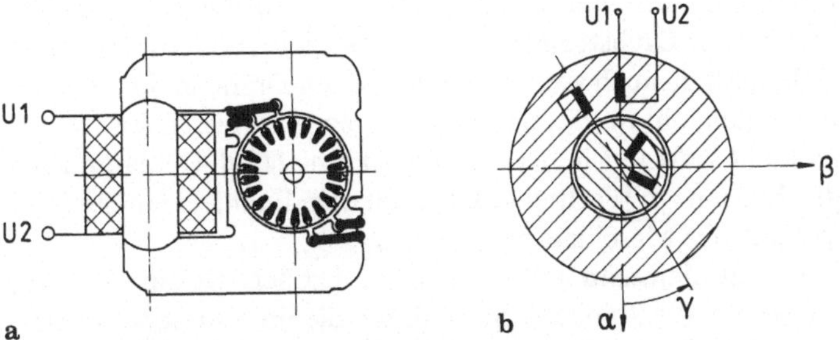

Bild 4. Spaltpolmotoren. **a** Bauform eines zweipoligen Spaltpolmotors; **b** schematische Darstellung eines zweipoligen Spaltpolmotors

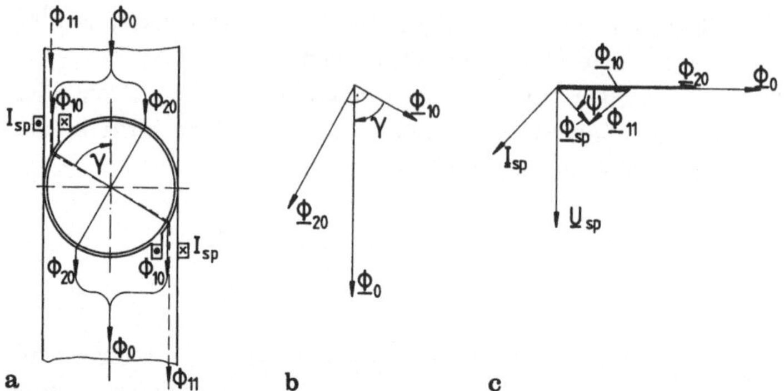

Bild 5. Zur Erläuterung der Wirkungsweise des Spaltpolmotors. **a** schematische Darstellung des Spaltpolmotors mit eingetragenen örtlichen Fluß- und Stromverläufen; **b** räumliche Darstellung der Luftspaltflüsse bei geöffneter Spaltpolwicklung; **c** Zeitzeigerdarstellung der interessierenden Größen bei wicklungsfreiem Läufer

Bild 5 werde zunächst unter der Voraussetzung betrachtet, daß die Spaltpolwicklung geöffnet, also $I_{sp}=0$ ist. Weiterhin werde, um Rückwirkungen der Läuferdurchflutung auszuschließen, ein wicklungsfreier Läufer angenommen. Da der magnetische Widerstand des Luftspaltes groß gegenüber dem des Eisens ist, wird sich der Gesamtfluß Φ_0 im Verhältnis der Polschuhlängen auf Spaltpolfluß Φ_{10} und Hauptpolfluß Φ_{20} aufteilen (der Index 0 deutet auf die geöffnete Spaltpolwicklung hin). Die Teilflüsse Φ_{10} und Φ_{20} sind bezüglich des Rotors um $\pi/2$ gegeneinander räumlich versetzt (Bild 5b). Im Zeitzeigerdiagramm (Bild 5c) zeigen sich Φ_{10} und Φ_{20} phasengleich mit Φ_0, in der geöffneten Spaltpolwicklung wird die Spannung U_{sp} induziert.

Wird nun die Spaltpolwicklung geschlossen, so treibt U_{sp} den Strom I_{sp}, der durch die Wicklungsimpedanz nach Größe und Phasenlage bestimmt ist. Dieser Strom wiederum erregt den Fluß Φ_{11}, der in Überlagerung mit dem Fluß Φ_{10} den gesamten Spaltpolfluß Φ_{sp} bildet:

$$\underline{\Phi}_{sp}=\underline{\Phi}_{10}+\underline{\Phi}_{11}.$$

Zwischen den Zeitzeigern des Hauptpolflusses Φ_{20} und des Spaltpolflusses Φ_{sp} liegt jetzt der Winkel ψ, um den der Spaltpolfluß dem Hauptpolfluß nacheilt. Die Flüsse in Hauptpolen und Spaltpolen sind somit räumlich und zeitlich versetzt, wodurch sich im Luftspalt ein Drehfeld ausbildet.

Der Raumzeiger des Luftspaltflusses im ständerfesten Koordinatensystem beschreibt keinen Kreis, wie bei der Drehstromasynchronmaschine, sondern eine ausgeprägte Ellipse; man spricht deshalb auch von einem elliptischen Drehfeld. Dieses kann in symmetrische Komponenten, ein mitläufiges und ein gegenläufiges Kreisdrehfeld zerlegt werden. Das Drehfeld induziert in der Läuferwicklung (Bild 4) Spannungen, diese treiben Ströme, die ihrerseits in Wechselwirkung mit dem Drehfeld ein Drehmoment bilden und den Anlauf der Maschine ermöglichen.

Das inverse Drehfeld wirkt bremsend und verursacht erhebliche Stromwärmeverluste im Läufer, ebenso werden die Ständerverluste durch die im Kurzschluß betriebene Spaltpolwicklung erhöht. Der Wirkungsgrad der Spaltmotoren ist daher recht gering, er liegt durchwegs unter 40% (siehe Tabelle 2). Das inverse Drehfeld ruft weiterhin starke Pendelmomente hervor, die sich als Wechselanteile dem mittleren Drehmoment überlagern.

Spaltmotoren werden im Leistungsbereich von etwa 1 bis 100 W listenmäßig angeboten. Der Leistungsbereich der listenmäßig angebotenen Einphasen-Asynchronmotoren mit Kondensator – Hilfsphase ist größer, er erstreckt sich von etwa 0,1 W bis 2,2 kW.

Einphasen-Asynchronmotoren mit Kondensator-Hilfsphase sind im allgemeinen mit zwei räumlich gegeneinander versetzt angeordneten Ständerwicklungssträngen versehen. Einer dieser Stränge, der Hauptstrang, wird direkt an das Einphasennetz angeschlossen, zwischen das Netz und den anderen, den Hilfsstrang, wird ein Kondensator geschaltet (Bild 6). Dadurch wird der Strom I_Z in der Hilfswicklung gegenüber dem Strom I_U in der Hauptwicklung in der Phasenlage gedreht. Die zeitlich versetzten Ströme in den räumlich versetzten Wicklungssträngen bilden ein Drehfeld im Luftspalt der Maschine aus, und die Maschine kann aus dem Stillstand hochlaufen.

Üblich sind heute zwei Ausführungsformen bez. der Schaltung, einmal die Schaltung mit Betriebskondensator (Bild 6a) und zum anderen die Schaltung mit Betriebs- und Anlaufkondensator (Bild 6b), in der der Anlaufkondensator nach erfolgtem

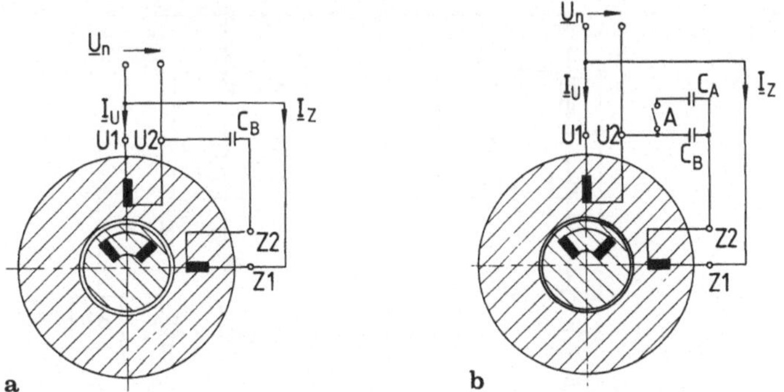

Bild 6. Einphasen-Asynchronmaschinen mit Kondensator-Hilfsphase. **a** Schaltung mit Betriebskondensator C_B; **b** Schaltung mit Betriebskondensator C_B und Anlaufkondensator C_A

Tabelle 2. Vergleichswerte von Einphasen-Asynchronmotoren mit den Polzahlen 2 und 4 (Listenwerte)

	Spaltmotoren	Einphasenasynchronmotoren mit Kondensator-Hilfsphase und mit	
		Betriebskondensator	Betriebs- und Anlaufkondensator
Leistungsbereich in W	1 bis 100	0,1 bis 2 200	250 bis 2 200
rel. Anzugsmoment M_A/M_N	1,2 bis 0,5	1,7 bis 0,3	1,5 bis 1,7
rel. Anlaufstrom I_A/I_N	2,0 bis 3,0	2,5 bis 4,0	3,5 bis 4,5
Nennschlupf s_N	0,15 bis 0,08	0,12 bis 0,06	0,06 bis 0,04
Wirkungsgrad n in %	10 bis 35	5 bis 75	60 bis 75

Hochlauf – meist durch einen Fliehkraftschalter A – abgeschaltet wird. In der zweiten Ausführung erreichen die Motoren ein höheres Anlaufmoment (Tabelle 2).

Auch bei dieser Art von Einphasen-Asynchronmaschinen bildet sich ein elliptisches Drehfeld aus, wodurch sich die Verluste gegenüber Drehstromasynchronmaschinen gleicher Leistung erhöhen. Wegen der besseren Annäherung an ein kreisförmiges Drehfeld im Nennpunkt der Maschine, sind die Auswirkungen des inversen Drehfeldes jedoch relativ kleiner als beim Spaltpolmotor.

Antriebskomponenten und -anwendungen

Wird nun die allgemeine Aussage des Bildes 2 auf die direkt am Wechselspannungsnetz arbeitende Asynchronmaschine mit Kurzschlußläufer übertragen, so zeigt sich, daß der elektrische Antrieb zumindest aus der Maschine M und der Schaltvorrichtung Q (Bild 7a) bestehen muß. In Bild 7 ist das speisende Netz als Drehspannungsnetz dargestellt, es könnte jedoch genausogut ein Einphasennetz sein, an das Einphasen-Asynchronmaschinen angeschlossen sind.

Die Schaltvorrichtung kann im einfachsten Falle ein handbetätigter Motorstarter sein, der einen Überstrom-Zeitschutz enthält. Die Schaltvorrichtung kann aber auch aus einem Schütz K bestehen, den Überstrom-Zeitschutz des Antriebes übernimmt

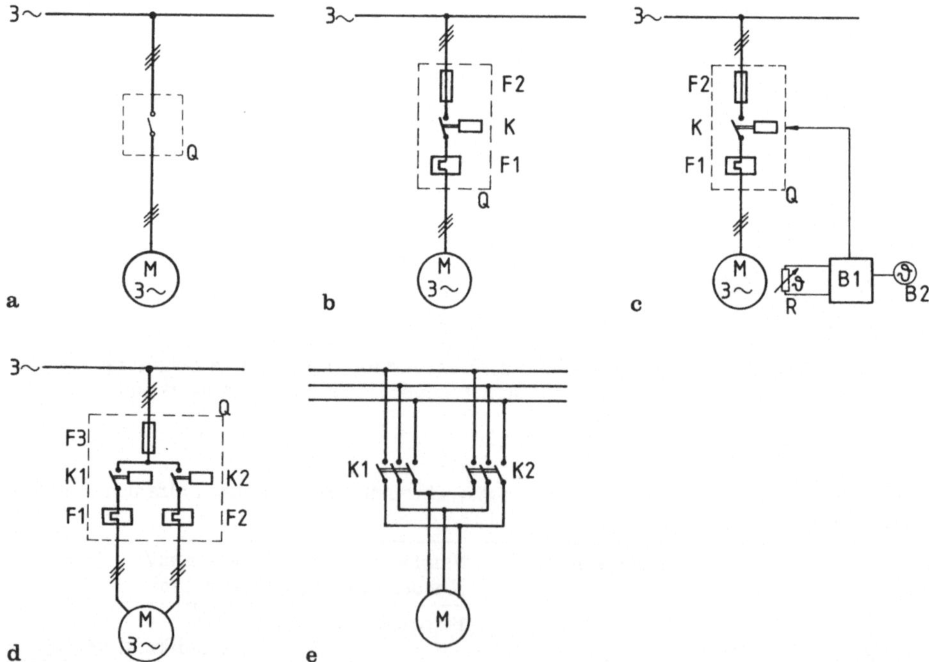

Bild 7. a Antrieb mit Asynchronmaschine (Käfigläufer), ungeregelt, rotatorisch; Q Schaltvorrichtung; **b** Antrieb mit Asynchronmaschine (Käfigläufer), ungeregelt, rotatorisch, mit Schützschaltung und Schutzeinrichtung; K Schütz, F1 Überstromrelais, F2 Sicherung; **c** wie **b**, jedoch mit zusätzlichem thermischem Maschinenschutz; R temperaturabhängiger Widerstand, B1 Temperatur-Meß- und Überwachungsgerät, B2 Temperaturanzeiger, ϑ Temperatur; **d** wie **b**, jedoch polumschaltbare Asynchronmaschine; **e** wie **b**, jedoch Drehrichtungsumkehr durch Reversierschaltung möglich; K1, K2 Schützkontakte

dann das Überstromrelais F1, den Kurzschlußschutz leisten die Sicherungen F2 (Bild 7b).

Ein großer Teil der heute gelieferten elektrischen Maschinen wird mit einem thermischen Motorschutz ausgerüstet, wobei in erster Linie die isolierten Wicklungen vor unzulässigen Übertemperaturen geschützt, bei größeren Maschinen aber auch durchaus die Lagertemperaturen überwacht werden sollen. Ein Temperaturfühler R wird mit dem zu schützenden Maschinenteil in einen möglichst innigen thermischen Kontakt gebracht. Die Zustandsänderung des Temperaturfühlers wird in einem Meß- und Überwachungsgerät B1 ausgewertet und einem Temperaturanzeiger B2 zugeführt. Bei der Überschreitung zulässiger Grenzwerte kann der Antrieb abgeschaltet werden (Bild 7c).

Polumschaltbare Asynchronmaschinen haben wenigstens zwei Nenndrehzahlen. Die Schalteinrichtung Q benötigt hier bei Maschinen mit getrennten Wicklungen wenigstens zwei, bei Maschinen mit umschaltbaren Wicklungen wenigstens drei Schütze (Bild 7d).

Zwei Schütze werden auch benötigt, wenn die Drehrichtung der Maschine umgekehrt werden soll (Bild 7e).

2.2 Anpassung des elektrischen Antriebes an die Arbeitsmaschine

Die Aufgabe des elektrischen Antriebes ist es, die Arbeitsmaschine auf die erforderliche Drehzahl zu beschleunigen und ihr dann die für den Arbeitsprozeß erforderliche Leistung zur Verfügung zu stellen. Damit der Antrieb hochlaufen kann, muß gewährleistet sein, daß im gesamten Anlaufbereich ein Beschleunigungsmoment M_b zur Verfügung steht, daß also das Drehmoment der elektrischen Maschine M_M größer ist als das Gegenmoment der Arbeitsmaschine M_G,

$$M_b = M_M - M_G. \tag{3}$$

Für die Auswahl der elektrischen Maschine ist somit die Kenntnis der Drehzahlabhängigkeit des Gegenmoments $M_G(n)$ im Anlaufbereich erforderlich. Um die Hochlaufzeit ausrechnen zu können, muß neben dem Beschleunigungsmoment M_b auch das Trägheitsmoment der Arbeitsmaschine J_A bekannt sein.

Die Nenn-Leistungsaufnahme der Arbeitsmaschine ergibt sich zu

$$P_{\mathrm{mech\,N}} = M_{\mathrm{G\,N}} \cdot \omega_{\mathrm{mech\,N}}, \tag{4}$$

wobei zwischen der heute noch weitverbreiteten Angabe der Drehzahl n in min^{-1} und der mechanischen Winkelgeschwindigkeit ω_{mech} in s^{-1} die Beziehung

$$\omega_{\mathrm{mech}}/\mathrm{s}^{-1} = 2\pi\,\frac{n/\mathrm{min}^{-1}}{60} \tag{5}$$

besteht.

Für die Auswahl der Antriebskomponenten sind weiterhin noch Angaben über den Aufstellungsort der Arbeitsmaschine erforderlich, sowie Angaben über Umgebungstemperatur, Kühlmitteltemperatur, Aufstellungshöhe, Verschmutzungsgrad des Kühlmediums und Schadstoffgehalt der Luft.

Anpassung der Drehzahl

Die Nenndrehzahl einer Asynchronmaschine ist nicht beliebig wählbar, sondern sie ist vorgegeben durch die Netzfrequenz f_n, die Polpaarzahl p und den Schlupf s der Maschine. Der Schlupf ist definiert durch die Beziehung

$$s = \frac{n_{sy} - n}{n_{sy}} = \frac{\omega_{mech\,sy} - \omega_{mech}}{\omega_{mech\,sy}}, \tag{6}$$

wobei n_{sy} bzw. $\omega_{mech\,sy}$ Maße für die Umlaufgeschwindigkeit des Drehfeldes sind. Bei Belastung der Maschine mit Nennmoment M_N stellt sich der Nennschlupf s_N ein, der im Bereich von 0,01 bei Asynchronmaschinen im MW-Bereich bis 0,15 bei kleinen Spaltpolmotoren liegen kann.

Die synchronen Werte für Winkelgeschwindigkeit und Drehzahl sind

$$\omega_{mech\,sy} = 2\pi \cdot \frac{f_n}{p} \tag{7a}$$

bzw.

$$n_{sy}/\text{min}^{-1} = 60\,\frac{f_n/\text{Hz}}{p}\,. \tag{7b}$$

Insbesondere für kleine Werte von p ergibt sich damit eine recht grobe Stufung der synchronen Drehzahlen n_{sy} und damit auch der Nenndrehzahlen n_N. Listenmäßig werden Asynchronmaschinen mit den Polpaarzahlen 1, 2, 3 und 4 angeboten und zwar bei $p=2$ und $f_n = 50$ Hz im Niederspannungsbereich bis 400 kW und als Hochspannungsmaschine bis etwa 6 MW. Auf Anfrage sind von den Herstellerfirmen auch Maschinen für höhere Polpaarzahlen und größere Leistungen erhältlich.

Erfordert die Arbeitsmaschine eine von den möglichen Maschinen-Nenndrehzahlen abweichende Drehzahl, so muß die Drehzahlanpassung über ein Getriebe erfolgen. Im Niederspannungsbereich sind listenmäßige Getriebemotoren, das sind Geräte, bei denen Motor und Getriebe zu einer baulichen Einheit integriert sind, vorhanden. Derartige Getriebemotoren werden im Leistungsbereich von etwa 100 W bis 50 kW und im Drehzahlbereich von etwa 10 min^{-1} bis 700 min^{-1} angeboten.

Ein Getriebe ist gekennzeichnet durch sein Drehzahlübersetzungsverhältnis

$$\ddot{u} = \frac{n_M}{n_A} = \frac{\omega_M}{\omega_A},$$

seinen Wirkungsgrad η_G und die bei Nenndrehzahl übertragbare maximale Leistung. Wird ein Getriebe zwischen Motor und Arbeitsmaschine gekoppelt (Bild 8), so gilt bezüglich der Leistungen

$$P_A = \omega_A \cdot M_A$$

und

$$P_M = \omega_M \cdot M_M = \frac{1}{\eta_G}\,P_A.$$

Daraus folgt für das erforderliche Drehmoment der elektrischen Maschine

$$M_M = \frac{1}{\eta_G} \cdot \frac{\omega_A}{\omega_M} \cdot M_A = \frac{1}{\eta_G \cdot \ddot{u}} \cdot M_A. \tag{8}$$

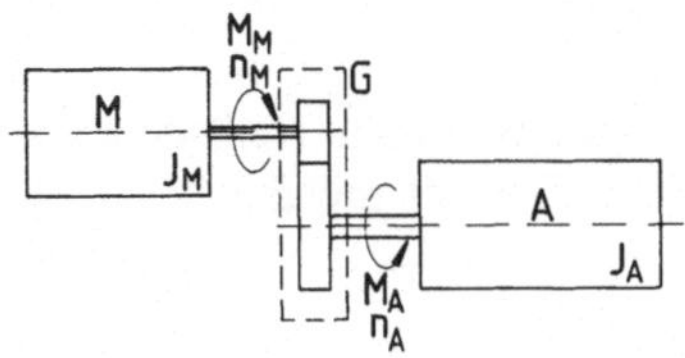

Bild 8. Anpassung der Drehzahlen durch Getriebe

Beim Anfahren muß die durch das Trägheitsmoment J gekennzeichnete Schwungmasse des aus Arbeitsmaschine und Antriebsmaschine bestehenden Satzes beschleunigt werden. Sind beide Maschinen über ein Getriebe gekoppelt, so muß für die Dimensionierung der elektrischen Maschine das Trägheitsmoment der Arbeitsmaschine auf die Motorwelle bezogen werden.

Die in der rotierenden Masse der Arbeitsmaschine gespeicherte Energie beträgt

$$W = \frac{1}{2}\,\omega_A^2 J_A.$$

Wird das Trägheitsmoment des Getriebes vernachlässigt, so folgt mit dem auf die Motorwelle bezogenen Trägheitsmoment der Arbeitsmaschine $(J_A)_M$

$$W = \frac{1}{2}\,\omega_M^2 (J_A)_M$$

und daraus

$$(J_A)_M = J_A\left(\frac{\omega_A}{\omega_M}\right)^2 = J_A\left(\frac{n_A}{n_M}\right)^2 = J_A\,\frac{1}{\ddot{u}^2}\,. \tag{9}$$

Das gesamte auf die Motorwelle bezogene Trägheitsmoment des Maschinensatzes wird somit

$$(\Sigma J)_M = J_M + \frac{1}{\ddot{u}^2}\,J_A. \tag{10}$$

Die Drehzahlabhängigkeit des Gegenmomentes $M_G(n)$ läßt sich, je nach Art der anzutreibenden Arbeitsmaschine, in vier große Gruppen einteilen (Bild 9).

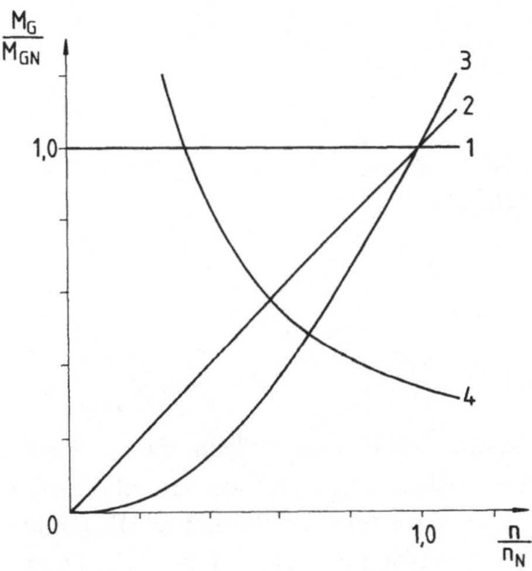

Bild 9. Charakteristische Drehmoment-Drehzahl-Kennlinien.
1 konstantes Gegenmoment, 2 Kalandermoment, 3 Lüftermoment, 4 Drehmaschinenmoment

Konstantes Gegenmoment

Ein Beispiel für den Fall der Belastung mit konstantem Gegenmoment stellt eine mit dem Motor direkt gekoppelte Seilscheibe dar, an der ein Gewicht mit der Masse m hängt (Bild 10). Das angreifende Drehmoment ist

$$M_G = m \cdot g \cdot \frac{d}{2} = F\,\frac{d}{2}\,, \tag{11}$$

wobei g die Erdbeschleunigung ist und F die Kraft, die sich aufgrund der Erdbeschleunigung einstellt.

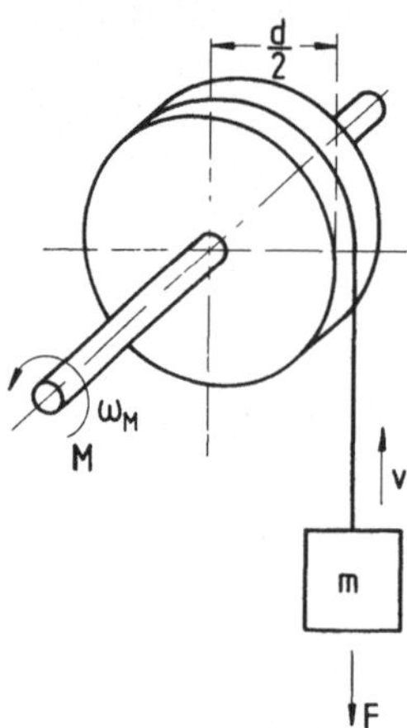

Bild 10. Hebezeug mit Seilscheibenantrieb als Beispiel einer Belastung mit konstantem Gegenmoment

Wird die Masse m nun mittels des elektrischen Antriebes mit der Geschwindigkeit v nach oben gezogen, so ist in ihr die translatorische Bewegungsenergie

$$W_{\text{tra}} = \frac{1}{2}\,mv^2$$

gespeichert. Bezogen auf die Motorwelle entspricht das einer rotatorischen Bewegungsenergie

$$W_{\text{rot}} = \frac{1}{2}\,(J_m)_M \cdot \omega_M^2.$$

Durch Gleichsetzung von W_{tra} mit W_{rot} und mit $v = \omega_M\,\frac{d}{2}$ ergibt sich für die Masse m ein auf die Motorwelle bezogenes Trägheitsmoment

$$(J_m)_M = m \cdot \frac{d^2}{4}\,. \tag{12}$$

Kalandermoment

Kalander sind Arbeitsmaschinen mit gegeneinander rollenden Walzen, die zur Fertigung von Gummi- und Kunststoffplatten oder Folien eingesetzt werden, aber auch zum Glätten oder zur Oberflächenbehandlung verschiedener in Bahnen vorliegender Materialien benutzt werden können. Das Gegenmoment eines Kalanders ist der Drehzahl weitgehend proportional. Bei konstanter Spaltbreite und konstanten Materialeigenschaften läßt es sich zu

$$M_G = k_1 \cdot \omega_{mech} = k'_1 \cdot n \tag{13}$$

angeben, wobei k_1 und k'_1 Konstanten sind.

Lüftermoment

Eine ganze Reihe von Arbeitsmaschinen, wie z.B. Lüfter, Kreisel- oder Turbokompressoren und Kreiselpumpen, zeigen ein quadratisch mit der Drehzahl ansteigendes Gegenmoment, das sich durch die Beziehung

$$M_G = k_2 \cdot \omega_{mech}^2 = k'_2 n^2 \tag{14}$$

beschreiben läßt.

Drehmaschinenmoment

Als letzter typischer Drehmomenten-Drehzahlverlauf sei das Drehmaschinenmoment erwähnt, das umgekehrt proportional zur Drehzahl abnimmt und sich durch die Gleichung

$$M_G = k_3 \cdot \frac{1}{\omega_{mech}} = k'_3 \frac{1}{n} \tag{15}$$

annähern läßt.

Den vorstehend skizzierten charakteristischen Drehmoment-Drehzahl-Kennlinien überlagert sich für gewöhnlich noch ein Losbrechmoment, das den Stillstandswert anhebt. Bei einigen Arbeitsmaschinen können sich dem zeitlichen Mittelwert des Momentes noch Pendelmomente überlagern, die beim Hochlauf ebenfalls überwunden werden müssen; hier ist der Kolbenkompressor ein typisches Beispiel.

2.3 Der Antriebsmotor

2.3.1 Betriebswerte des Motors

Ist der auf die Motorwelle bezogene Gegenmomentverlauf $M_G(n)$ bekannt, so kann für die Nenndrehzahl n_N das Nennmoment M_{GN} bestimmt werden. Die von der Arbeitsmaschine aufgenommene mechanische Nennleistung P_N ist dann gleich der von dem Antriebsmotor abgegebenen Maschinennennleistung. Es läßt sich nach Gl.(4) schreiben

$$P_N = M_N \cdot \omega_{mech\,N}. \tag{16}$$

Das Volumen des elektromagnetisch aktiven Motormaterials, also das der Blechpakete und des Leitermaterials, ist bei konstruktiv ähnlichen Maschinen mit Polpaarzahlen $p \geq 2$ etwa dem Nennmoment M_N proportional. Die erzielbare Nennleistung ist dann nach Gl.(16) der Nenndrehzahl proportional und damit nach Gl.(7) der Polpaarzahl umgekehrt proportional [3]. Aus der Reihe fallen die zweipoligen Maschinen ($p = 1$), deren magnetischer Engpaß in den Jochen der Blechpakete liegt; das hat zur Folge, daß die zweipolige Maschine bei gleichem aktiven Volumen ein geringeres Drehmoment als z.B. eine vierpolige abgibt. Vergleicht man die Nennleistung von Normmotoren gleicher Baugröße, so stellt man fest, daß in einem weiten Bereich die zwei- und die vierpoligen Maschinen die gleiche Nennleistung haben.

Die bei Nennbetrieb aus dem Netz aufgenommene Leistung ist

$$P_{nN} = \frac{P_N}{\eta_M},$$

wobei der Wirkungsgrad η_M des Motors im Bereich zwischen 0,1 bei kleinen Spaltmotoren und 0,975 bei großen Drehstromasynchronmotoren mit Nennleistungen im MW-Bereich liegt.

Die Asynchronmaschine ist ein Blindleistungsverbraucher. Die aus dem Wechselspannungsnetz aufgenommene Scheinleistung S ist somit größer als die Wirkleistung P_n. Eine magnetisch normal ausgenutzte Asynchronmaschine stellt wegen der auftretenden Sättigungseinflüsse für das speisende Netz einen nichtlinearen Widerstand dar. Daraus folgt, daß – selbst wenn man einen meist nicht vorhandenen sinusförmigen Verlauf der Netzspannung voraussetzt – im Leiterstrom Oberschwingungen vorhanden sind. Im Falle einer Asynchronmaschine mit Schleifringläufer und Stromrichterkaskade kann das speisende Netz von der Ständerwicklung mit erheblichen Oberschwingungen belastet werden.

Im folgenden wird ein sinusförmiger Verlauf der Netz-Wechselspannung vorausgesetzt. Die aus dem Netz aufgenommene Scheinleistung S ist dann

$$S = U \cdot I \tag{17a}$$

beim einphasigen Anschluß und

$$S = U \cdot I \cdot \sqrt{3} \tag{17b}$$

bei Anschluß einer symmetrischen Asynchronmaschine an ein symmetrisches Drehspannungsnetz. Aus der Leistung P und der Scheinleistung S ergibt sich durch Definition die Blindleistung zu

$$Q = \sqrt{S^2 - P^2}. \tag{18}$$

Diese Gesamtblindleistung läßt sich über die Beziehung

$$Q = \sqrt{Q_1^2 + D^2} \tag{19}$$

in die Grundschwingungsblindleistung Q_1 und die Verzerrungsleistung D zerlegen. Für den Einphasenanschluß ergeben sich die Grundschwingungsblindleistung zu

$$Q_1 = U I_1 \cdot \sin \varphi_1,$$

wobei φ_1 der Verschiebungswinkel zwischen Spannung und Grundschwingungsstrom I_1 ist, und die Verzerrungsleistung zu

$$D = U \sqrt{\sum_{\nu=2}^{\infty} I_\nu^2}.$$

Im Falle der Drehstrommaschine ist jeweils U durch $U \cdot \sqrt{3}$ zu ersetzen.

Die Leistungsgrößen P, Q_1 und D – und damit auch P und Q sowie S_1 und D – sind orthogonal (Bild 11).

Die Leistung P läßt sich auch als

$$P = S \cdot \lambda$$

bzw.

$$P = S_1 \cos \varphi_1$$

angeben, wobei λ als Leistungsfaktor bezeichnet wird.

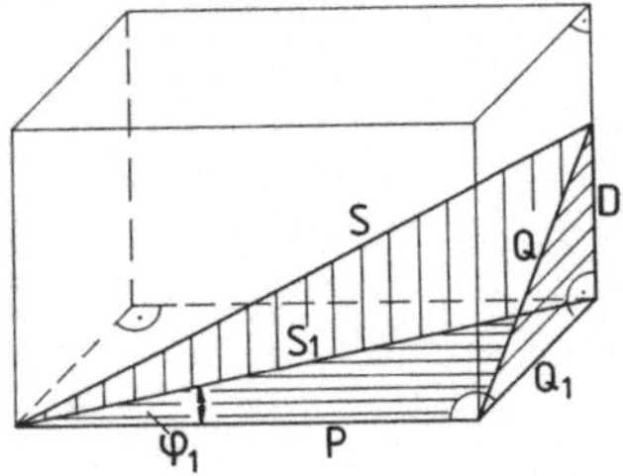

Bild 11. Zur Definition der Leistungsgrößen

In den Listenangaben wird üblicherweise davon ausgegangen, daß elektrische Maschinen an eine praktisch sinusförmige und – bei Drehstrommaschinen – praktisch symmetrische Spannung angeschlossen werden, daß die Maschine auf das Netz wie ein linearer Widerstand wirkt und daß damit auch ein praktisch sinusförmiger Strom dem Netz entnommen wird. Praktisch sinusförmig heißt nach der VDE-Bestimmung 0530 Teil 1/11.72 für umlaufende elektrische Maschinen, daß kein Augenblickswert vom zugehörigen Augenblickswert der Grundschwingung um mehr als 5% des Scheitelwertes der Grundschwingung abweicht. In den Listenangaben wird die Verzerrungsleistung vernachlässigt und es wird mit rein sinusförmigen Strömen und Spannungen gerechnet.

Ist die von der elektrischen Maschine bei vorgegebener Nenndrehzahl zu fordernde Nennleistung bekannt, so kann der entsprechende Maschinentyp nach der Liste ausgewählt werden. Die vorstehend besprochenen Nennbetriebswerte können dann ebenfalls der Liste entnommen werden.

2.3.2 Anpassung des Motors an die Einsatzbedingungen

Bauform und Aufstellungsart

Die Kurzzeichen für Bauformen und Aufstellungsarten umlaufender elektrischer Maschinen wurden von der IEC (International Electrotechnical Commission) genormt. Eine Auswahl aus den im Dokument IEC 34-7 aufgeführten Bauformen zeigt Bild 12. Von diesen werden im allgemeinen die grau unterlegten Bauformen IM B3, IM B5, IM V1 und IM B14 listenmäßig angeboten. Die erforderliche Bauform des Elektromotors ist durch die Konstruktion der Arbeitsmaschine vorgegeben.

Schutzart

Aufstellungsort und Umgebungsbedingungen entscheiden über die Wahl der Schutzart. Die IP-Schutzarten sind in DIN IEC 34 Teil 5/VDE 0530 Teil 5/11.83 "Umlaufende elektrische Maschinen; IP-Schutzarten; Einteilung der Schutzarten durch Gehäuse für umlaufende Maschinen" festgelegt, einen Auszug aus DIN IEC 34 Teil 5/VDE 0530 Teil 5/11.83 gibt die Tabelle 3 wieder. Die erste Kennziffer bezeichnet den Schutzgrad für den Berührungs- und Fremdkörperschutz, die zweite den Schutzgrad für den Wasserschutz.

Listenmäßig werden die elektrischen Maschinen in Schutzart IP 23 und IP 44 angeboten, höhere Schutzarten können bei Bedarf geliefert werden. Maschinen in Schutzart IP 23 werden im allgemeinen in trockenen und sauberen Räumen eingesetzt. Bei Aufstellung im Freien ohne Schutzdach oder in Räumen, deren Luft abra-

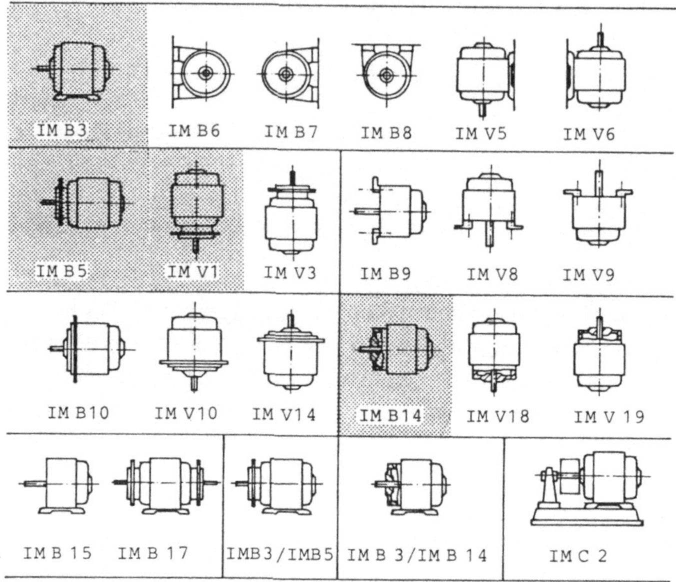

Bild 12. Bauformen elektrischer Maschinen nach IEC 34-7

sive oder leitfähige Stäube enthält, wird der Schutzart IP 44 der Vorzug gegeben. In sehr stark staubhaltigen Räumen kann auch die Schutzart IP 54 erforderlich werden; ist eine gelegentliche Überflutung des Motors zu befürchten, so ist die Schutzart IP 56 zu wählen.

Die Wahl der Schutzart ist vor allem bei Maschinen höherer Leistung auch eine wirtschaftliche Frage. Bei innengekühlten Maschinen der Schutzart IP 23 kann das Kühlmedium, im allgemeinen die Kühlluft, die Verlustleistung aus dem Inneren der Maschine, also fast am Entstehungsort der Verluste abführen, während bei oberflächengekühlten Maschinen die Verluste erst durch Wärmeleitung an die Oberfläche geschafft werden müssen, um dort von Kühlluftstrom aufgenommen zu werden. Je größer die elektrische Maschine wird, desto schwerer wird die Abführung der Verluste über die Oberfläche, desto kostengünstiger wird der Einsatz einer IP-23-Maschine und desto mehr Leistung läßt sich aus ihr bei gleicher Baugröße gegenüber der IP-44-Maschine herausholen (Tabelle 4).

Aufstellungshöhe

Zu überprüfen ist, ob die nachfolgend erläuterten Betriebsbedingungen der elektrischen Maschine mit den in der VDE – Bestimmung 0530 Teil 1/11.72 festgelegten übereinstimmen. So gelten die listenmäßigen Maschinendaten bei Aufstellungshöhen nicht über 1000 m über NN. Mit steigender Höhe, also fallendem Luftdruck, nimmt die Fördermenge des Maschinenlüfters ab, die Kühlwirkung läßt nach und die temperaturkritischen Maschinenteile wie Wicklungen und Lager nehmen bei Nennbelastung unzulässig hohe Temperaturen an. Da in Wicklungen und Lagern bestimmte, von der Isolierstoffklasse abhängige Grenztemperaturen nicht überschritten werden dürfen, ist bei Aufstellungshöhen oberhalb 1000 m über NN die Nennleistung der

Tabelle 3. IP-Schutzarten. Berührungs-, Fremdkörper- und Wasserschutz für elektrische Betriebsmittel nach DIN IEC 34 Teil 5/VDE 0530 Teil 5

Motor	Schutzart	1. Kennziffer		2. Kennziffer
		Berührungsschutz	Fremdkörperschutz	Wasserschutz
innen-gekühlt	IP 00	kein	kein	kein
	IP 02			Tropfwasser bis 15° zur Senkrechten
	IP 11	großflächige Berührung	große feste Fremdkörper über 50 mm ∅	senkrechtes Tropfwasser
	IP 12			Tropfwasser bis 50° zur Senkrechten
	IP 13			Sprühwasser bis 60° zur Senkrechten
	IP 21	Berührung mit den Fingern	mittelgroße Fremdkörper über 12 mm ∅	senkrechtes Tropfwasser
	IP 22			Tropfwasser bis 15° zur Senkrechten
	IP 23			Sprühwasser bis 60° zur Senkrechten
ober-flächen-gekühlt	IP 44	Berührung mit Werkzeug oder ähnlichem	kleine feste Fremdkörper über 1 mm ∅	Spritzwasser aus allen Richtungen
	IP 54	vollständiger Schutz gegen Berührung	schädliche Staubablagerung	Spritzwasser aus allen Richtungen
	IP 55			Strahlwasser aus allen Richtungen
	IP 56			Vorübergehende Überflutung
	IP 65	Vollständiger Schutz gegen Berührung	Schutz gegen Eindringen von Staub	Strahlwasser aus allen Richtungen

Tabelle 4. Vergleich der Nennleistungen P_N, der Kosten K und der spezifischen Kosten k für die Schutzarten IP 44 und IP 23 bei einigen Baugrößen für vierpolige Asynchronmaschinen. (Die Werte für K wurden der SIEMENS-Preisliste M1 1982/83 entnommen)

Baugröße	IP 44			IP 23			Leistungsverhältnis
	P_N kW	K DM	k DM/kW	P_N kW	K DM	k DM/kW	$\frac{P_N\,(\text{IP }23)}{P_N\,(\text{IP }44)}$
160 M	11	2960	269	11	2710	246	1
250 M	55	13200	240	90	15300	170	1,6
280 M	90	21400	238	132	20900	158	1,5
315 M	160	37500	234	315	43600	138	1,9

Maschinen gegebenenfalls zu reduzieren; wie dabei vorzugehen ist, kann der VDE-Bestimmung 0530 entnommen werden.

Temperatur des Kühlmediums

Bezüglich der Temperatur des Kühlmediums ist festgelegt, daß die Temperatur der Kühlluft jahreszeitlichen Schwankungen unterliegt und 40 °C nicht überschreitet. Wird diese Temperaturgrenze unter- oder überschritten, so kann die Nennleistung elektrischer Maschinen erhöht bzw. muß sie erniedrigt werden; auch hierfür sind die Vorgehensweisen in VDE 0530 festgelegt. Bei wassergekühlten Maschinen wird für den Normalfall eine maximale Kühlwassertemperatur von 25 °C angenommen.

Netzbedingungen

Bezüglich der Netzbedingungen wird eine praktisch sinusförmige und – bei Mehrphasenmaschinen – eine praktisch symmetrische Spannung vorausgesetzt. Unter praktisch sinusförmig ist nach VDE 0530 zu verstehen, daß kein Augenblickswert vom dazugehörigen Augenblickswert der Grundschwingung um mehr als 5% des Scheitelwertes der Grundschwingung abweicht. Diese Definition sagt nichts über Amplitude und Ordnungszahl der in der Spannung enthaltenen Oberschwingungen aus. Normen, in denen die Spannungsqualität von Wechselstromnetzen festgelegt werden soll, befinden sich auf nationaler und auch auf internationaler Ebene in den entsprechenden DKE- (Deutsche Elektrotechnische Kommission) und IEC-Gremien in Vorbereitung. Praktisch symmetrisch bedeutet, daß weder die Spannung des Gegensystems noch die Spannung des Nullsystems einen Strom im Motor hervorruft, der mehr als 5% vom Strom des Mitsystems beträgt.

Nach den Festlegungen in VDE 0530 müssen Motoren ihre Nennleistung auch dann abgeben können, wenn die Netzspannung U_n um plus oder minus 5% von der Nennspannung U_N abweicht. Bei Dauerbetrieb mit den zulässigen Spannungsgrenzwerten dürfen die den Isolierstoffklassen zugeordneten Grenztemperaturen bei Maschinen mit einer Nennleistung bis 1000 kW um 10 K und bei Maschinen mit einer Nennleistung größer als 1000 kW um 5 K überschritten werden. Gibt eine Asynchronmaschine bei variabler Netzspannung eine konstante Leistung P ab, so ändern sich in Abhängigkeit von der Spannung die Betriebswerte wie Strom I, Drehzahl n, Grundschwingungsverschiebungsfaktor cos φ_1 und Wirkungsgrad η (Bild 13). Mit

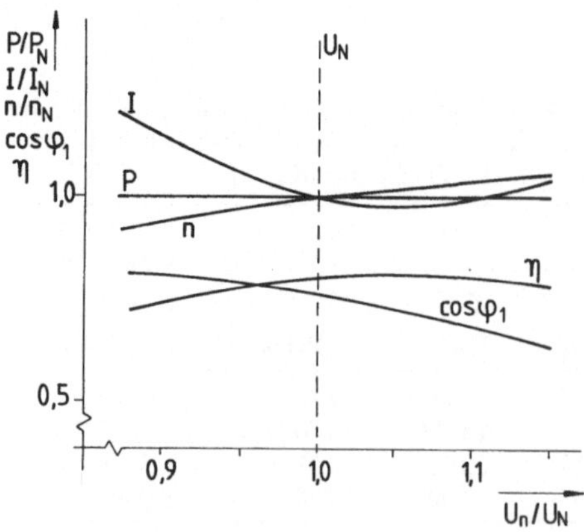

Bild 13. Abhängigkeit der Betriebswerte einer Asynchronmaschine von der Netzspannung U_n

dem Wirkungsgrad ändert sich die Größe der Verluste und mit der Drehzahl die Güte der Verlustableitung. Aufgrund dieser Einflüsse ändert sich auch die Erwärmung der temperaturkritischen Maschinenteile. Hier besteht eine Diskrepanz zwischen der VDE-Bestimmung 0530 und anderen Vorschriften, z.B. VDE 0160/11.81, bzw. Normentwürfen, die Abweichungen der Netzspannung um ±10% von der Nennspannung zulassen.

Abweichungen von der Nennspannung beeinflussen die Drehmoment-Drehzahl-Kennlinie der Asynchronmaschine, wobei sich die Drehmomentwerte etwa quadratisch mit der Spannung ändern. Bei einem Verhältnis $U_n/U_N = 0{,}9$ gehen die Werte für Anlaufmoment, Sattelmoment und Kippmoment somit auf etwa die 0,81-fachen Nennwerte zurück.

Eine ähnliche Wirkung wie Spannungsabsenkungen haben Frequenzerhöhungen. In VDE 0530 sind keine zulässigen Frequenzabweichungen angegeben. Andere Normen, z.B. VDE 0160, und Normentwürfe lassen eine Frequenzabweichung von ±1% bezogen auf die Netzfrequenz zu. In Firmenlisten wird teilweise zugesichert, daß die Asynchronmaschinen bei Frequenzabweichungen von ±5% bezogen auf die Nennfrequenz noch die Nennleistung abgeben können.

Anpassung der Drehmoment-Drehzahl-Kennlinie der Asynchronmaschine an die der Arbeitsmaschine

Um einen sicheren Anlauf zu ermöglichen, muß im gesamten Anlaufbereich ($0 \leq n \leq n_N$) das Drehmoment M_M der Asynchronmaschine bei Berücksichtigung aller Toleranzen (Spannungstoleranz, Frequenztoleranz, Fertigungstoleranz) über dem Gegenmoment M_G der Arbeitsmaschine liegen; es muß bei jeder Drehzahl ein Beschleunigungsmoment M_b vorhanden sein (Bild 14). Der Verlauf des Asynchronmaschinenmoments M_M läßt sich über die Stabform des Läuferkäfigs unter Ausnutzung des Stromverdrängungseffektes [3] (Bild 15) an den Gegenmomentverlauf der Arbeitsmaschine (siehe Beispiele in Bild 9) anpassen. Hersteller bieten ihre Asynchronmaschinen nach Drehmomentklassen an; diese sagen aus, gegen welches Gegenmoment bei Nennspannung ein sicherer Anlauf im ganzen Anlaufbereich möglich ist. Die

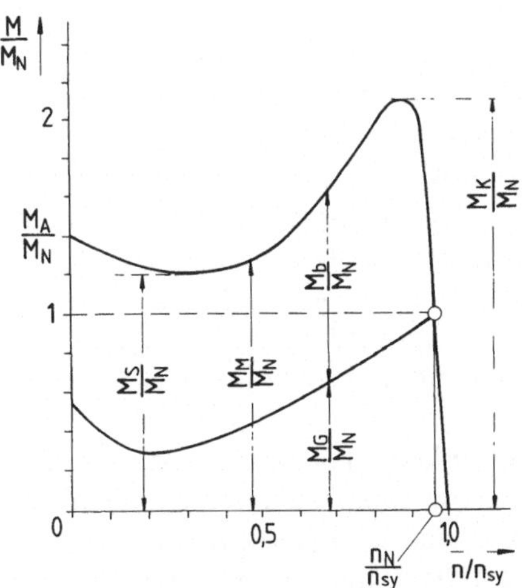

Bild 14. Drehmoment-Drehzahl-Kennlinien der Asynchronmaschine $M_M(n)$ und der Arbeitsmaschine $M_G(n)$. M_N Nennmoment, M_M Motormoment, M_G Gegenmoment, M_b Beschleunigungsmoment, M_A Anzugsmoment, M_K Kippmoment, M_S Sattelmoment, n_N Nenndrehzahl, n_{sy} synchrone Drehzahl

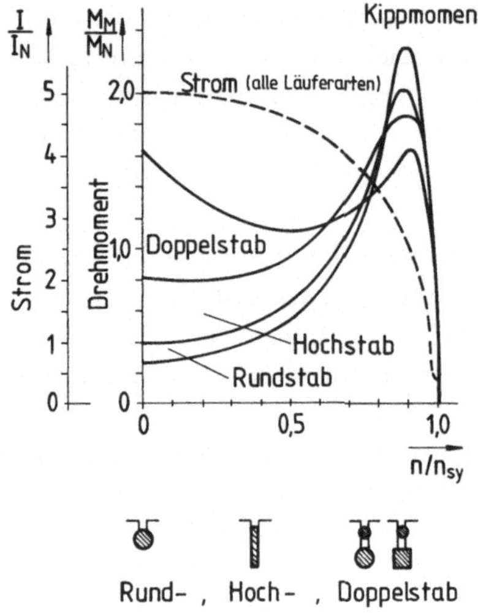

Bild 15. Vergleich des Drehmomentverlaufs in Abhängigkeit von der Drehzahl bei verschiedener Läuferstabausführung. Voraussetzung: Gleiche Größe von Motornennmoment und Anlaufstrom

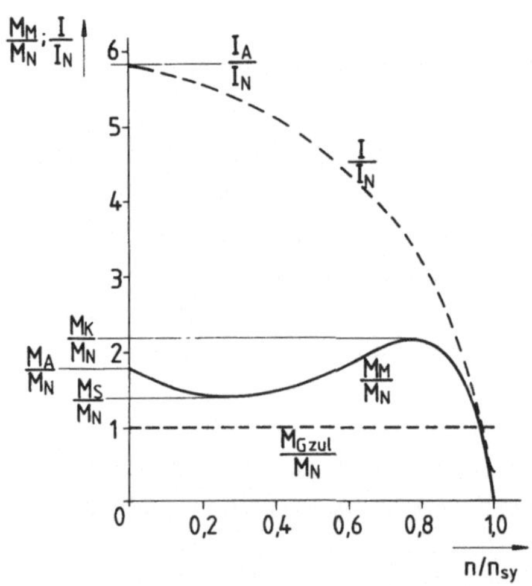

Bild 16. Drehmoment-Drehzahl-Kennlinie und Strom-Drehzahl-Kennlinie eines Motors, der unter Berücksichtigung der Fertigungstoleranzen gegen ein zulässiges Gegenmoment in Höhe des Nennmomentes laufen kann

zulässigen Gegenmomente liegen dabei im Bereich zwischen dem 1,6-fachen und dem 0,3-fachen Nennmoment, wobei der erste Wert für kleinere Asynchronmaschinen im Niederspannungsbereich und der zweite für Hochspannungs-Maschinen im MW-Bereich gilt. Bild 16 zeigt Drehmoment-Drehzahl-Kennlinie und Strom-Drehzahl-Kennlinie einer Asynchronmaschine, mit der Anlauf gegen ein Gegenmoment in Größe des Nennmomentes unter Berücksichtigung der zulässigen Toleranzen möglich ist. Nach VDE 0530 sind folgende Abweichungen von den gewährleisteten Werten zulässig: Der Anzugsstrom darf um 20% überschritten werden, das Anzugsmoment darf um 15% unterschritten oder um 25% überschritten werden und das Kippmoment darf um 10% unterschritten werden.

Für das Sattelmoment M_S werden in VDE 0530 keine Toleranzen angegeben, es wird nur festgelegt, daß es bei Drehstrommotoren mit einer Nennleistung kleiner als 100 kW mindestens dem 0,5-fachen Nennmoment und dem 0,5-fachen Anzugsmoment entsprechen muß und bei Motoren mit $P_N \geq 100$ kW mindestens dem 0,3-fachen

Nennmoment und dem 0,5-fachen Anzugsmoment. Bei Einphasenmotoren oder polumschaltbaren Drehstrommotoren muß das Sattelmoment mindestens gleich dem 0,3-fachen Nennmoment sein.

Trägheitsmoment der Arbeitsmaschine (Hochlaufzeit)

Ist eine Asynchronmaschine gewählt worden, deren Drehmoment-Drehzahl-Kennlinie im gesamten Anlaufbereich ein Beschleunigungsmoment garantiert, so ist die Frage zu untersuchen, wie lange der Hochlauf dauert und ob die Maschinenerwärmung im Hinblick auf die beim Anlauf auftretende hohe Verlustleistung in den zulässigen Grenzen bleibt.

Nach der Bewegungsgleichung rotierender Massen ist

$$M_{\mathrm{b}}=J\,\frac{\mathrm{d}\omega_{\mathrm{mech}}}{\mathrm{d}t}\,, \qquad (20)$$

wobei J das gesamte auf die Motorwelle bezogene Trägheitsmoment von Arbeitsmaschine und Antriebsmaschine ist (siehe Gl.(9) und (10)).

Wird für die Zeit $t=0$ auch $\omega_{\mathrm{mech}}=0$ gesetzt, so läßt sich Gl.(20) umformen in

$$t=J\int_{0}^{\omega_{\mathrm{mech}}}\frac{\mathrm{d}\omega_{\mathrm{mech}}}{M_{\mathrm{b}}(\omega_{\mathrm{mech}})}\,. \qquad (21)$$

Wird die Funktion $\omega_{\mathrm{mech}}(t)$ für den Anlaufvorgang verlangt, so ist Gl.(21) rechnerisch oder graphisch zu lösen. Kommt es dagegen nur auf die Hochlaufzeit an, so kann ein vereinfachtes Verfahren angewendet werden. Sind die Drehmoment-Drehzahl-Kennlinien der Asynchronmaschine und der Arbeitsmaschine bekannt, so können ein mittleres Motormoment $M_{\mathrm{M\,mi}}$ und ein mittleres Gegenmoment $M_{\mathrm{G\,mi}}$ gebildet werden. Als Differenz beider Größen ergibt sich das mittlere Beschleunigungsmoment (Bild 17)

$$M_{\mathrm{b\,mi}}=M_{\mathrm{M\,mi}}-M_{\mathrm{G\,mi}}.$$

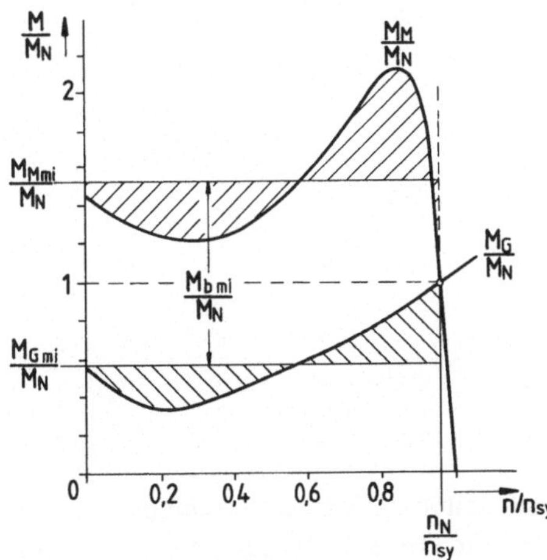

Bild 17. Bestimmung des mittleren Beschleunigungsmomentes $M_{\mathrm{b\,mi}}$.
M_{M} Motormoment, M_{G} Gegenmoment, $M_{\mathrm{b\,mi}}$ mittleres Beschleunigungsmoment

Setzt man dieses konstante mittlere Beschleunigungsmoment in Gl.(21) ein, so folgt für die Hochlaufzeit

$$t_H = \frac{J}{M_{b\,mi}} \int_0^{\omega_N} d\omega_{mech} = \frac{J}{M_{b\,mi}} \cdot \omega_N. \tag{22}$$

Beim Anlauf aus dem kalten Zustand, d.h., wenn die temperaturkritischen Maschinenteile vor dem Einschalten näherungsweise die Temperatur des Kühlmediums angenommen haben, wird von den Herstellern im allgemeinen eine Hochlaufzeit bis zu 10 Sekunden zugestanden. Liegt die sich rechnerisch ergebende Anlaufzeit über diesem Wert, so ist der Hersteller zu fragen, ob dies noch zulässig ist. Andernfalls ist eine Maschine höherer Nennleistung oder ein anderes Antriebskonzept zu wählen. Wenn sich die Anlaufvorgänge in kurzen Abständen wiederholen, so muß der Erwärmungsvorgang nachgerechnet werden, um die Asynchronmaschine vor unzulässiger Erwärmung zu schützen.

2.3.3 Anlaßverfahren

Teilspannungsanlauf

In den weitaus meisten Anwendunsfällen ist es üblich, Asynchronmaschinen mit Kurzschlußläufer direkt auf das Netz zu schalten. Es gibt jedoch auch Fälle, in denen entweder der Anlaufstrom I_A mit Rücksicht auf die Netzverhältnisse klein gehalten werden muß oder in denen ein bestimmtes Beschleunigungsmoment mit Rücksicht auf die Arbeitsmaschine nicht überschritten werden darf. Sind Trägheitsmoment und Gegenmoment klein, liegt also ein Leichtanlauf vor, so kann ein Teilspannungsanlauf in Betracht gezogen werden. Beim Teilspannungsanlauf gehen der Strom etwa linear und das Drehmoment etwa quadratisch mit der Spannung zurück.

Bei Niederspannungsmaschinen wird der Teilspannungsanlauf durch eine Stern-Dreieck-Umschaltung der Maschine erreicht. Im normalen Betrieb ist die Asynchronmaschine dabei in Dreieck geschaltet, der Anlauf dagegen erfolgt in Sternschaltung (Bild 18). Die Spannung U_S an einem Wicklungsstrang der Maschine ist in Sternschaltung um den Faktor $1/\sqrt{3}$ kleiner als bei Dreieckschaltung, der Strangstrom I_S geht damit ebenfalls etwa um den Faktor $1/\sqrt{3}$ zurück. In der Dreieckschaltung ist

$$I_{L\Delta} = \sqrt{3}\, I_{S\Delta},$$

in der Sternschaltung dagegen

$$I_{LY} = I_{SY}.$$

Mit

$$I_{SY} \approx \frac{1}{\sqrt{3}}\, I_{S\Delta}$$

folgt für den Leiterstrom

$$I_{LY} \approx \frac{1}{3}\, I_{L\Delta}.$$

Beim Anlauf in Sternschaltung gehen somit Leiterstrom und Maschinenmoment auf etwa ein Drittel gegenüber den Nennwerten für Dreieckschaltung zurück. Wenn

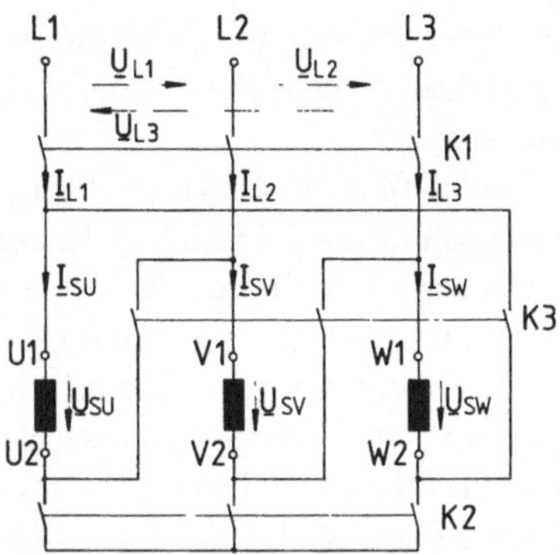

Bild 18. Schaltplan eines Asynchronmotor-Antriebes mit Stern-Dreieck-Anlauf

Schalterstellung des ⅄/△-Schalters	Schaltstellung der Teilschalter K1	K2	K3
0	0	0	0
⅄	1	1	0
△	1	0	1

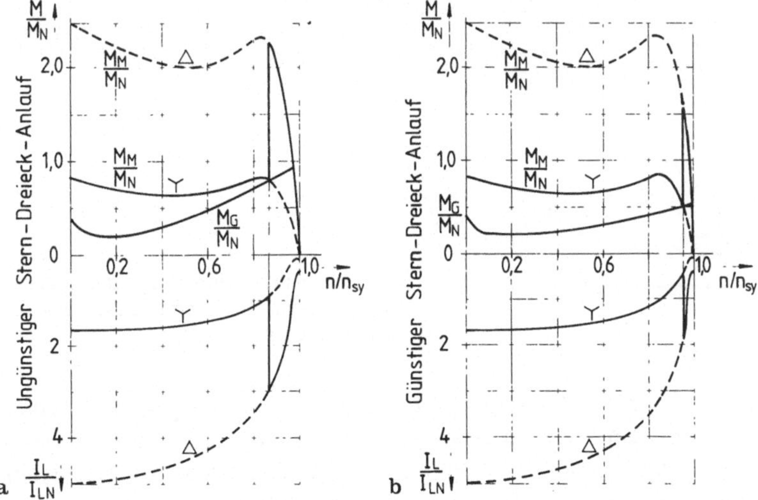

Bild 19. Drehmoment-Drehzahl-Verläufe und Leiterstrom-Drehzahl-Verläufe bei Stern-Dreieck-Anlauf. **a** ungünstiger Stern-Dreieck-Anlauf; **b** günstiger Stern-Dreieck-Anlauf

der Stern-Dreieck-Anlauf hinreichenden Nutzen bringen soll, ist auch hier auf eine vernünftige Zuordnung der Drehmoment-Drehzahl-Kennlinien von Asynchronmaschinen und Arbeitsmaschinen zu achten. In Bild 19 sind zum Vergleich zwei Fälle gegenübergestellt. Im Fall a kann der Hochlauf in Sternschaltung nur bis zu einer Drehzahl kurz hinter der Kippdrehzahl erfolgen. Beim Umschalten auf Dreieckschaltung springen das Drehmoment auf den 2,3-fachen und der Leiterstrom auf den 3-fachen Nennwert, d.h., die Umschaltwerte liegen weit über den Einschaltwerten in Sternschaltung. Bei dem in Bild 19b dargestellten Fall liegt der Gegenmomentverlauf niedriger, die Asynchronmaschine kann in der Sternschaltung weiter hochlaufen, und beim Umschalten in die Dreieckschaltung springt das Moment nur auf den 1,6-fachen und der Leiterstrom auf den 1,9-fachen Nennwert.

Hochspannungsmaschinen werden fast ausschließlich in Sternschaltung ausgeführt, da die höhere Strangspannung bei Dreieckschaltung eine höhere Leiterzahl je Nut erfordern würde. Höhere Leiterzahl bei – wegen des kleineren Strangstromes – kleineren Leiterabmessungen würde einen Mehraufwand an Isoliermaterial, einen geringeren Nutfüllfaktor und damit eine geringere Ausnutzung des aktiven Volumens zur Folge haben. Bei Hochspannungsmaschinen wird der Teilspannungsverlauf deshalb durch das Abgreifen von Teilspannungen eines Spartransformators oder durch Drosselspulen, die während des Anlaufvorganges zu den Wicklungssträngen der Maschine in Reihe geschaltet werden, verwirklicht.

Verminderung der Anlaßverluste durch Einsatz polumschaltbarer Asynchronmaschinen

Für Arbeitsmaschinen, deren Trägheitsmoment J_A groß gegenüber dem Trägheitsmoment J_M der Asynchronmaschine ist, ergibt sich eine große Hochlaufzeit. Während des Hochlaufs treten in der Asynchronmaschine erhebliche Verlustleistungen auf, die sich über die Hochlaufzeit zur Verlustarbeit integrieren und die Maschine aufheizen.

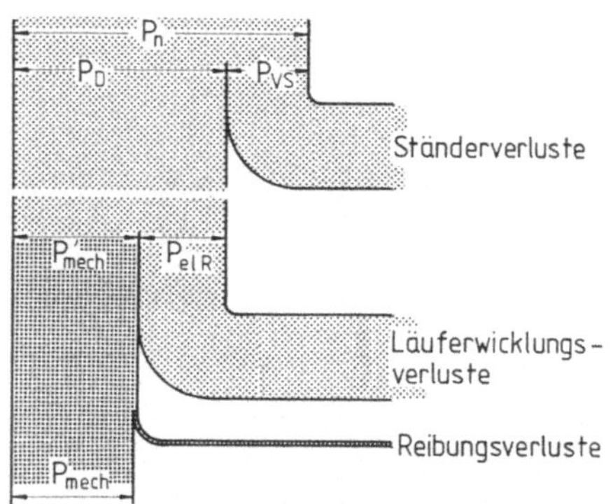

Bild 20. Leistungsfluß-Diagramm einer Asynchronmaschine beim Schlupf $s = 0{,}4$ entsprechend $n/n_{sy} = 0{,}6$

In Bild 20 ist ein Leistungsflußdiagramm für den Schlupf $s = 0{,}4$ dargestellt, aus dem die Aufteilung der aus dem Netz aufgenommenen Leistung P_n auf die einzelnen Verlustleistungsanteile und die an der Kupplung abgegebene mechanische Leistung P_{mech} zu ersehen ist.

P_n vermindert um die Ständerverluste P_{VS}, die bei $s = 0{,}4$ wegen des noch sehr großen Ständerstromes (Bild 16) hauptsächlich durch die Ständerleiterverluste repräsentiert werden, ergibt die Drehfeldleistung P_D. P_D ist dem Drehmoment M_M der Asynchronmaschine über die Beziehung

$$P_D = M_M \, \omega_{mech\,sy} \tag{23}$$

proportional. Andererseits ist

$$P_D = P'_{mech} + P_{el\,R}. \tag{24}$$

P'_{mech} ist die auf den Rotor übertragene mechanische Leistung, die – vermindert um die Reibungsverluste – die an der Kupplung mechanisch abgegebene Leistung

P_{mech} ergibt. Da die Reibungsverluste einer Asynchronmaschine in der Regel sehr klein gegenüber der Nennleistung sind, kann für überschlägige Betrachtungen $P'_{mech} \approx P_{mech}$ gesetzt werden. $P_{el\,R}$ ist die in der Läuferwicklung anfallende elektrische Leistung, die in der Asynchronmaschine mit Käfigläuferwicklung ausschließlich in Leiterverluste und damit in Wärmeleistung überführt wird. Die Aufteilung der Drehfeldleistung P_D ist nur vom Schlupf s abhängig, es gilt

$$P'_{mech} = P_D(1-s) \tag{25}$$

und

$$P_{el\,R} = P_D \cdot s. \tag{26}$$

Nach Gl.(23) ist die Drehfeldleistung P_D dem Drehmoment M_M direkt proportional, beide Größen haben über der Drehzahl n aufgetragen einen ähnlichen Verlauf (Bild 21a). Anhand der Gl.(24) bis (26) läßt sich die Drehfeldleistung aufteilen in die mechanische Leistung P'_{mech} und die in der Läuferwicklung anfallende Wärmeleistung $P_{el\,R}$; diese Teilleistungen sind in Bild 21b über der Drehzahl aufgetragen.

Die während eines Hochlaufs in der Rotorwicklung einer Asynchronmaschine anfallende Wärmemenge ist

$$W_{VR} = \int_0^{t_H} P_{el\,R}\,dt. \tag{27}$$

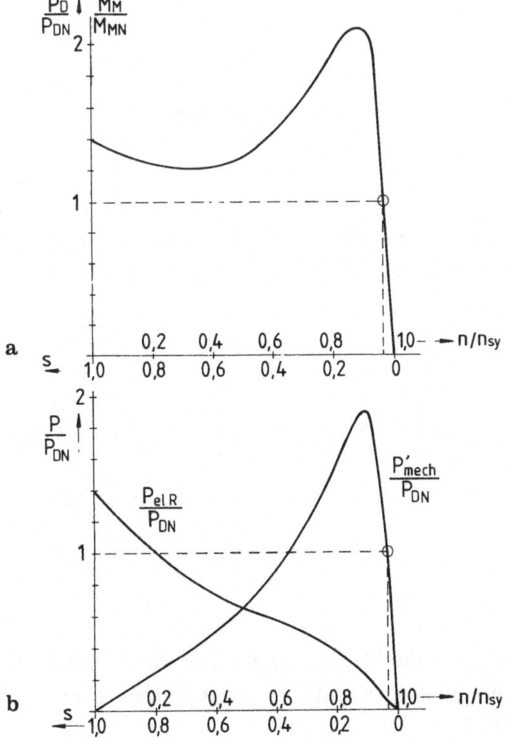

Bild 21. Zerlegung der Drehfeldleistung $P_D(n)$ in die mechanische Leistung $P'_{mech}(n)$ und die in der Läuferwicklung anfallende elektrische Leistung $P_{el\,R}(n)$

Aus den Gl.(23) und (26) ergibt sich

$$P_{\mathrm{el\,R}}=s\cdot M_{\mathrm{M}}\cdot\omega_{\mathrm{mech\,sy}}. \tag{28}$$

Gleichung (20) läßt sich umschreiben in

$$\mathrm{d}t=\frac{J}{M_{\mathrm{b}}(\omega)}\cdot\mathrm{d}\omega_{\mathrm{mech}}, \tag{29}$$

aus Gl.(6) kann

$$\mathrm{d}\omega_{\mathrm{mech}}=-\omega_{\mathrm{mech\,sy}}\cdot\mathrm{d}s \tag{30}$$

abgeleitet werden.

Setzt man die Gl.(28), (29) und (39) in (27) ein, so läßt sich die Verlustarbeit zu

$$W_{\mathrm{VR}}=J\omega^2_{\mathrm{mech\,sy}}\int_s^1 s\,\frac{M_{\mathrm{M}}(s)}{M_{\mathrm{b}}(s)}\,\mathrm{d}s \tag{31}$$

angeben.

Die weiteren Überlegungen gelten zunächst für einen speziellen Anwendungsfall, nämlich für Zentrifugenantriebe, lassen sich aber durchaus auch als Näherungsbetrachtungen für ähnliche Anwendungen gebrauchen. Das Trägheitsmoment von Zentrifugen ist im allgemeinen groß gegenüber dem des Antriebsmotors. Das Gegenmoment der Zentrifuge dagegen ist meist sehr klein gegenüber dem Nennmoment der Asynchronmaschine, es wird nur durch die Luft- und Lagerreibung hervorgerufen.

Für eine näherungsweise Betrachtung dieses sogenannten Schwungmassenanlaufes läßt sich ohne großen Fehler $M_{\mathrm{G}}=0$ setzen, damit wird in Gl.(31) das Verhältnis

$$\frac{M_{\mathrm{M}}(s)}{M_{\mathrm{b}}(s)}=1,$$

für die untere Grenzes des Integrals folgt $s(t_{\mathrm{H}})=0$ und es ergibt sich

$$W_{\mathrm{VR}}=\frac{1}{2}\,\omega^2_{\mathrm{mech\,sy}}\cdot J. \tag{32}$$

Aus Gl.(32) folgt, daß die beim Schwungmassenanlauf in der Läuferwicklung in Wärme umgesetzte Verlustarbeit gleich der in den rotierenden Massen des Maschinensatzes gespeicherten Bewegungsenergie

$$W_{\mathrm{rot}}=\frac{1}{2}\,\omega^2_{\mathrm{mech\,sy}}\cdot J$$

ist, d.h., die während des Hochlaufes geleistete Drehfeldarbeit teilt sich je zur Hälfte in Verlustarbeit und in Bewegungsenergie auf.

Für Antriebe, bei denen während des Hochlaufes $M_{\mathrm{G}}>0$ ist, wird die in der Läuferwicklung anfallende Verlustarbeit

$$W_{\mathrm{VR}}>\frac{1}{2}\,\omega^2_{\mathrm{mech\,sy}}\cdot J.$$

Die Hochlaufverlustarbeit – und damit auch die Maschinenerwärmung – läßt sich vermindern, wenn anstelle einer Asynchronmaschine mit nur einer Polpaarzahl eine polumschaltbare Maschine eingesetzt wird.

Im folgenden wird eine im Polpaarzahlverhältnis 1:2 umschaltbare Asynchronmaschine vorausgesetzt, wobei die niederpolige Stufe die Polpaarzahl p, die höherpolige also die Polpaarzahl $2p$ habe. Es gilt somit

$$(\omega_{\mathrm{mech\,sy}})_{2\mathrm{p}} = \frac{1}{2}\,(\omega_{\mathrm{mech\,sy}})_{\mathrm{p}}.$$

Weiterhin seien sich die Drehmoment-Drehzahl-Verläufe beider Drehzahlstufen ähnlich, es gelte

$$M_{\mathrm{M\,2p}}(s) = M_{\mathrm{M\,p}}(s)$$

bzw.

$$M_{\mathrm{M\,2p}}(\omega_{\mathrm{mech}}) = M_{\mathrm{M\,p}}(2\omega_{\mathrm{mech}}).$$

Zum Hochlaufen wird zunächst die Wicklung mit der größeren Polpaarzahl eingeschaltet. Beim Hochlauf bis in die Nähe der synchronen Drehzahl fällt nach Gl.(32) die Verlustarbeit

$$W_{\mathrm{VR\,2p}} = \frac{1}{2}\,(\omega^2_{\mathrm{mech\,sy}})_{2\mathrm{p}} \cdot J = \frac{1}{8}\,(\omega^2_{\mathrm{mech\,sy}})_{\mathrm{p}} \cdot J$$

in der Läuferwicklung der Maschine an.

Für den weiteren Hochlauf mit der niederen Polpaarzahl folgt aus Gl.(31)

$$W_{\mathrm{VR\,p}} = (\omega^2_{\mathrm{mech\,sy}})_{\mathrm{p}} \cdot J \cdot \int_0^{1/2} s \cdot d_{\mathrm{s}} = \frac{1}{8}\,(\omega^2_{\mathrm{mech\,sy}})_{\mathrm{p}} \cdot J.$$

Für den gesamten Hochlauf vom $\omega_{\mathrm{mech}} = 0$ bis $\omega_{\mathrm{mech}} = (\omega_{\mathrm{mech\,sy}})_{\mathrm{p}}$ tritt die Verlustarbeit

$$W_{\mathrm{VR}} = W_{\mathrm{VR\,2p}} + W_{\mathrm{VR\,p}} = \frac{1}{4}\,(\omega^2_{\mathrm{mech\,sy}})_{\mathrm{p}} \cdot J$$

auf, d.h., durch den zweistufigen Hochlauf hat sich die in der Läuferwicklung anfallende Wärmemenge gegenüber dem einstufigen Hochlauf halbiert.

Diese Aussage läßt sich unter vereinfachenden Annahmen auch graphisch darstellen (Bild 22). Geht man von einem konstanten Drehmoment der Maschine im Hochlaufbereich aus (Bild 22a), so erhält man für die Leistungsgrößen P_{D}, P'_{mech} und P_{elR} ähnliche Verläufe, wenn sie über der Drehzahl (Bild 22a) bzw. über der Zeit (Bild 22b) aufgetragen werden. Bild 22b gilt für den einstufigen Hochlauf einer z.B. vierpoligen Maschine. Die im Läufer während des Hochlaufes auftretende Verlustarbeit ergibt sich zu

$$W_{\mathrm{VR}} = \int_0^{t_{\mathrm{H}}} P_{\mathrm{el\,R}}\,\mathrm{d}t = \frac{1}{2}\,P_{\mathrm{D}} \cdot t_{\mathrm{H}},$$

sie entspricht dem Inhalt der oberen schraffierten Fläche. Die untere schraffierte Fläche entspricht

$$W_{\mathrm{rot}} = \int_0^{t_{\mathrm{H}}} P_{\mathrm{mech}}\,\mathrm{d}t = \frac{1}{2}\,\omega^2_{\mathrm{mech\,sy}} \cdot J.$$

Wird die Asynchronmaschine zweistufig polumschaltbar ausgeführt, z.B. 4/8-polig, so fällt beim achtpoligen Hochlauf eine Verlustarbeit an, die der entsprechend gekennzeichneten schraffierten Fläche in Bild 22c entspricht. Der anschlie-

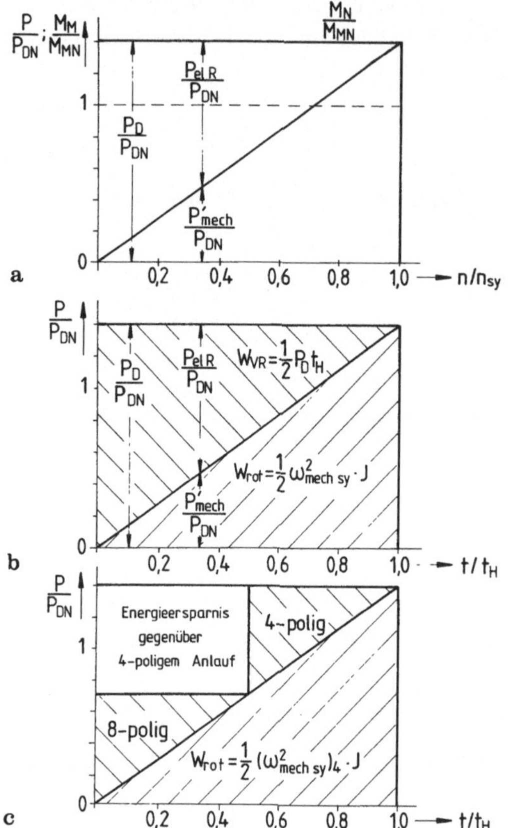

Bild 22. Einsparmöglichkeit von Läuferverlustarbeit W_{VR} durch Einsatz polumschaltbarer Maschinen beim Schwungmassenlauf. **a** idealisierte Drehmoment-Drehzahl-Kennlinie; **b** Schwungmassenanlauf (z. B. 4-polig); **c** Schwungmassenanlauf bei polumschaltbarer Maschine (z. B. 4/8-polig)

ßende vierpolige Hochlauf fordert im Bereich $0{,}5\ t_H \leq t \leq t_H$ die gleiche Verlustarbeit wie in Bild 22b. Die der im Bild 22c nicht schraffierten Fläche entsprechende Verlustarbeit wird durch den 8/4-poligen Hochlauf gegenüber dem rein vierpoligen Hochlauf eingespart.

2.3.4 Polumschaltbare Asynchronmotoren

Polumschaltbare Asynchronmotoren – eigentlich müßte es heißen: Asynchronmotoren, deren Polpaarzahl umgeschaltet werden kann – werden nicht nur, wie vorstehend beschrieben, zur Verminderung der Läuferverlustarbeit beim Schwungmassenhochlauf, sondern auch zur grobstufigen Drehzahlsteuerung eingesetzt. Anwendungsbeispiele sind neben den bereits erwähnten Zentrifugenantrieben elektrische Antriebe für Hebezeuge und Aufzüge, bei denen man neben ein oder zwei Schnellfahrstufen noch eine Langsamfahrstufe für das genaue Positionieren benötigt, elektrische Antriebe für Werkzeugmaschinen, die für unterschiedliche Arbeitsgänge unterschiedliche Drehzahlen erfordern, und Pumpen- und Lüfterantriebe, bei denen sich über die Drehzahl die Förderleistung verstellen läßt.

Teilweise werden polumschaltbare Maschinen als Sonderkonstruktionen in größeren Stückzahlen gebaut, Beispiele hierfür sind Zuckerzentrifugen- oder Ladewinden-

Antriebe, teilweise werden sie auch aus den normalen, für nur eine Polpaarzahl entwickelten Asynchronmaschinen-Baureihen abgeleitet.

Die Umschaltung der Polpaarzahl kann auf unterschiedliche Art verwirklicht werden, entweder kann eine Drehstromwicklung in Teilwicklungen unterteilt sein und durch Umschaltung der Teilwicklungen die Polpaarzahl geändert werden, oder es können in den Ständernuten zwei oder drei getrennte Wicklungen, eine für jede Polpaarzahl, eingelegt werden. Auch eine Kombination beider Verfahren ist bei mehrfach polumschaltbaren Maschinen möglich, es können getrennte Wicklungen eingelegt werden, von denen eine oder auch zwei in sich wieder umschaltbar sind.

Die bekannteste Teilwicklungs-Umschaltung ist die Dahlander-Schaltung, die eine Änderung der Polpaarzahl im Verhältnis 2:1 ermöglicht. Das Grundprinzip der Dahlander-Schaltung wird im folgenden anhand einer 8/4-poligen Maschinenwicklung erläutert (Bild 23). Wird die in Bild 23a dargestellte, in die 24 Nuten des Ständerblechpaketes eingelegte Einschichtwicklung mit den Klemmen 1U, 1V und 1W an das Drehstromnetz angeschlossen, so bildet sich eine 8-polige Felderregerkurve aus (Bild 23b). Die Felderregerkurve gibt den Verlauf der magnetischen Spannung am Luftspalt der Maschine unter der Voraussetzung wieder, daß der magnetische Widerstand des Eisens gegenüber dem des Luftspaltes vernachlässigt werden kann. Sie ist eine Treppenkurve, deren Stufen örtlich den Nuten zugeordnet sind und deren Stufenhöhe dem in der Nut fließenden Strom, der elektrischen Durchflutung,

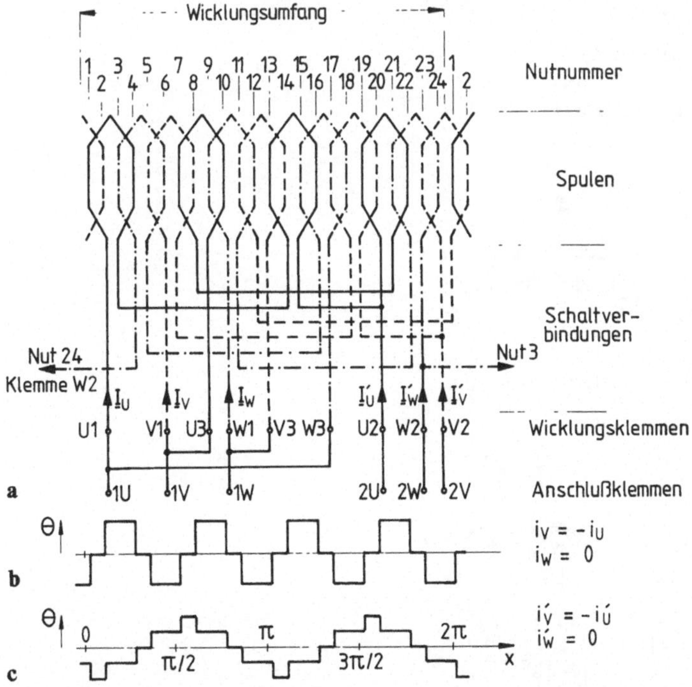

Bild 23. Zur Wirkungsweise polumschaltbarer Maschinen. **a** Wickelschema für 8/4-polige Dahlander-Schaltung; **b** Felderregerkurve bei Anschluß der Klemmen 1U, 1V, und 1W an das Drehstromnetz (8-poliger Betrieb); **c** Felderregerkurve bei Anschluß der Klemmen 2U, 2V und 2W an das Drehstromnetz und Kurzschluß der Klemmen 1U, 1V und 1W (4-poliger Betrieb)

proportional ist. Felderregerkurven können für jeden beliebigen Zeitpunkt innerhalb einer Periode gezeichnet werden. Der Einfachheit halber wurde hier der Zeitpunkt gewählt, in dem der Zeitwert des Stromes i_W im Wicklungsstrang W gleich Null ist und durch die Symmetriebedingungen des Drehstromsystems somit $i_V = -i_U$ sein muß. In dieser Schaltung, die einer Anordnung der Wicklung in Dreieckschaltung (Bild 24a, linke Darstellung) entspricht, läuft die Maschine auf der unteren Drehzahlstufe. In der Darstellung des Bildes 25 ist die Wicklung über das Schütz K1 an das Netz gelegt, die Kontakte der Schütze K2 und K3 sind offen.

Zur Umschaltung auf die obere Drehzahlstufe ist in Bild 25 zunächst das Schütz K1 zu öffnen, die Schütze K2 und K3 sind anschließend zu schließen. Damit werden die Klemmen 1U, 1V und 1W kurzgeschlossen und die Klemmen 2U, 2V und 2W an das Netz gelegt. Zeichnet man in diesem Schaltzustand die Felderregerkurve wieder für den Zeitpunkt, in dem $i'_w = 0$ und $i'_v = -i'_u$ ist, so ergibt sich ein vierpoliger Verlauf (Bild 23c); die Wicklungsanordnung entspricht jetzt einem Doppelstern (Bild 24a, rechte Darstellung).

Um das Bild 23 übersichtlich zu gestalten, wurde die Nutenzahl je Pol und Phase q so klein wie möglich gewählt, sie beträgt für die 4-polige Wicklung $q = 2$ und für die 8-polige $q = 1$. Wegen der kleinen Nutenzahl zeigen die Felderregerkurven starke Abweichungen von der Sinusform, d.h. in ihnen ist ein hoher Oberwellenanteil enthal-

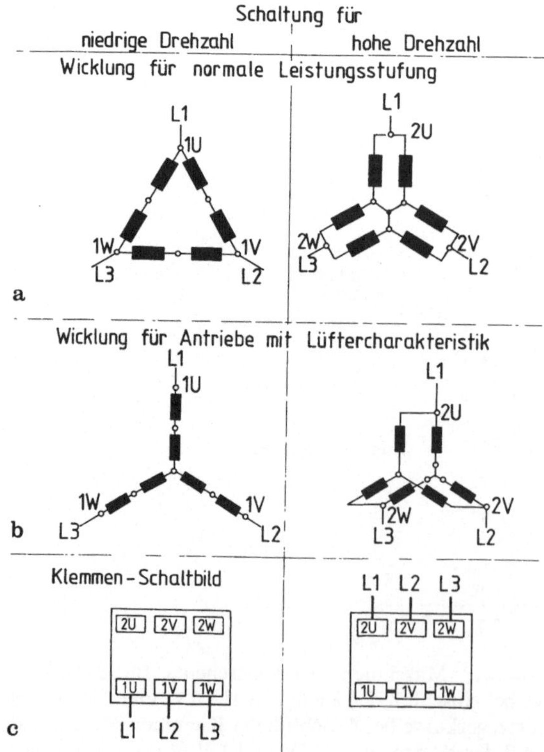

Bild 24. Schaltungen für zwei Drehzahlen mit einer umschaltbaren Wicklung

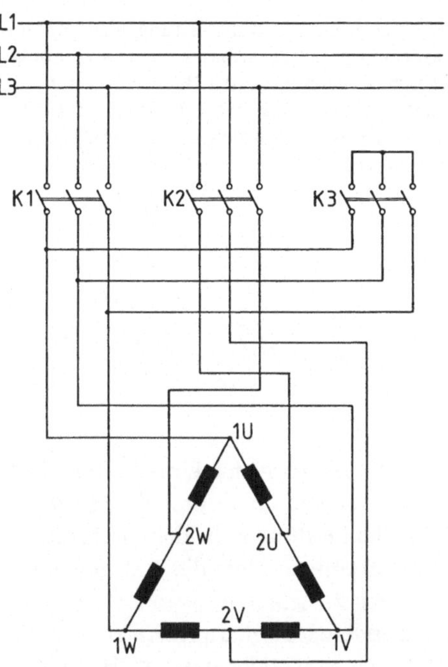

Bild 25. Antrieb mit polumschaltbarer Asynchronmaschine für zwei Drehzahlen. Wicklung in Dahlander- oder Polamplitudenschaltung. Bei niederer Drehzahl K1 eingeschaltet, bei hoher Drehzahl K2 und K3 eingeschaltet

ten. In der Antriebstechnik eingesetzte Maschinen werden wenigstens doppelt so viele Nuten und damit sinusförmigere Felderregerkurven haben.

In der 8-poligen Schaltung liegt an einem Wicklungsabschnitt (z.B. zwischen den Klemmen 1U und 2U) die Spannung $1/2\ U_L$, in der 4-poligen dagegen die Spannung $\frac{1}{\sqrt{3}}\ U_L$. In der 4-poligen Schaltung ist damit die an einem Wicklungsabschnitt liegende Spannung um den Faktor $2/\sqrt{3}$ größer. Die größere Spannung ruft in der Maschine, auch bei Berücksichtigung der für die beiden Polpaarzahlen unterschiedlichen Wicklungsfaktoren, in der 4-poligen Schaltung einen etwa um den Faktor $\sqrt{2}$ größeren Fluß hervor, der sich jedoch – verglichen mit der 8-poligen Schaltung – auf eine doppelt so große Polfläche verteilt. Das hat zur Folge, daß in der 4-poligen Schaltung die magnetische Flußdichte im Luftspalt kleiner wird und damit auch Anlauf-, Kipp- und Sattelmoment kleiner werden als in der 8-poligen Schaltung [3]. Auch die Nennmomente, die sich für die Nennerwärmung der Maschine ergeben, sind für die höhere Polpaarzahl größer (Tabelle 5).

Wird von der Arbeitsmaschine bei der höheren Drehzahl auch ein höheres Drehmoment verlangt, so ist die Schaltung nach Bild 24b zu empfehlen, bei der in der 8-poligen Stufe die Wicklungsstränge nicht in Dreieck, sondern in Stern geschaltet werden. Hierdurch wird der magnetische Fluß in der 8-poligen Schaltung soweit abgesenkt, daß auch die magnetische Flußdichte im Luftspalt kleiner wird als in der 4-poligen Schaltung. Kleinere Flußdichte im Luftspalt hat eine abgesenkte Drehmoment-Schlupf-Kennlinie zur Folge. Die Umschaltung nach Bild 24b wird deshalb vorwiegend bei Antrieben mit Lüftercharakteristik eingesetzt.

Polzahl $2p$	Nennleistung P_N kW
2	90
4	90
6	55
8	45
4/2	70/84
6/4	48/72
8/4	47/67
8/6	36/48
8/6/4	34/42/55

Tabelle 5. Vergleich der Nennleistung nicht polumschaltbarer und polumschaltbarer Niederspannungs-Asynchronmaschinen nach den Bildern 24a und 26a der Baugröße 280 M in der Schutzart IP 44 bei $f_N = 50$ Hz (die Werte wurden der SIEMENS-Liste M 1 entnommen)

Außer den beiden anhand von Bild 24a und 24b besprochenen Umschaltmöglichkeiten ist noch eine dritte, allerdings seltener verwendete im Gebrauch. Mit dieser Schaltungsvariante läßt sich näherungsweise gleiche Leistung in beiden Drehzahlstufen erreichen. Dazu ist es erforderlich, in der höherpoligen Stufe die Teilwicklungen in Doppelstern und in der niederpoligen in Dreieck zu schalten.

Neben der Dahlander-Schaltung gibt es noch andere Umschaltprinzipien, wie zum Beispiel die Pol-Amplituden-Modulation (PAM genannt) oder das von H. Auinger angegebene Verfahren [4]. Mit beiden letztgenannten Verfahren lassen sich auch von 2:1 abweichende Polpaarzahlverhältnisse, wie z.B. 3:2 oder 5:6, verwirklichen.

Bei dreifach polumschaltbaren Asynchronmaschinen wird meist eine Polpaarzahl durch eine getrennte Wicklung realisiert. Bei dem in Bild 26 gegebenen Beispiel einer 8/6/4-poligen Maschine ist für die mittlere Stufe eine getrennte Wicklung vorgesehen, die in Stern oder Dreieck geschaltet sein kann. Die 8- und die 4-polige Stufe werden durch eine umschaltbare Wicklung in der schon bekannten Weise dargestellt.

Polumschaltbare Asynchronmaschinen zeigen gegenüber nicht polumschaltbaren eine schlechtere Materialausnutzung. In Tabelle 5 sind zum Vergleich Listenleistungen von Maschinen der Baugröße 280 M in Schutzart IP 44 bei $f_N = 50$ Hz gegenübergestellt. Es zeigt sich, daß auch bei umschaltbaren Wicklungen (8/4-polige und 4/2-polige Maschinen) die Nennleistungen der einzelnen Drehzahlstufen teilweise deutlich unter denen der nicht umschaltbaren Maschinen liegen. Die geringere Nennleistung ist durch den schlechteren Wicklungsfaktor und die größere Ständerstreureaktanz der polumschaltbaren Maschinen bedingt. Noch stärker wird die Leistungseinbuße bei dreifach polumschaltbaren Maschinen, bei denen noch eine zusätzliche Wicklung in den Nuten untergebracht werden muß. Für die einzelne Wicklung steht ein geringerer Nutquerschnitt zur Verfügung, wodurch sich bei gleicher Windungszahl der Leiterwiderstand erhöht. Damit muß bei gleichen Ständerleiterverlusten der zulässige Strom und damit auch die Nennleistung zurückgenommen werden.

Bei Arbeitsmaschinen mit einer Lüftercharakteristik, deren Gegenmoment-Drehzahl-Verlauf nach Gl.(14)

$$M_G = k \cdot \omega_{mech}^2$$

entspricht, läßt sich mit einer polumschaltbaren Asynchronmaschine die Förderleistung P_A, die näherungsweise

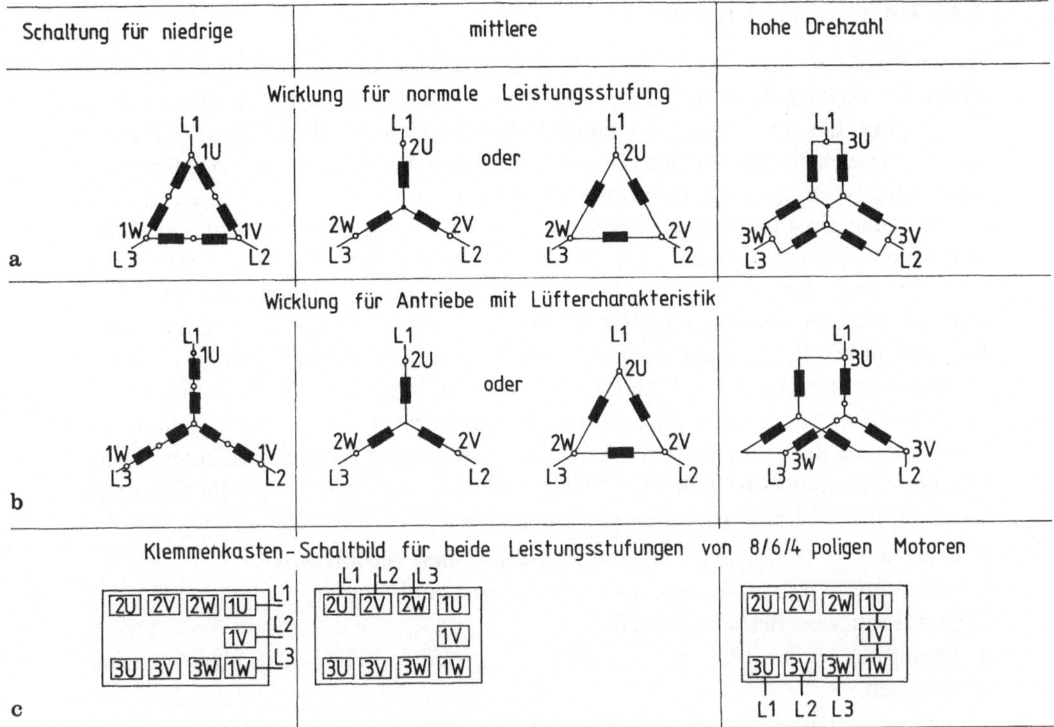

Bild 26. Schaltungen für 3 Drehzahlen (z. B. 8/6/4-polig) mit 2 getrennten Wicklungen, eine davon umschaltbar

Tabelle 6. Steuerung der Förderleistung einer Arbeitsmaschine mit Lüftercharakteristik ($M_G = k \cdot \omega_{mech}^2$) über einen polumschaltbaren Motor. Beispiel 1: 8/6/4-poliger Motor; Beispiel 2: 10/8/6-poliger Motor

Beispiel	Polzahl $2p$	n_{sy} $\min^{-1}$	$\frac{P_{mech}}{P_{mech\,N}}$
1	4	1 500	1
	6	1 000	0,296
	8	750	0,125
2	6	1 000	1
	8	750	0,422
	10	600	0,216

$$P_A \approx P_{mech} = M_G \cdot \omega_{mech} = k \cdot \omega_{mech}^3$$

ist, in weiten Grenzen steuern (Tabelle 6).

Polumschaltbare Asynchronmaschinen werden überwiegend als Niederspannungsmaschinen ausgeführt.

2.3.5 Bremsen und Umsteuern

Bisher wurde nur der Betrieb im ersten Quadranten der Drehmoment-Drehzahl-Ebene besprochen: das Beschleunigen des Antriebes und der Betrieb in einem stabilen Schnittpnkt der Drehmoment-Drehzahl-Kennlinien von Motor und Arbeitsmaschine. Ein elektrischer Antrieb muß aber auch abgebremst oder auf die entgegengesetzte Drehrichtung umgesteuert werden können.

Das Bremsen kann grundsätzlich auf zweierlei Weise geschehen, entweder mechanisch oder elektromagnetisch. Das mechanische Bremsen kann durch eine an die Asynchronmaschine an- oder auch in sie eingebaute Bremse erfolgen. Motoren, in die eine mechanische Bremse integriert ist, werden auch als Bremsmotoren bezeichnet. Hier soll in der Folge das elektromagnetische Bremsen behandelt werden.

Dazu ist zunächst einmal die Drehmoment-Drehzahl-Kennlinie auf den Bereich $-n_{sy} \leq n \leq 2n_{sy}$ zu erweitern. Bild 27 zeigt die Drehmoment-Drehzahl-Kennlinie einer stark stromverdrängungsbehafteten Maschine mit einem Doppelkäfigläufer. Bezüglich der Drehmoment-Drehzahl-Ebene lassen sich drei Betriebsquadranten unterscheiden, denen drei Betriebsbereiche entsprechen.

1. Quadrant: $0 < n < n_{sy}$ bzw. $0 < s < 1$; Hochlauf und Motorbetrieb.
2. Quadrant: $-n_{sy} \leq n < 0$ bzw. $1 < s \leq 2$; Gegenstrombremsen.
3. Quadrant: kein Betrieb möglich.
4. Quadrant: $n_{sy} < n \leq 2n_{sy}$ bzw. $-1 \leq s < 0$; generatorisches oder übersynchrones Bremsen.

Obgleich sich die möglichen Betriebsbereiche im 2. und 4. Quadranten bis zu höheren Drehzahlen erstrecken können, soll nur der Bereich $-n_{sy} \leq n \leq n \leq 2n_{sy}$ betrachtet werden, in dem sich der Betrieb einer Asynchronmaschine normalerweise abspielt.

Gegenstrombremsung

Der Betrieb im 2. Quadranten wird üblicherweise durch das Vertauschen zweier Netzanschlüsse, also durch die Umkehr des Drehfeldes der Maschine, eingeleitet. In der Darstellung des Bildes 7e bedeutet das, daß die Maschine zunächst bei eingeschal-

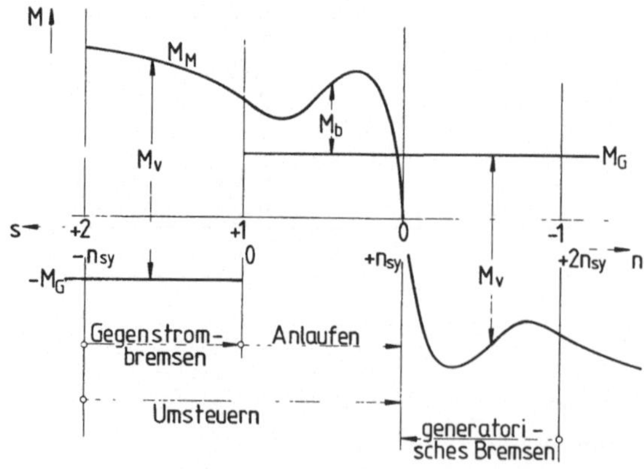

Bild 27. Drehmoment-Drehzahl-Kennlinie einer Asynchronmaschine mit Käfigläufer für Anlaufen, Bremsen und Umsteuern

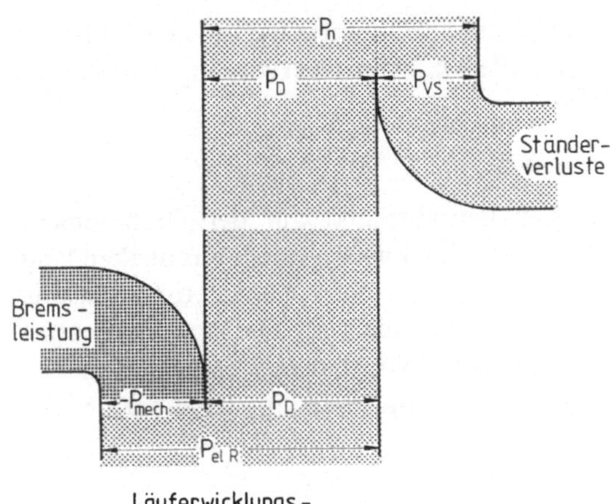

Bild 28. Leistungsfluß-Diagramm einer Asynchronmaschine beim Schlupf $s = 1{,}6$ entsprechend $n/n_{sy} = -0{,}6$; Gegenstrombremsung (Reibungsverluste vernachlässigt)

tetem Schütz K1 auf einen Betriebspunkt im 1. Quadranten läuft, wobei $n \approx n_{sy}$ sei. Wird nun K1 aus- und etwas verzögert K2 eingeschaltet, so bildet sich in der Maschine ein gegenläufiges Drehfeld aus, während sich der Läufer noch in der bisherigen Richtung weiterdreht. Bezogen auf die neue Umlaufrichtung des Drehfeldes ist die Drehzahl somit negativ; zu Beginn des Bremsvorganges ist sie $n \approx -n_{sy}$, bzw. der Schlupf ist $s \approx 2$.

Die rotierenden Massen werden gebremst, wobei sich das Verzögerungsmoment M_v aus der Addition vom Maschinenmoment M_M und Gegenmoment M_G ergibt (Bild 27). Für diese Art der Bremsung hat sich der Begriff Gegenstrombremsung eingeführt. Sie ist eine stark verlustbehaftete Bremsung. Ein unter Zuhilfenahme der Gl.(23) bis (26) für den Schlupf $s = 1{,}6$ gezeichnetes Leistungsfluß – Diagramm (Bild 28) zeigt, daß verglichen mit der mechanischen Bremsleistung ein Vielfaches an elektrischer Leistung aus dem Netz aufgenommen werden muß, um mit der Asynchronmaschine im 2. Quadranten bremsen zu können. Mechanische Leistung P_{mech} und Netzleistung P_n werden in der Asynchronmaschine voll in Ständer- und Läuferverluste überführt.

Das Gegenstrombremsen auf Drehzahl Null ist bei Arbeitsmaschinen mit normalem Trägheitsmoment durch Handabschaltung praktisch nicht möglich, da das Bremsen und das anschließende Beschleunigen in die Gegendrehrichtung zu schnell vor sich geht. Es sind hier sogenannte Bremswächter einzusetzen; das sind Drehzahlüberwachungsgeräte, die die Abschaltung der Asynchronmaschine vom Netz unter Berücksichtigung der Schützschaltzeit vor dem Drehzahlnulldurchgang einleiten.

Beim Bremsen des Maschinensatzes von $n = -n_{sy}$ auf $n = 0$ fällt in der Asynchronmaschine eine um den Faktor 1,5 bis 3 größere Wärmemenge an als beim Beschleunigen. Bei Arbeitsmaschinen, deren Trägheismoment groß gegenüber dem der Asynchronmaschine ist, ist zu überprüfen, ob beim Bremsvorgang aus vorangegangenem Lastbetrieb heraus die temperaturkritischen Maschinenteile thermisch nicht überlastet werden.

Der beschriebene Bremsvorgang kann nun entweder dem Stillsetzen des Maschinensatzes dienen, oder aber er ist Teil des Umsteuerns oder Reversierens. Beim Umsteuern schließt sich an den Bremsbetrieb im 2. Quadranten der Hochlauf im

1. Quadranten der Drehmoment-Drehzahl-Kennlinie unmittelbar an. Das Stillsetzen mittels Gegenstrombremsung kann somit als Teil des Umsteuervorganges verstanden werden.

Gleichstrombremsung

Wird bei kleinen Drehzahlen ein stabiler Betriebspunkt auf der Drehmoment-Drehzahl-Kennlinie verlangt, um beispielsweise eine Last an einem Kranhaken langsam absenken zu können, so empfiehlt sich der Einsatz der Gleichstrombremsung. Dabei ist die Ständerwicklung der Asynchronmaschine vom Drehstromnetz abzuschalten und nach einer der Schaltungsvarianten in Bild 29 an eine Gleichspannungsquelle mit der Spannung U_d anzuschließen; in die Ständerwicklung fließt der Erregerstrom I_f.

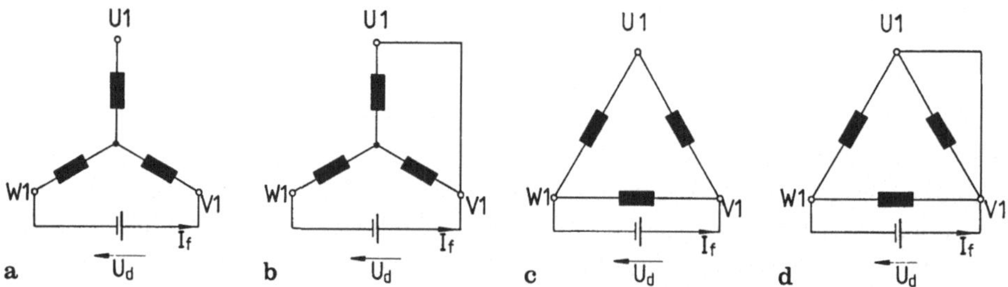

Bild 29. Schaltungsvarianten der Ständerwicklung bei Gleichstrombremsung

Bei der Gleichstrombremsung wirkt die Asynchronmaschine wie eine Vollpol-Synchronmaschine, die mit kurzgeschlossenen Drehstromklemmen abgebremst wird (Bild 30a) [5]. Die innere Spannung U_i ist dem Luftspaltfluß und der Rotorfrequenz f_R proportional. Die Synchronreaktanz X setzt sich aus der Hauptreaktanz X_h und der Rotorstreureaktanz $X_{R\sigma}$ zusammen [6]. Die Größe X_h ist einerseits der Rotorfrequenz proportional und andererseits vom Sättigungszustand des Eisenweges abhängig, der sich bei Erregung mit konstantem Erregerstrom I_f im Bremsbereich $0 \leq n \leq n_{sy}$ mit der Größe des Magnetisierungsstromes I_μ sehr stark ändert. Die Streureaktanz ergibt sich zu

$$X_{R\sigma} = 2\pi f_R \, L_{R\sigma},$$

wobei die Streuinduktivität $L_{R\sigma}$ ihrerseits wiederum, bedingt durch den Stromverdrängungseffekt in den Läufernuten, von der Rotorfrequenz f_R abhängig ist. Auch der Rotorwiderstand R_R ist keine konstante, sondern durch die Stromverdrängung eine von der Rotorfrequenz abhängige Größe. Bild 30b zeigt die Zeitzeigerdarstellung der elektrischen Größen des Ersatzschaltbildes (Bild 30a). $\underline{I}_\mu$ ist der resultierende Magnetisierungsstrom, der sich aus der geometrischen Differenz der Zeiger des auf die Rotorwicklung bezogenen Erregerstromes $\underline{I}_f'$ und des Rotorstromes $\underline{I}_R$ ergibt.

Für eine Berechnung der Drehmoment-Drehzahl-Kennlinie bei der Gleichstrombremsung ist, ausgehend von den Daten für Betrieb am Drehstromnetz, das bekannte einphasige Ersatzschaltbild der Asynchronmaschine (Bild 31a) besser geeignet. Es ist allerdings an die Betriebsart Gleichstrombremsung anzupassen. Während bei Betrieb am Drehstromnetz die Ständerspannung U_S bezüglich Größe und Frequenz konstant

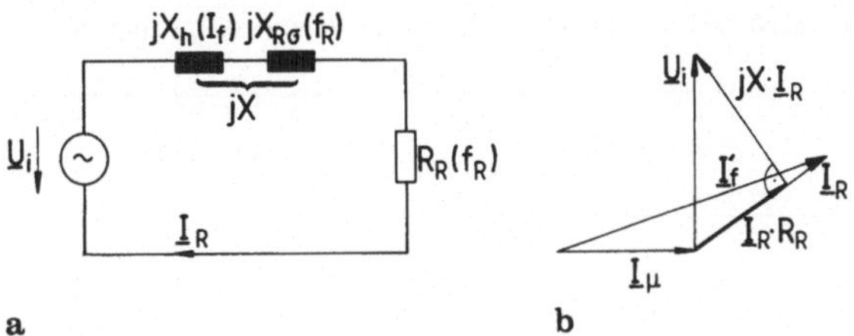

Bild 30. Gleichstrombremsung der Asynchronmaschine. **a** Ersatzschaltbild als kurzgeschlossener Synchrongenerator; **b** Zeitzeigerdarstellung der elektrischen Größen

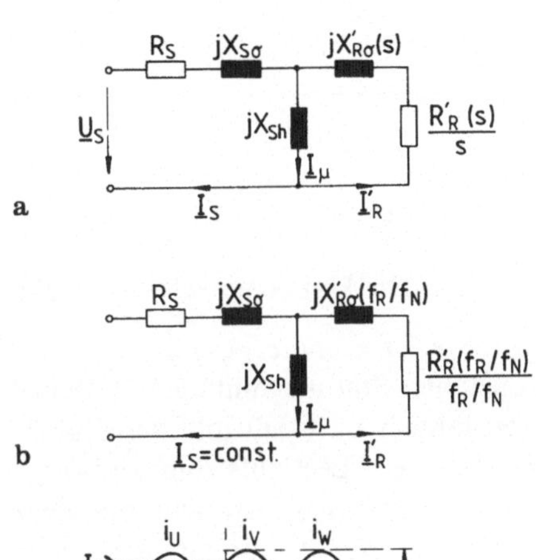

Bild 31. Gleichstrombremsung der Asynchronmaschine. **a** einphasiges Ersatzschaltbild für Drehstromspeisung; **b** einphasiges Ersatzschaltbild für Gleichstromspeisung; **c** zeitlicher Verlauf der Strangströme zur Ermittlung des Verhältnisses zwischen Erregerstrom I_f und Statorstrom I_S

angenommen wird, hat man bei der Gleichstrombremsung von einem konstanten Ständer-Gleichstrom I_S auszugehen. Bei Speisung mit Frequenz Null ist der Schlupf über die Drehzahlbeziehungen der Gl.(6) nicht mehr definiert und muß nach Gl.(2) durch die Frequenzbeziehung

$$s = \frac{f_R}{f_N}$$

ersetzt werden, wobei f_N die Statornennfrequenz bei Anschluß an das Drehstromnetz ist.

Die Rotorgrößen $X_{R\sigma}$, R_R und I_R sind für das Ersatzschaltbild (Bild 31a und 31b) mittels des Übersetzungsverhältnisses zwischen Stator- und Rotorwicklung auf die Statorseite zu beziehen und werden dann als $X'_{R\sigma}$, R'_R und I'_R bezeichnet.

Wird der Erregerstrom I_f entsprechend Bild 29a in die Ständerwicklung eingespeist, so läßt sich das als Augenblickswert eines eingespeisten Drehstromes zum Zeitpunkt $\omega t = \omega t_1$ in Bild 31c auffassen. Für ωt_1 gilt

$$i_U = 0 \text{ und } i_V = I_f = \hat{\imath}_S \cdot \frac{\sqrt{3}}{2} = -i_W,$$

Tabelle 7. Bezogene Werte des Erregerstromes I_f für die Schaltungsvarianten a bis d bei Gleichstrombremsung nach Bild 29

Schaltungsvariante	$\frac{I_f}{I_S}$
a	$\sqrt{\frac{3}{2}} = 1{,}23$
b	$\sqrt{2} = 1{,}41$
c	$\sqrt{2} + \frac{1}{\sqrt{2}} = 2{,}12$
d	$\sqrt{6} = 2{,}45$

wobei $\hat{\imath}_S = I_S \cdot \sqrt{2}$ ist. Daraus folgt, daß $I_f = \sqrt{\frac{3}{2}}\, I_S$ ist. Die Umrechungsfaktoren für die Schaltungsvarianten des Bildes 29 sind in Tabelle 7 zusammengestellt.

Bei Anschluß an das Drehstromnetz und konstanter Statorspannung U_S arbeitet die Asynchronmaschine mit näherungsweise konstantem Luftspaltfluß, der Statorstrom I_S stellt sich dabei schlupfabhängig zwischen dem Leerlaufstrom $I_0(n \approx n_{sy}, f_R \approx 0)$, der etwa dem Nennwert des Magnetisierungsstromes $I_{\mu N}$ entspricht, und dem Anlaufstrom $I_A(n=0, f_R=f_n)$ ein. Der Magnetisierungsstrom I_μ normal ausgelegter Asynchronmaschinen beträgt etwa ein Drittel bis ein Viertel des Nennstromes, der Anlaufstrom enspricht dagegen etwa dem vier- bis siebenfachen Nennstrom.

Bei der Gleichstrombremsung jedoch wird für den gesamten Drehzahlbereich ein konstanter Statorstrom vorgegeben, der sich abhängig von der jetzt drehzahlproportionalen Rotorfrequenz f_R geometrisch in Magnetisierungsstrom und Rotorstrom aufteilt. Wird z.B. $I_S = I_{SN}$ als Gleichstrom in der Ständerwicklung eingespeist, so entspricht der Magnetisierungsstrom bei stillstehender Maschine ($f_R/f_n = 0$) dem drei- bis vierfachen Nennmagnetisierungsstrom, d.h., die magnetischen Eisenwege befinden sich weit in der Sättigung. Bei Gleichstrombremsung mit Nenndrehzahl ($f_R/f_n = 1$) liegt der Magnetisierungsstrom jedoch weit unter dem Nennwert. Bei einer Maschine mit einem Anlaufstromverhältnis $I_A/I_N = 6$ zum Beispiel würde, Sättigungseinflüsse vernachlässigt, die gesamte Stromortskurve und damit auch der Magnetisierungsstrom um den Faktor 6 gegenüber dem Nennwert schrumpfen. Das Bremsmoment bei $n = n_N$ würde nach dieser Näherungsbetrachtung quadratisch mit dem Magnetisierungsstrom, also auf $\frac{1}{36} M_{AN}$ zurückgehen. In Bild 32 sind die Drehmoment-Drehzahl-Kennlinien bei Gleichstrombremsung für mehrere konstante Statorströme dem Verlauf bei konstantem Luftspaltfluß gegenübergestellt. Bei kleinen Drehzahlen steigt bei Betrieb mit konstantem Statorstrom der Luftspaltfluß noch über Nennwert auf den Sättigungswert an, wodurch die Kennlinien dann über der für $I_{\mu N}$ verlaufen. Um Bild 32 nicht zu unübersichtlich zu machen, wurden die Kurven für $I_S = \text{const}$ beim Schnitt mit der Kurve für $I_{\mu N}$ abgebrochen und für n gegen Null nicht fortgesetzt.

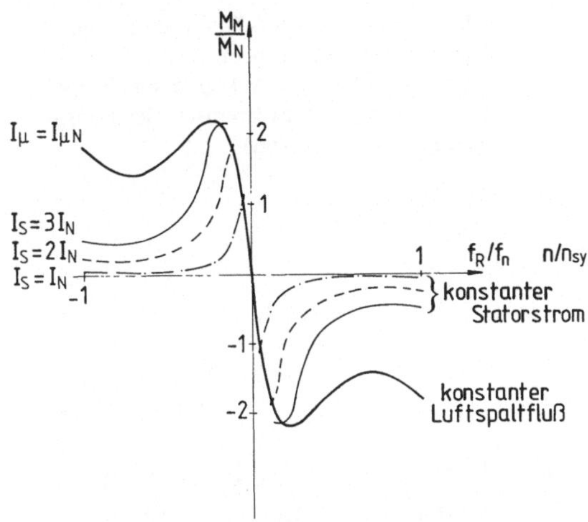

Bild 32. Drehmoment-Drehzahl-Kennlinien bei Gleichstrombremsung

Kann das Gegenmoment der Arbeitsmaschine null gesetzt werden, so wird, analog zum Schwungmassenanlauf, die in der trägen Masse des Maschinensatzes zu Beginn des Gleichstrombremsens gespeicherte Energie

$$W_{rot} = \frac{1}{2}\,\omega_{mech}^2 \cdot J$$

in der Rotorwicklung in Verlustwärme überführt. Bei Arbeitsmaschinen, die zusätzlich durch ein Gegenmoment abgebremst werden, ist die im Läufer anfallende Verlustarbeit geringer. Die Ständerverluste hängen von der Größe des Statorstromes und der Bremsdauer ab.

Bezüglich der Verlustarbeit während der Bremsperiode bietet die Gleichstrombremsung gegenüber der Gegenstrombremsung Vorteile. Sie bietet darüber hinaus stabile Betriebspunkte bei kleinen Drehzahlen, was z.B. beim Bremsen von einhängender Last bei Hebezeugen von Vorteil sein kann. Als Nachteil ist der schaltungsmäßige Mehraufwand – Gleichspannungsquelle und Schaltvorrichtung – zu bewerten.

Übersynchrones Bremsen

Beim übersynchronen Bremsen arbeitet die Asynchronmaschine generatorisch im vierten Quadranten der Drehmoment-Drehzahlebene. Dieser Betriebszustand kann mit kleinen negativen Schlupfwerten z.B. beim Lastsenken mit Hebezeugen auftreten oder er kann sich bei polumschaltbaren Maschinen beim Umschalten auf eine höhere Polpaarzahl einstellen, wobei dann ein größerer Drehzahlbereich im Bremsbetrieb durchlaufen wird. Wird z.B. eine 8/4-polig umschaltbare Asynchronmaschine in der 4-poligen Stufe betrieben, so wird ihre Drehzahl $n \approx 1500\,\text{min}^{-1}$ bei Betrieb am 50-Hz-Netz sein. Beim Umschalten auf die 8-polige Stufe mit $n_{sy} = 750\,\text{min}^{-1}$ ergibt sich nach Gl.(6) $s \approx -1$. Die Maschine wird bis auf $n \approx 750\,\text{min}^{-1}$ abgebremst.

Das übersynchrone Bremsen ist bezüglich der auftretenden Verlustarbeit die günstigste der bisher besprochenen Bremsmethoden, sie ist die einzige, bei der ein Teil der mechanischen Bremsleistung als elektrische Leistung in das Netz zurückgespeist wird (Bild 33).

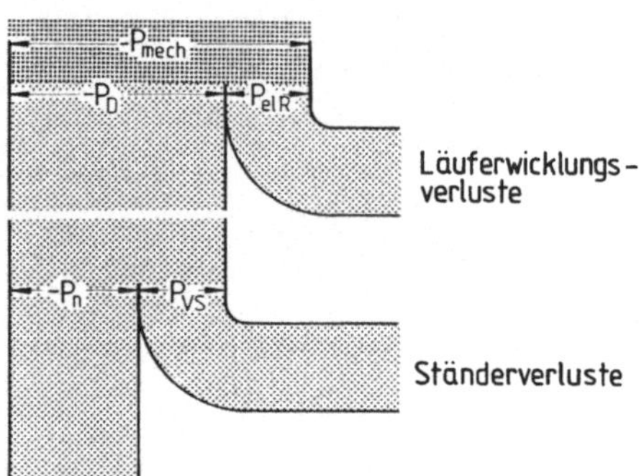

Bild 33. Leistungsfluß-Diagramm einer Asynchronmaschine beim Schlupf $s = -0{,}4$ entsprechend $n/n_{sy} = 1{,}4$; übersynchrones oder generatorisches Bremsen (Reibungsverluste vernachlässigt)

Zusammenfassend ist zu bemerken: Beim elektromagnetischen Bremsen und beim Umsteuern treten gegenüber dem Betrieb im Nennarbeitspunkt stark erhöhte Verluste auf. Diese sind bezüglich der Maschinenerwärmung zu berücksichtigen.

2.3.6 Betriebsarten elektrischer Maschinen

In den folgenden Überlegungen wird die elektrische Maschine vereinfachend als ein homogener, gleichmäßig erwärmter Körper mit nur einer thermischen Zeitkonstanten betrachtet. Unter dieser Voraussetzung gilt das thermische Ersatzschaltbild in Bild 34a. Bis zum Zeitpunkt $t=0$ sei die gesamte Verlustleistung der Maschine $P_V=0$. Beginnend mit dem Zeitpunkt $t=0$ entstehe in der Maschine eine konstante Verlustleistung P_V. Der Temperaturverlauf $\Delta\vartheta$, der die Erwärmung der Maschine gegenüber der Temperatur des Kühlmediums wiedergibt, folgt dann der Funktion

$$\Delta\vartheta = P_V \cdot R_W (1 - e^{-t/T_\vartheta}) \tag{33}$$

(Bild 34b), wobei R_W der Wärmewiderstand zwischen Maschine und Kühlmedium,

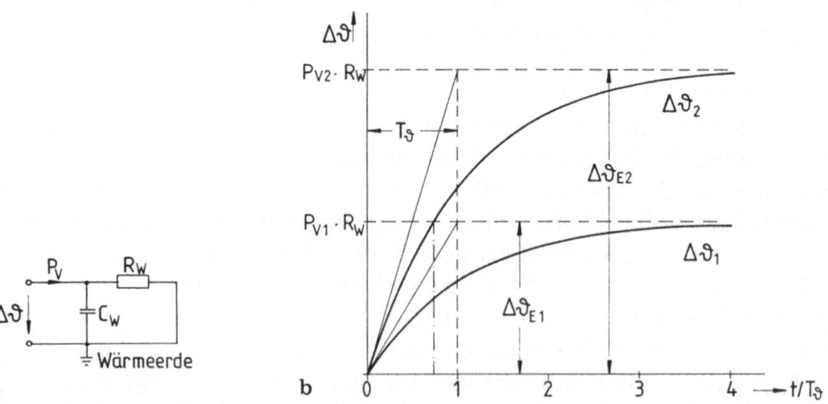

Bild 34. Übertemperatur $\Delta\vartheta$ einer elektrischen Maschine gegenüber dem Kühlmedium. **a** vereinfachtes thermisches Ersatzschaltbild; **b** Temperaturanstiege bei konstanten Verlustleistungen $P_{V1} = P_{VN}$ und $P_{V2} = P_{VN}$; ist $\Delta\vartheta_{E1} = \Delta\vartheta_{gr}$, so wird im Belastungsfall 2 die Grenzerwärmung $\Delta\vartheta_{gr}$ nach $t \approx 0{,}7\ T_\vartheta$ erreicht

C_W die Wärmekapazität der Maschine und

$$T_\theta = R_W \cdot C_W \tag{34}$$

die thermische Zeitkonstante der Maschine sind.

Bei modernen elektrischen Maschinen wird die für die temperaturkritischen Teile zulässige Grenzerwärmung $\Delta\vartheta_{gr}$ bei Nennbelastung P_N, also auch Nennverlusten P_{VN}, weitgehend in Anspruch genommen. In der Darstellung des Bildes 34b wird davon ausgegangen, daß sich bei $P_{V1} = P_{VN}$ im stationären Zustand ($t \to \infty$) die Enderwärmung zu $\Delta\vartheta_{E1} = \Delta\vartheta_{gr}$ ergibt. Wird die Maschine nun beispielsweise mit der doppelten Verlustleistung $P_{V2} = 2P_{VN}$ beaufschlagt, so wird die zulässige Grenzerwärmung schon nach $t \approx 0{,}7\,T_\theta$ erreicht. Daraus folgt, daß die elektrische Maschine kurzzeitig durchaus überbelastet werden kann, ohne daß die zulässigen Grenzerwärmungen überschritten werden.

Um das Gespräch zwischen Herstellern und Käufern über die zulässige Belastung von elektrischen Maschinen, die nicht im Dauerbetrieb arbeiten, zu erleichtern, wurden in der Bestimmung VDE 0530 Teil 1 8 Nennbetriebsarten definiert.

Betriebsart S1: Dauerbetrieb

Unter Dauerbetrieb ist ein konstanter Belastungszustand der Maschine zu verstehen, dessen Zeitdauer ausreicht, den thermischen Beharrungszustand der Maschine zu erreichen. Dieser gilt als erreicht, wenn sich die Temperatur der Maschinenteile um nicht mehr als 2K je Stunde ändert. Beispiele für diese Betriebsart sind Lüftermotoren, die bei Arbeitsbeginn ein- und bei Arbeitsende wieder ausgeschaltet werden oder Heizungspumpenmotoren, die während der Heizperiode durchlaufen.

In Bild 35a sind die zeitlichen Verläufe der abgegebenen mechanischen Leistung P_{mech}, der Verlustleistung P_V und der Maschinentemperatur ϑ dargestellt. ϑ_K ist die Temperatur des Kühlmediums, die Maschinentemperatur ergibt sich zu

$$\vartheta = \vartheta_K + \Delta\vartheta.$$

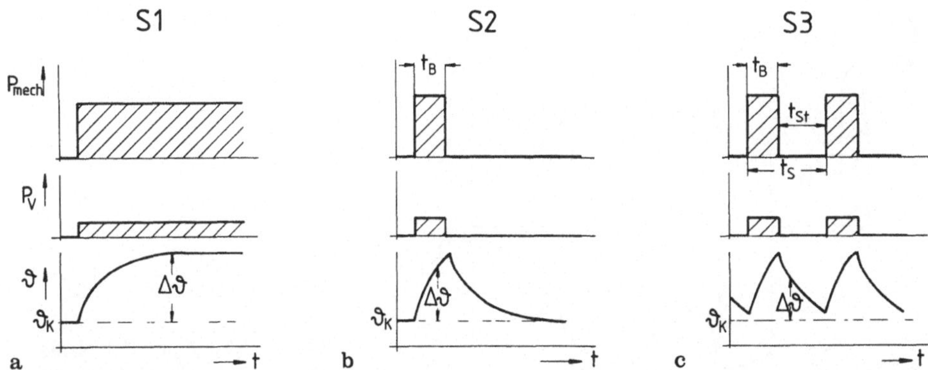

Bild 35. Kennlinien der Nennbetriebsarten S1, S2 und S3. **a** Dauerbetrieb; **b** Kurzzeitbetrieb; **c** Aussetzbetrieb ohne Einfluß des Anlaufes auf die Maschinenerwärmung

Betriebsart S2: Kurzzeitbetrieb

Hier ist die Dauer des Betriebes mit konstanter Belastung t_B so kurz, daß der thermische Beharrungszustand der Maschine nicht erreicht wird. Die anschließende Pause bei ausgeschalteter Maschine ist so lang, daß sich die Maschine wieder angenähert auf die Temperatur des Kühlmediums abkühlt (Bild 35b). Dieser Zustand ist erreicht, wenn die Maschinentemperatur um nicht mehr als 2K von der Kühlmitteltemperatur abweicht. Auf dem Leistungsschild ist neben der Betriebsart die zulässige Dauer des Kurzzeitbetriebes mit Nennleistung zu vermerken, z.B. S2 – 10 min. Beispiele für Motoren, die im Kurzzeitbetrieb arbeiten, sind Kaffeemühlenmotoren, Stellantriebe für Schieber und Praeventer-Winden auf Schiffen.

Betriebsart S3: Aussetzbetrieb ohne Einfluß des Anlaufes auf die Maschinenerwärmung

Der Aussetzbetrieb setzt sich aus einer dauernden Folge gleichartiger Spiele zusammen. Jedes besteht aus einer Zeit konstanter Belastung (t_B) und einer Stillstandszeit (t_{St}), wobei in diesen Zeiten der thermische Beharrungszustand nicht erreicht wird (Bild 35c). Die beim Anlauf auftretende Verlustleistungsspitze beeinflußt die Erwärmung nicht merklich und wird vernachlässigt. Die Spieldauer ist, so nicht anders auf dem Leistungsschild vermerkt, kleiner als 10 Minuten. Auf dem Leistungsschild ist die relative Einschaltdauer

$$t_r = \frac{t_B}{t_S}$$

anzugeben, z.B. S3 – 15%. Als Beispiel sei hier der Motor des Spindelantriebs eines Drehautomaten genannt.

Betriebsart S4: Aussetzbetrieb mit Einfluß des Anlaufes auf die Maschinenerwärmung

Gegenüber der Betriebsart S3 kann hier der Einfluß der während der Anlaufzeit t_A auftretenden Verlustleistungsspitze auf die Erwärmung nicht vernachlässigt werden, das kann entweder an einer langen Anlaufzeit oder an einer kurzen Spieldauer t_S liegen (Bild 36). Bremsverluste treten in der Maschine jedoch nicht auf, d.h., sie wird

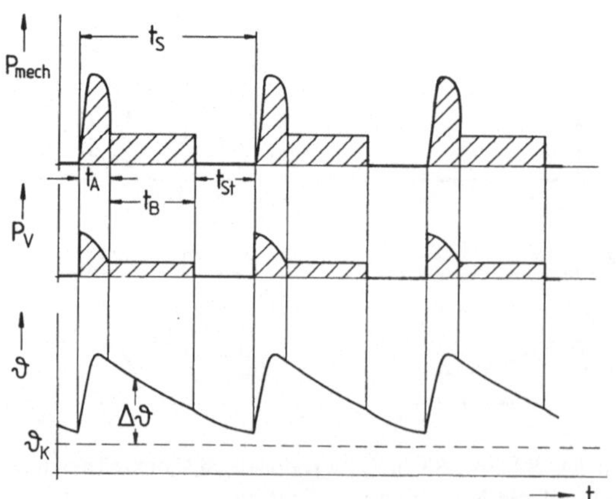

Bild 36. Kennlinien der Nennbetriebsart S4: Aussetzbetrieb mit Einfluß des Anlaufes auf die Maschinenerwärmung

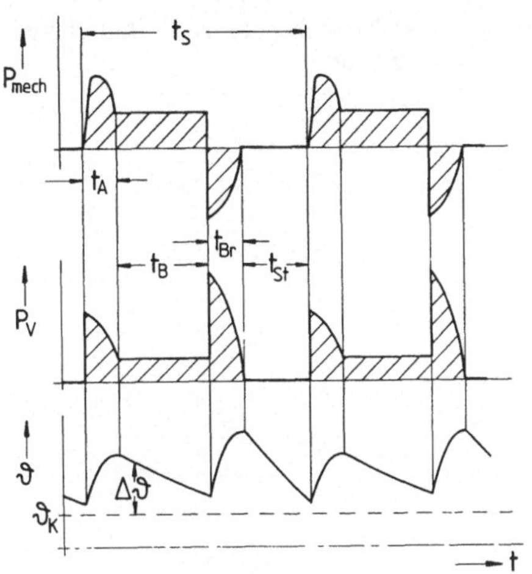

Bild 37. Kennlinien der Nennbetriebsart S5: Aussetzbetrieb mit Einfluß des Anlaufes der Bremsung auf die Maschinenerwärmung

durch eine mechanische Bremse stillgesetzt. Anzugeben sind die relative Einschaltdauer

$$t_r = \frac{t_A + t_B}{t_S}$$

und die Zahl der Anläufe je Stunde, z.B. S4 – 25%; 90 Anläufe je Stunde.

Betriebsart S5: Aussetzbetrieb mit Einfluß des Anlaufes und der Bremsung auf die Maschinenerwärmung

Im Gegensatz zur Betriebsart S4 wird elektromagnetisch gebremst und der Einfluß der Bremsverluste auf die Maschinenerwärmung kann nicht vernachlässigt werden (Bild 37). Auf dem Leistungsschild sind anzugeben:

Die relative Einschaltdauer, die sich in diesem Fall zu

$$t_r = \frac{t_A + t_B + t_{Br}}{t_S}$$

ergibt, die Zahl der Spiele je Stunde und die Art der Bremsung, also Gegenstrombremsung oder Gleichstrombremsung.

Betriebsart S6: Durchlaufbetrieb mit Aussetzbelastung

Der Durchlaufbetrieb setzt sich aus einer dauernden Folge gleichartiger Spiele zusammen. Auf eine Zeit mit konstanter Belastung (t_B) folgt eine Leerlaufzeit (t_L), ein thermischer Beharrungszustand stellt sich innerhalb der Spiele nicht ein (Bild 38). Wird keine Spieldauer angegeben, so ist $t_S \leq 10$ min. Auf das Leistungsschild ist die relative Belastungsdauer

$$t_b = \frac{t_B}{t_S}$$

einzutragen, z.B. S6 – 15%; 30 min. Als Beispiel für diese Betriebsart kann der Motor zum Antrieb eines Sägegatters dienen, durch das in regelmäßigen Abständen Baumstämme zu Brettern zersägt werden.

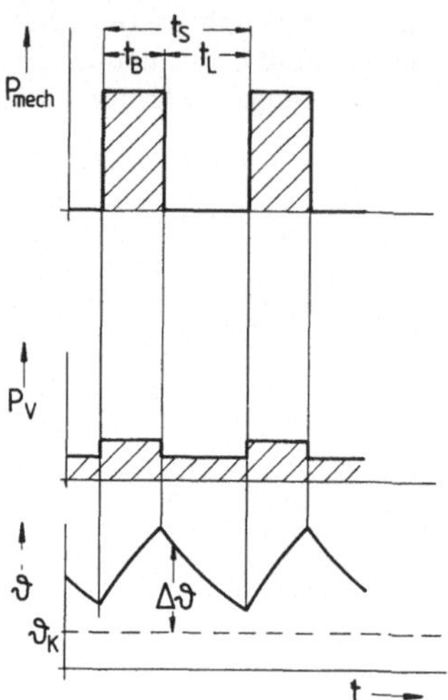

Bild 38. Kennlinien der Nennbetriebsart S6: Durchlaufbetrieb mit Aussetzbelastung

Betriebsart S7: Ununterbrochener Betrieb mit Anlauf und Bremsung

Auch dieser Betrieb setzt sich aus einer ununterbrochenen Folge gleichartiger Spiele zusammen, wobei der thermische Beharrungszustand innerhalb der einzelnen Spiele nicht erreicht wird. Der Zeit mit konstanter Belastung (t_B) folgt jeweils ein Umsteuervorgang, der eine Zeit mit elektromagnetischer Bremsung (t_{Br}) und eine Anlaufzeit umfaßt (Bild 39). Auf dem Leistungsschild sind anzugeben: Die Zahl der Umsteuervorgänge je Stunde und die Art der Bremsung, z.B. S7 – 60 Anläufe je Stunde,

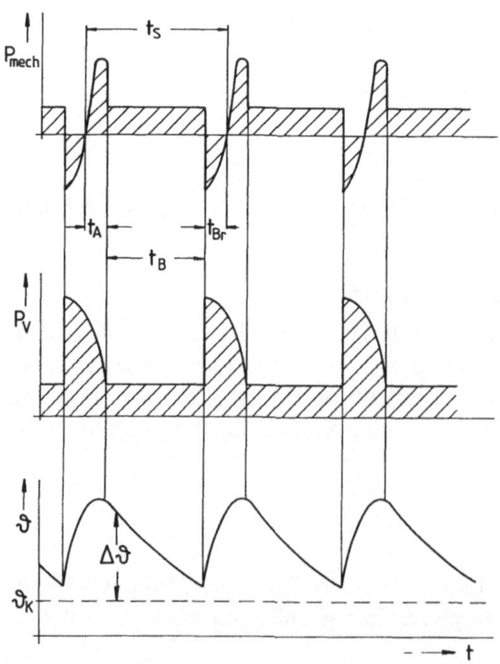

Bild 39. Kennlinien der Nennbetriebsart S7: Ununterbrochener Betrieb mit Anlauf und Bremsung

Gegenstrombremsung. Als Beispiel kann hier der Antriebsmotor einer Hobelmaschine gelten, mit dessen Hilfe der Schlitten mit dem Werkstück hin und her bewegt wird.

Betriebsart S8: Ununterbrochener Betrieb mit periodischer Drehzahländerung

Bei dieser Antriebsart setzen sich die einzelnen Spiele aus zwei oder mehr Zeitabschnitten mit jeweils konstanter Belastung zusammen, zwischen denen Zeitabschnitte mit Brems-, Beschleunigungs- oder Umsteuervorgängen liegen. Das Bild 40 gilt für eine dreifach polumschaltbare Asynchronmaschine, z.B. eine 8/6/4-polige. Zu Beginn des dargestellten Zeitabschnittes arbeitet die Maschine auf der 6-poligen Drehzahlstufe, wird dann während t_{Br1} auf die 8-polige abgebremst, arbeitet während t_{B1} auf der 8-poligen Drehzahlstufe, wird während t_A auf die 4-polige beschleunigt, ist auf dieser während t_{B2} konstant belastet, wird im Abschnitt t_{Br2} auf die 6-polige abgebremst und macht während t_{B3} auf dieser Betrieb, bis das Spiel wieder von vorne beginnt.

Auf dem Leistungsschild sind die Drehzahlstufen und die Zeiten, in denen diese Drehzahlen während des Spieles auftreten, anzugeben, z.B.

S8 1480 min^{-1}; 10 min
985 min^{-1}; 15 min
740 min^{-1}; 10 min.

Als Beispiel kann auch hier der Spindelantrieb eines Drehautomaten genannt werden, auf dem während eines Spieles nacheinander verschiedene Arbeitsgänge an einem Werkstück durchgeführt werden.

Trägheitsfaktor und Trägheitskonstante

Für die in elektrischen Maschinen beim Anlauf und beim Bremsen auftretende Verlustarbeit spielt das Trägheitsmoment der rotierenden Massen eine wesentliche Rolle.

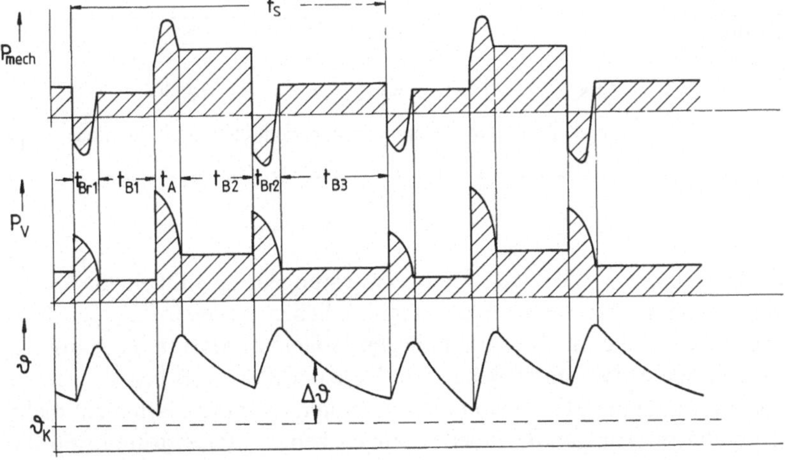

Bild 40. Kennlinie der Nennbetriebsart S8: Ununterbrochener Betrieb mit periodischer Drehzahländerung

Dieser Einfluß läßt sich durch den Trägheitsfaktor FI berücksichtigen; er ist das Verhältnis des Trägheitsmomentes sämtlicher auf die Motordrehzahl bezogener und vom Motor angetriebener rotierenden Massen zum Trägheitsmoment des Motors. Mit der Bezeichnungsweise der Gl.(10) wird

$$\mathrm{FI} = \frac{(\Sigma J)_\mathrm{M}}{J_\mathrm{M}} \,. \tag{35}$$

Zusätzlich wird auch die Trägheitskonstante H angegeben, die sich als Quotient aus der im Läufer der Maschine bei Nenndrehzahl gespeicherten kinetischen Energie und der Nennscheinleistung ergibt; H hat die Dimension einer Zeit. Trägheitsfaktor FI und Trägheitskonstante H dienen zur näheren Kennzeichnung der Betriebsarten S4, S5, S7 und S8.

2.3.7 Zulässige Erwärmung der temperaturkritischen Maschinenteile und Lebensdauer von Isoliersystemen

Die Leistung, die eine elektrische Maschine bei einer der vorstehend beschriebenen Betriebsarten abgeben kann, wird durch die zulässige Grenzerwärmung $\Delta\vartheta_{gr}$ der temperaturkritischen Maschinenteile und die bei der Grenzerwärmung abführbare Verlustleistung P_V bestimmt. Die temperaturkritischen Teile einer Asynchronmaschine mit Käfigläufer sind: die Ständerwicklung, die Lager und der Läuferkäfig. Bei Asynchronmaschinen mit Schleifringläufer und bei Synchronmaschinen kommen die isolierte Läuferwicklung und die Schleifringe dazu und bei der Gleichstrom-Kommutatormaschine schließlich noch der Kommutator.

Tabelle 8. Grenz-Übertemperatur temperaturkritischer Maschinenteile von indirekt mit Luft gekühlten Maschinen bei den gebräuchlichsten Isolierstoffklassen

Maschinenteil	Grenz-Übertemperatur $\Delta\vartheta_{gr}$ bei Isolierstoffklasse		
	B	F	H
Wechselstromwickliungen	80 K	100 K	125 K
Kommutatoren und Schleifringe	80 K	90 K	100 K
Wälzlager	Nach besonderer Vereinbarung, jedoch möglichst nicht unter 60 K		

In der Tabelle 8 sind die zulässigen Grenzerwärmungen, in VDE 0530 Grenz-Übertemperaturen genannt, für die heute allgemein üblichen Isolierstoffklassen B, F und H eingetragen. Die früher auch gebräuchlichen Isolierstoffklassen Y, A und E, deren Grenz-Übertemperaturen unter denen der Isolierstoffklasse B liegen, werden wegen der heute zur Verfügung stehenden besseren Isolierstoffe praktisch nicht mehr eingesetzt. Die für die Wicklungen in Tabelle 8 angegebenen Temperaturen sind die mittleren Wicklungsübertemperaturen, wie sie durch Widerstandsmessungen ermittelt werden.

Isolierte Wicklungen

In das Balkendiagramm des Bildes 41 sind für die Isolierstoffklassen B, F und H die zulässige Kühllufttemperatur ϑ_K, die Grenzübertemperaturen $\Delta\vartheta_{gr}$ und die Grenztemperaturen ϑ_{gr} eingetragen. Es fällt auf, daß

$$\vartheta_K + \Delta\vartheta_{gr} < \vartheta_{gr}$$

ist. Hier ist zu bemerken, daß die Temperatur ϑ_{gr} an keiner Stelle der Wicklung überschritten werden soll, $\Delta\vartheta_{gr}$ jedoch nicht die örtlich höchste Erwärmung, sondern die mittlere Übertemperatur der Wicklung ist. Die Differenz zwischen ϑ_{gr} und $\vartheta_K + \Delta\vartheta_{gr}$ soll sicherstellen, daß ϑ_{gr} auch an der heißesten Stelle der Wicklung, dem Heißpunkt, nicht überschritten wird.

Isolierstoffe und Isoliersysteme sind den Isolierstoffklassen so zugeordnet, daß die thermische Mindestlebensdauer einer isolierten Wicklung der im Temperaturindex TI angegebenen Stundenzahl, bei normalen elektrischen Maschinen vorzugsweise 20000

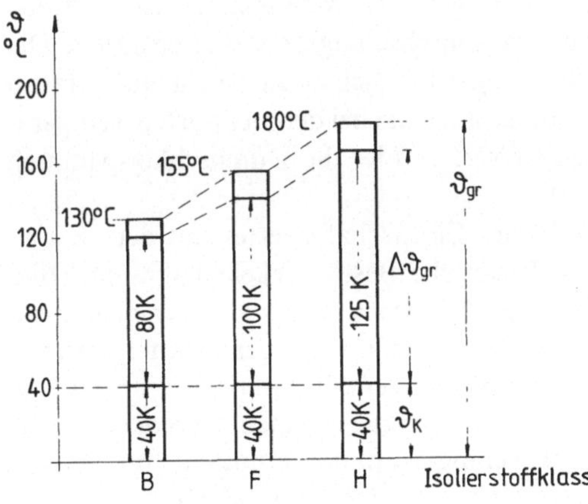

Bild 41. Grenztemperaturen ϑ_{gr} und Grenz-Übertemperaturen $\Delta\vartheta_{gr}$ der Wechselstromwicklungen von indirekt mit Luft gekühlten elektrischen Maschinen für die gebräuchlichsten Isolierstoffklassen

Stunden, entspricht. Diese Lebensdauer gilt für Dauerbetrieb bei Grenztemperatur ϑ_{gr}. Ist die Betriebstemperatur kleiner als die Grenztemperatur, so erhöht sich die thermische Lebensdauer, ist sie höher, so verkürzt sie sich.

Diese Zusammenhänge sind in den Teilen 21 und 22 der VDE-Richtlinien DIN IEC 216/VDE 0304/12.80 "Bestimmung der thermischen Beständigkeit von Elektroisolierstoffen" zusammen mit den erforderlichen Meß- und Auswerteverfahren aufgezeigt. Wenn eine elektrische Maschine über eine bestimmte Zeit nicht infolge eines versagenden Isoliersystems ausfallen soll, dann müssen die Isolierstoffe und Isoliersysteme im neuen Zustand die erforderliche Kombination mechanischer, chemischer und elektrischer Eigenschaften aufweisen und diese auch auf einem hinreichend hohen Niveau über die festgelegte Zeit hin behalten. Die thermische Beständigkeit von Isolierstoffen läßt sich zeitraffend durch Alterung bei Temperaturen ermitteln, die höher als die vorgesehene Betriebstemperatur sind. Die Ergebnisse der Lebensdauerprüfungen können dabei durch die Arrhenius-Gleichung beschrieben werden, d.h., es gibt einen linearen Zusammenhang zwischen dem Logarithmus der Zeit, die bis zu einem bestimmten Abfall eines Eigenschaftswertes vergeht, und dem Reziprokwert der auf den absoluten Nullpunkt bezogenen Alterungstemperatur.

Durch Extrapolation der gewonnenen Regressionsgeraden in den Bereich kleinerer Temperaturen läßt sich dann die Grenztemperatur für die geforderte Lebensdauer ablesen (siehe auch Bilder 42 und 43).
Eigenschaften, deren Änderung während der Alterung gemessen und protokolliert werden, sind z.B. Gewichtsverlust, Biegefestigkeit, Zugfestigkeit, Dehnung, Härte und Durchschlagspannung bzw. Durchschlagfestigkeit. In der zitierten VDE-Richtlinie ist festgelegt, bis zu welchem Grenzwert sich die einzelnen Eigenschaftswerte verändern dürfen.

Als Beispiel möge die Ermittlung der thermischen Beständigkeit von Lackdrähten, wie sie als Leiter in Niederspannungsmaschinen eingesetzt werden, dienen. Aus dem zu prüfenden Draht werden verdrillte Proben, sogenannte Twiste, hergestellt; es wird jeweils die Durchschlagspannung zwischen zwei miteinander verdrillten Drähten gemessen. Als Grenzwert der Durchschlagspannung werde $U_{Dgr} = 1000$ V gewählt. Im Anlieferungszustand habe der Lackdraht eine mittlere Durchschlagspannung von 4400 V. Die Proben werden in drei Gruppen aufgeteilt und in Wärmeschranken bei Temperaturen von 160 °C, 180 °C und 200 °C gelagert. Von Zeit zu Zeit werden Proben entnommen und es wird die mittlere Durchschlagspannung ermittelt. Die gewonnenen Meßwerte werden über einer logarithmischen Zeitskala aufgetragen (Bild 42). Die Prüfungen werden fortgesetzt, bis auch die bei der niedrigsten Temperatur gelagerten Proben den Eigenschaftsgrenzwert − hier die Durchschlagspannung $U_{Dgr} = 1$ kV − unterschritten haben.

Die Zeiten, die sich beim Schnittpunkt des Eigenschaftswertes mit dem Eigenschaftsgrenzwert ergeben, werden in das thermische Beständigkeitsdiagramm (Bild 43) übertragen. Werden diese Zeiten im logarithmischen Maßstab über dem Reziprokwert 1/T der auf den absoluten Nullpunkt (−273 °C) bezogenen Alterungstemperatur aufgetragen, so ergibt sich im allgemeinen ein linearer Zusammenhang. Durch Extrapolation der durch die ermittelten Punkte gelegten Geraden auf die Gebrauchsdauergrenze läßt sich dann der Temperaturindex ermitteln. Im Beispiel ergibt sich TI/147, der Lackdraht wäre somit der Isolierstoffklasse B zuzuordnen.

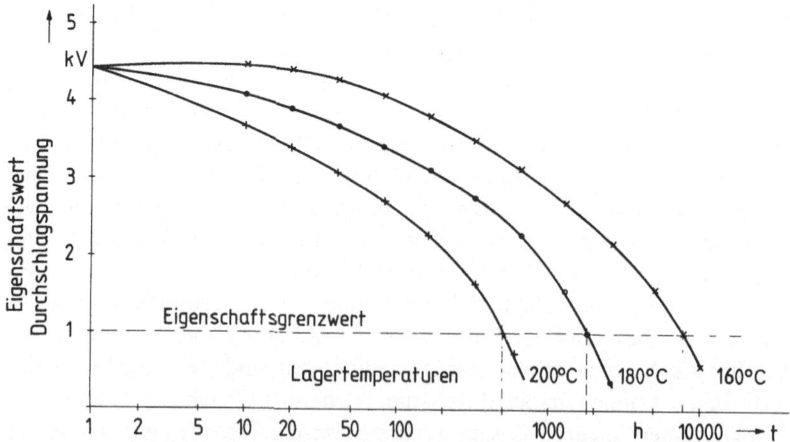

Bild 42. Änderung des Grenzwertes Durchschlagspannung im Verlauf der thermischen Alterung bei den Temperaturen 160 °C, 180 °C und 200 °C

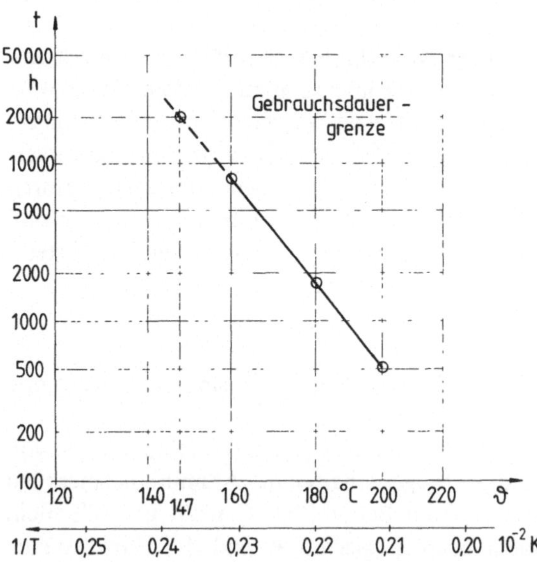

Bild 43. Thermisches Beständigkeitsdiagramm; ermittelter Temperaturindex bei 20000 Stunden: TI/147

Derselbe Lackdraht kann mit einem höheren Temperaturindex versehen werden, wenn die Gebrauchsdauergrenze niedriger gewählt wird. Der Scheibenwischermotor eines Personenkraftwagens z.B. braucht sicherlich nicht für eine Gebrauchsdauergrenze von 20000 Stunden bemessen zu werden. Geht man von einer Betriebsdauer des gesamten Fahrzeuges von 5000 Stunden aus und nimmt an, daß der Scheibenwischer nur während 20% der Betriebsdauer eingeschaltet ist, so ergibt sich eine Gebrauchsdauergrenze von 1000 Stunden, der zugehörige Temperaturindex kann zu TI 1 kh/190 aus Bild 43 entnommen werden (weicht die Gebrauchsdauergrenze von 20000 Stunden ab, so ist die Zeit im Index mit anzugeben).

Sind für einen Isolierstoff oder ein Isolierstoffsystem nach VDE 0304 Teil 22 mehrere Eigenschaftswerte zu überprüfen, so wird im Temperaturindex die niedrigste der für die einzelnen Eigenschaften an der Gebrauchsdauergrenze ermittelten Temperaturen angegeben.

Aus der Steigung der Geraden des Bildes 43 läßt sich die sogenannte Monsinger-Regel ablesen, nach der eine Absenkung der Wicklungstemperatur um 10 K etwa eine Verdoppelung der thermischen Lebensdauer einer Maschinenwicklung erwarten läßt. Diesen Zusammenhang machen sich Betreiber elektrischer Maschinen zunutze, wenn sie z.B. für eine thermisch nach Isolierstoffklasse B ausgenutzte Maschine die Isolation nach Isolierstoffklasse F ausführen lassen. Der Unterschied zwischen den Grenztemperaturen beider Isolierstoffklassen beträgt 25 K, wodurch die thermische Lebensdauer der Wicklung etwa auf das Sechsfache ansteigt.

Kommutatoren und Schleifringe

Der Verschleiß der Kohlebürsten steigt in Abhängigkeit von der Temperatur ab einem bestimmten kritischen Wert steil an. Dieser ist von der Bürstensorte, vom Bürstendruck und auch von der Materialpaarung Schleifring/Bürste oder Kommutator/Bürste abhängig. VDE 0530 empfiehlt daher, bei Grenz-Übertemperaturen von 90 K und 100 K die Bürsten besonders sorgfältig auszuwählen.

Lager

Die listenmäßig zulässige Lagererwärmung wird für Isolierstoffklasse B meist mit 50 K angegeben und bei den Isolierstoffklassen F und H offen gelassen. Bei Erwärmungen über 50 K hinaus muß entweder das normale Wälzlagerfett durch temperaturbeständigere Sonderfette ersetzt werden, oder die Nachschmierfristen sind zu verkürzen. Sonderfette, insbesondere solche, mit denen sich Grenz-Übertempraturen von $\vartheta_{gr} > 60$ K erreichen lassen, sind recht teuer. Bei höheren Übertemperaturen sind Sonderlager einzusetzen, um sicherzustellen, daß auch bei der höchsten Betriebstemperatur noch eine hinreichende Lagerluft vorhanden ist.

Läuferkäfig

Obgleich im Käfigläufer keine isolierte Wicklung vorhanden ist, sind der Erwärmung doch Grenzen gesetzt.

Bei Aluminium-Käfigen sind es die Materialeigenschaften des Aluminiums: von etwa 200 °C an aufwärts gehen die Festigkeitseigenschaften des Aluminiums merklich zurück, deshalb sollte die Käfigtemperatur im Betrieb 200 °C nicht überschreiten.

Bei Läuferkäfigen aus Kupfer oder Kupferlegierungen sind die Hartlötstellen zwischen den Stäben und den Kurzschlußringen die temperaturkritischen Stellen. Die zulässige Temperaturgrenze liegt hier bei etwa 450 °C.

2.3.8 Schutz elektrischer Maschinen vor thermischer Überlastung

Wie vorstehend geschildert, kann eine thermische Überlastung der temperaturkritischen Teile zu einer Verkürzung der Lebensdauer, zu kürzeren Wartungsintervallen oder auch zum sofortigen Ausfall einer elektrischen Maschine führen. Der thermische Motorschutz soll dafür sorgen, daß die Grenztemperaturen der temperaturkritischen Teile möglichst nicht überschritten werden.

Thermisch oder magnetisch verzögerte Überlastrelais

Der thermische Motorschutz läßt sich in unterschiedlicher Qualität und mit unterschiedlichem Aufwand verwirklichen. Die einfachste Art des Schutzes ist der Einsatz eines Motorstarters. Nach der VDE-Bestimmung DIN 57660 Teil 104/VDE 0660 Teil 104/09.82 "Schaltgeräte, Niederspannungs-Motorstarter, Wechselstrom-Motorstarter bis 1000 V zum direkten Einschalten (unter voller Spannung)" ist es Aufgabe des Motorstarters, einen Motor in Gang zu setzen, auf Nenndrehzahl zu beschleunigen sowie den Motor und zugeordnete Schaltkreise gegen betriebsmäßige Überlastung zu schützen. Den Schutz übernimmt ein zum Motorstarter gehörendes thermisch oder magnetisch verzögertes Überlastrelais, dessen Zeit-Strom-Kennlinie vom Hersteller des Motorstarters mindestens bis zum achtfachen Einstellstrom anzugeben ist. Zu den Aufgaben des Motorstarters gehört jedoch nicht der Kurzschlußschutz, der durch Sicherungen oder Leistungsschalter sicherzustellen ist.

Der Motorstarter bietet jedoch nur einen recht ungenauen thermischen Motorschutz. Für das Überlastrelais Typ 1 (gekennzeichnet durch den zugeordneten Motornennstrom) wird vorgeschrieben, daß es, ausgehend vom kalten Zustand, beim 1,05-fachen Einstellstrom innerhalb von 2 Stunden nicht auslösen darf, bei einer anschließenden Steigerung auf den 1,2-fachen Einstellstrom jedoch innerhalb von 2 Stunden auslösen muß. Das besagt, daß es bei einem Strom unterhalb des 1,2-fachen

Einstellstromes nicht auszulösen braucht. Wählt man üblicherweise den Einstellstrom des Überlastrelais gleich dem Nennstrom des Motors, so heißt das, daß der Motor dauernd mit bis zum 1,199-fachen Nennstrom belastet werden kann, ohne daß der Motorstarter abschalten muß.

Geht man vom gesetzten Grenzwert, also dem 1,2-fachen Nennstrom des Motors aus, so läßt sich folgende überschlägige Betrachtung für die Maschinenerwärmung durchführen:

Der 1,2-fache Nennstrom bedingt in der Maschine etwa 1,44-fache Nenn-Leiterverluste. Nimmt man nun an, daß die Leiterverluste bei Nennbetrieb den halben Gesamtverlusten der Maschine entsprechen, so erhöhen sich die Gesamtverluste bem 1,2-fachen Nennstrom auf

$$P_V = (0{,}5 \cdot 1{,}44 + 0{,}5) P_{VN} = 1{,}22\ P_{VN}.$$

Unter der Voraussetzung, daß bei den Nennverlusten die Statorwicklung gerade die Grenz-Übertemperatur $\Delta\vartheta_{gr}$ erreicht, würde die Wicklungserwärmung auf etwa

$$\Delta\vartheta = 1{,}22\ \Delta\vartheta_{gr}$$

ansteigen. Bei einer nach Isolierstoffklasse F ausgelegten Maschine mit $\Delta\vartheta_{gr} = 100\,\mathrm{K}$ würde $\Delta\vartheta = 122\,\mathrm{K}$. Eine Überschreitung der Grenztemperatur um 22 K würde nach der Monsiger-Regel eine Verkürzung der thermischen Lebensdauer auf etwa 1/5 des Nennwertes bedeuten. Wie diese Überlegung zeigt, läßt sich mit dem Überlastrelais eines Motorstarters wegen der großen Toleranzen in der Auslösekennlinie kein befriedigender thermischer Motorschutz erreichen. Dieselbe Überlegung läßt sich auch für Überlastrelais von Schützen durchführen.

Temperaturfühler

Ein besserer Schutz der temperaturkritischen Teile einer elektrischen Maschine läßt sich durch Temperaturfühler erreichen, die in das zu schützende Maschinenteil eingebaut oder unmittelbar daran angebaut werden [8]. Als Temperaturfühler stehen isoliert gekapselte Bimetallschalter kleiner Abmessungen, Heiß- und Kaltleiterfühler mit Abmessungen im unteren mm-Bereich und Platindraht-Widerstandsthermometer zur Verfügung. Letztere können z.B. streifenförmig ausgeführt zwischen Oberstab und Unterstab in die Statorwicklung einer Drehstrom-Hochspannungsmaschine oder die Läuferwicklung einer Gleichstrommaschine eingebaut werden, ober aber auch in einer Glasperle von einigen mm Durchmesser eingebettet im Wickelkopf einer Niederspannungsmaschine oder in einer Bohrung neben dem Maschinenlager untergebracht werden. Thermoelemente werden heute kaum mehr für den thermischen Motorschutz eingesetzt.

Mit den genannten Temperaturfühlern lassen sich Lösungen unterschiedlicher Qualität und unterschiedlichen Aufwandes verwirklichen. Die einfachste und kostengünstigste ist, einen kleinen isolierten Bimetallschalter in die Wicklung einzubauen. Diese Lösung hat den Vorteil, daß neben dem Schalter keine Hilfseinrichtungen und Auswerteschaltungen benötigt werden. Ihr Nachteil ist in den – verglichen mit den anderen Fühlern – großen Abmessungen zu sehen, die einen dichten Einschluß im Wickelkopf erschweren und damit die thermische Ankopplung an das zu schützende Objekt verschlechtern. Das macht sich bei einem steilen Temperaturanstieg, wie er z.B. beim Einschalten einer mechanisch blockierten Maschine auftritt, in einem starken Überschießen der Wicklungstemperatur über die Nennansprechtemperatur des Bimetallschalters hinaus bemerkbar. Der Bimetallschalter hat nur eine Ansprechtemperatur, eine nachträgliche Änderung ist nicht möglich. Von dieser einfachen Schutzmöglichkeit wird heute relativ wenig Gebrauch gemacht.

Weit verbreitet bei Niederspannungs-Asynchronmaschinen ist der Kaltleiterschutz. Kaltleiter, auch PTC-Thermistoren (PTC: Positive Temperature Coefficient) genannt, haben eine stark nichtlineare Widerstands-Temperatur-Kennlinie, die im Bereich der Nennansprechtemperatur um mehrere Zehnerpotenzen ansteigt (Bild 44); Kaltleiter sind halbleitende Widerstände aus dotierter polykristalliner Titankeramik. Ihr steiler Widerstandsanstieg in einem engen Temperaturbereich läßt sich durch gezielte Dotierung mit anderen Materialien in einem Bereich zwischen −30 °C und +220 °C verschieben. Für den Einbau in die Wicklung elektrischer Maschinen stehen Kaltleiter kleiner Abmessungen zur Verfügung (Bild 45a). Ihre Nennansprechtemperatur (NAT) – das ist die Temperatur, bei der der Kaltleiterwiderstand 1 kΩ beträgt – ist zwischen 90 °C und 180 °C in Schritten von je 10 K wählbar. Als Fertigungstoleranz für die Nennansprechtemperatur werden allgemein ±5 K angegeben. Der steile Widerstandsanstieg bei der Nennansprechtemperatur ermöglicht eine relativ einfache und kostengünstige elektronische Überwachungsschaltung (Bild 45b).

Zur Überwachung einer Ansprechtemperatur werden in einer Drehstromwicklung üblicherweise drei Kaltleiterfühler in Reihe geschaltet, einer je Wicklungsstrang. Die Temperaturfühler sollen möglichst in den Heißpunkt der Wicklungen eingebaut wer-

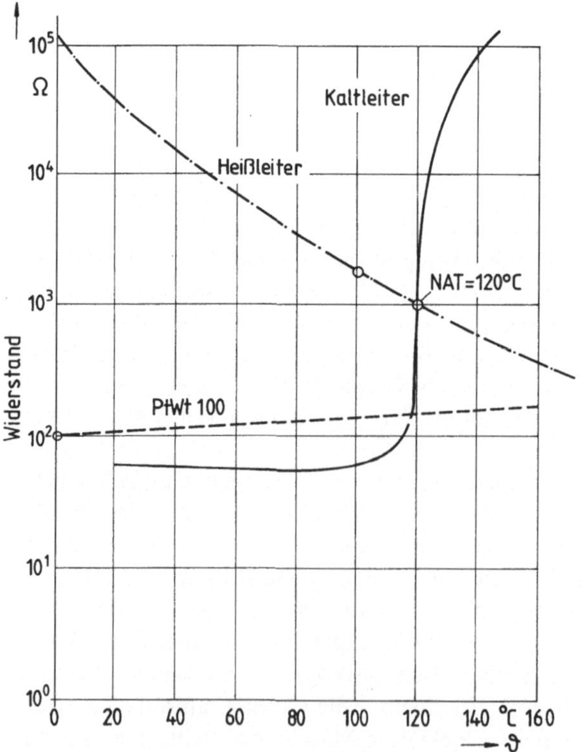

Bild 44. Widerstand-Temperatur-Kennlinien von Temperaturfühlern

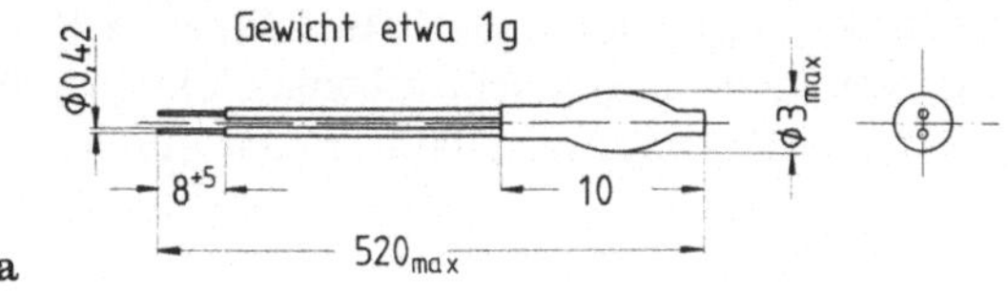

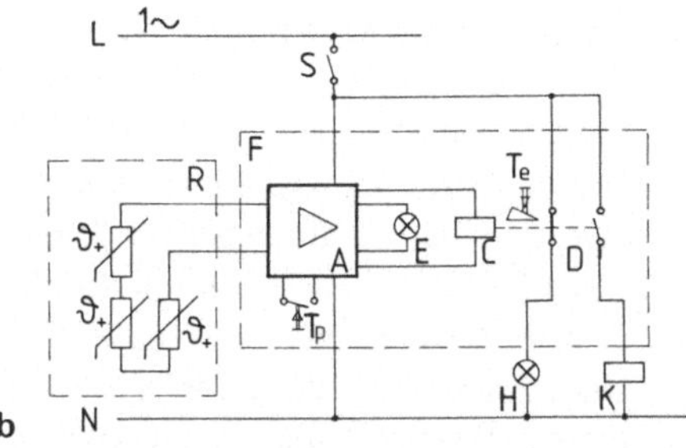

Bild 45. Thermische Überwachung mit Kaltleiter-Temperaturfühlern.
a Maßbild eines Temperaturfühlers;
b Schaltungsbeispiel: Abschalten eines Motors über Schütz K.
A Kippverstärker,
C Ausgangsrelais, D Hilfsschalter,
E Auslöseanzeige, H Meldeleuchte,
K Motorschütz, R Kaltleiterfühler,
T_e Entriegelungstaster, T_p Prüftaster,
F Auslösegerät

den, bei Niederspannungsmaschinen der Schutzart IP 44 ist das der Wickelkopf auf der dem Maschinenlüfter abgewandten Seite. Die Fühler werden zwischen die Runddrähte einer Spule eingebettet und kommen durch die Verfestigung mit Tränkharz in einen innigen thermischen Kontakt mit dem zu überwachenden Objekt. Jeder der drei Temperaturfühler wird in einen Wicklungsstrang eingebracht, so daß die Ständerwicklung auch bei unsymmetrischer Belastung der Stränge – ein extremes Beispiel ist der Ausfall einer Phase bei laufender Maschine – thermisch voll geschützt ist. Sobald die Temperatur eines der in Reihe geschalteten Temperaturfühler sich soweit erhöht hat, daß der Widerstand im Bereich der Nennansprechtemperatur in den Steilanstieg gelangt ist, spricht das Kaltleiterüberwachungsgerät an und gibt durch Zustandsänderung eines Relais-Kontaktes eine Meldung nach außen. Diese kann entweder zur Warnung des Bedienungspersonals oder zum Abschalten des Antriebes benutzt werden.

Häufig werden in die Ständerwicklung elektrischer Maschinen zwei Gruppen zu je drei in Reihe geschalteten Kaltleiterfühler mit unterschiedlichen Nennansprechtemperaturen eingebaut, wobei die erste Gruppe für eine Warnung des Bedienungspersonals und die zweite für die Abschaltung der Maschine vorgesehen ist. Soll z.B. die Wicklung einer der Isolierstoffklasse B entsprechenden Maschine durch Kaltleiter geschützt werden und ist es möglich, die Temperaturfühler in der Nähe des Heißpunktes zu plazieren, so kann man z.B. das Erreichen der Grenztemperatur der Wicklung $\vartheta_{gr} = 130\,°C$ für ein Warnsignal ausnutzen und, falls die Temperatur noch weiter ansteigen sollte, bei 140 °C die Maschine abschalten.

Die Temperaturüberwachung mit Kaltleiterfühlern und dem zugehörigen Auslösegerät bietet den Vorteil einer guten thermischen Kopplung von Fühlern und der zu schützenden Wicklung, und sie ist wegen der einfachen Überwachungsschaltung relativ kostengünstig. Nachteilig ist in manchen Fällen, daß mit der Auswahl der Nennansprechtemperaur die Auslösetemperatur festgelegt ist und nachträglich nicht mehr geändert werden kann.

Hier hilft der Heißleiterschutz weiter. Heißleiter, auch NTC-Thermistoren (NTC: Negative Temperature Coefficient) genannt, bestehen aus einer polykristallinen

Mischoxidkeramik. Ihr Widerstand ist stark temperaurabhängig (Bild 44), er fällt in dem für Überwachungszwecke in Frage kommenden Temperaturbereich zwischen 0 und 200 °C um etwa drei Zehnerpotenzen; näherungsweise läßt er sich durch die Funktion

$$R_T = R_N \cdot e^{B(1/T - 1/T_N)}$$

beschreiben, wobei R_T der Widerstand bei der Temperatur T (in K), R_N der Nennwiderstand bei der Nenntemperatur T_N (in K) und B (in K) die Materialkonstante des Heißleiters sind.

Die stetig fallende Widerstand-Temperaturkennlinie und die relativ enge Fertigungstoleranz der Temperaturfühler ermöglichen den Bau von Auslösegeräten, bei denen sich die Warn- und die Abschalttemperatur im Überwachungsbereich kontinuierlich mit Hilfe der Justierpotentiometer P1 und P2 einstellen lassen (Bild 46b), wobei die Ansprechtoleranz für die gesamte Schutzeinrichtung mit ± 7 K angegeben wird. Da bei Heißleitertemperaturfühlern – im Gegensatz zu Kaltleiterfühlern – ein Drahtbruch zwischen Fühler und Auslösegerät nicht selbständig überwacht wird, ist es vorteilhaft, in das Auslösegerät eine Drahtbruchüberwachung zu integrieren. An die üblichen Auslösegeräte können bis zu sechs Temperaturfühler angeschlossen werden, ausgewertet wird stets der Fühler mit dem geringsten Widerstand, also der höchsten Temperatur. Da das Heißleiter-Auslösegerät bedeutend teurer ist als ein oder zwei Kaltleiterüberwachungsgeräte, wird der Heißleiterschutz in den Fällen einesetzt, in denen Warn- und Abschalttemperaturen nicht von vornherein bekannt sind, wenn z.B. der Zusammenhang zwischen der Heißpunkttemperatur der zu schützenden Wicklung und der Temperatur des Fühlers am Meßort erst im Prüffeld ermittelt werden muß.

Sollen nun Temperaturen von mehreren Maschinenteilen nicht nur überwacht, sondern von einem Meß- und Überwachungsgerät möglichst genau gemessen, ange-

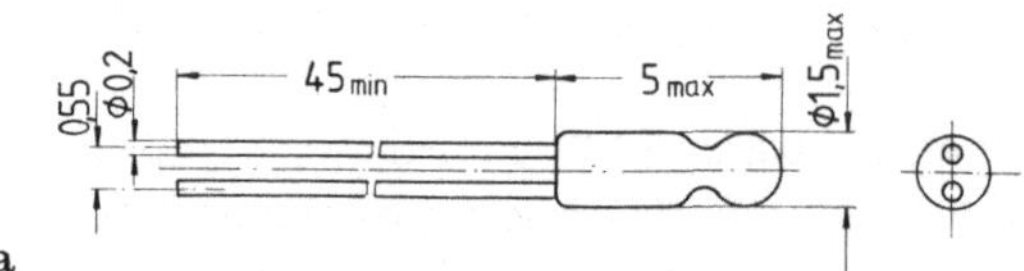

a

b

Bild 46. Thermische Überwachung mit Heißleiter-Temperaturfühler. **a** Maßbild eines Temperaturfühlers; **b** Schaltungsbeispiel: Warnen und Abschalten eines Motors über die Schütze K1 und K2.
A1, A2 Operationsverstärker; C1, C2 Ausgangsrelais; D1, D2 Hilfsschalter; E1, E2 Auslöseanzeige; J Eingangsschaltung und Drahtbruchüberwachung; H1, H2 Meldeleuchten; K1, K2 Schütze; R Heißleiterfühler; T_p Prüftaster; P1, P2 Justierpotentiometer; F Auslösegerät

zeigt, aufgezeichnet, ausgewertet und analog oder digital an einen Betriebsrechner weitergeleitet werden, so werden Platin-Meßwiderstände PT 100 ($R_N = 100\,\Omega$ bei 0 °C) an den Meßstellen eingebaut. Der Aufbau der Meßfühler ist dabei der Meßaufgabe angepaßt. Zur Messung der Wicklungstemperatur bei Hochspannungsmaschinen und bei großen Gleichstrommaschinen werden streifenförmige Nutwiderstandsthermometer (Bild 47a) verwendet, die in der Nut zwischen Unterstab und Oberstab angeordnet werden. Für die Temperaturmessung in Wickelköpfen und an Lagern stehen Fühler mit in Glasperlen eingeschmolzenen Platindrähten zur Verfügung, die kleinsten mit ähnlichen Abmessungen wie Kalt- und Heißleiterfühler (Bild 47b).

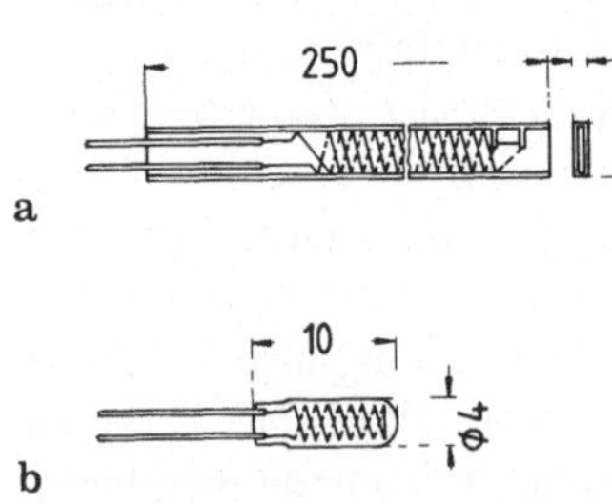

Bild 47. Platindraht-Meßwiderstände PT 100. **a** Nutwiderstandsthermometer zum Einbau im Nutbereich; **b** in Glasperle eingeschmolzener Meßwiderstand zum Einbau im Wickelkopf oder in Bohrungen

Platin-Meßwiderstände haben einen positiven Temperaturkoeffizienten, sie lassen sich mit hoher Genauigkeit fertigen und gestatten, im Verein mit einem entsprechenden Widerstandsmeßgerät, eine genaue Temperaturmessung und damit auch eine genaue Überwachung von einstellbaren Grenzwerten. Diese Überwachungsmethode ist jedoch erheblich aufwendiger als die bisher beschriebenen und kommt daher meist nur bei größeren Maschinen zum Einsatz. Bei elektrischen Maschinen mit einer Nennleistung von 5 MVA und darüber, bzw. mit einer Blechpaketlänge von 1 m und mehr, ist der Einbau von Meßwiderständen zur Ermittlung der Wicklungstemperatur in VDE 0530 Teil 1 bindend vorgeschrieben.

Mit den bisher erwähnten Temperaturfühlern und zugehörigen Auslöse- und Überwachungsgeräten können Ständerwicklung und Lager einer Asynchronmaschine gegen unzulässige Erwärmung geschützt werden, jedoch nicht die Läuferwicklung.

Schutz der Läuferwicklung

Größere Asynchronmaschinen mit Käfigläufer – bei vierpoligen Maschinen ab einer Nennleistung von etwa 20 kW – sind läuferkritisch. Wird eine solche Maschine mit mechanisch blockiertem Läufer an Spannung gelegt, so wird die zulässige Läuferwicklungstemperatur vor der zulässigen Ständerwicklungstemperatur überschritten. Temperaturfühler in der Ständerwicklung taugen somit nicht zum Schutz der Käfigwicklung des Läufers. Ist jedoch der Motorstarter oder das Motorschütz mit einem verzögerten Überlastrelais ausgerüstet, so wird über dessen Überstrom-Zeit-Kennlinie der blockierte Motor wieder abgeschaltet, ehe die Käfigtemperatur kritische Werte erreicht.

Bei Asynchronmaschinen größerer Nennleistung mit Schweranlauf wird mit Rücksicht auf die zulässige Wicklungserwärmung die Zahl der unmittelbar nacheinander zulässigen Anläufe oder auch die Zahl der Anläufe je Stunde beschränkt. Um hier die Einsatzfähigkeit der Maschine nicht unnötig einzuschränken, ist es von

Interesse, die Läufertemperatur vor und nach dem Anlauf zu kennen. Aus der Differenz läßt sich die Erwärmung der Läuferwicklung für einen betriebsmäßigen Anlauf bestimmen und aus der zulässigen Läufertemperatur und der Erwärmung die Wicklungstemperatur, nach deren Unterschreitung ein neuer Anlauf zulässig ist.

Die Messung der Käfigtemperatur kann mittels eines auf den Kurzschlußring der Käfigwicklung gerichteten Strahlungspyrometers erfolgen, das, im Lagerschild eingebaut, berührungslos die vom Kurzschlußring ausgesandte Infrarotstrahlung auswertet und die Oberflächentemperatur ermittelt. Da die thermische Leitfähigkeit der Käfigwicklung gut ist, kommt es bei abgeschalteter Maschine schnell zu einem Temperaturausgleich zwischen den Stäben und den Kurzschlußringen, so daß vor Beginn eines neuen Anlaufs die mittlere Läuferwicklungstemperatur erfaßt wird. Mit einer Grenzwertüberwachung am Ausgang des Strahlungspyrometers ist es einerseits möglich, den Antrieb zum frühestmöglichen Zeitpunkt für den nächsten Hochlauf freizugeben, andererseits kann aber auch die Maschine beim Erreichen einer kritischen Läuferwicklungstemperatur abgeschaltet werden.

Bei elektrischen Maschinen mit einer isolierten Läuferwicklung, also bei Asynchronmaschinen mit Schleifringläufer, Synchronmaschinen mit elektrischer Erregung und Gleichstrommaschinen, kann – da keine geschlossene umlaufende metallische Fläche zur Wärmeabstrahlung zur Verfügung steht – das Strahlungspyrometer nicht eingesetzt werden. Hier muß, wie beim thermischen Schutz der Ständerwicklung, auf in die Wicklung eingebrachte Meßfühler zurückgegriffen werden. Bei der Temperaturmessung der Läuferwicklung tritt als zusätzliche Schwierigkeit die Übertragung der für die Stromversorgung der Fühler benötigten elektrischen Energie in den rotierenden Läufer und der Rücktransport des Meßsignals zum feststehenden Meß- und Überwachungsgerät auf. Hier sind eine Reihe von Lösungen entwickelt worden, die vom Schleifringübertrager über Transformatoren, deren eine Teilwicklung mit dem Läufer rotiert, bis zum am Läufer angebrachten batteriegespeisten Sender reichen.

Thermischer Motorschutz durch Rechenschaltungen

Die thermischen Vorgänge in elektrischen Maschinen können über Rechenschaltungen, denen Eingangsgrößen wie z.B. Strom, Spannung, Drehzahl, Umgebungstemperatur und evtl. auch Rückführgrößen, wie die Gehäusetemperatur oder die Abluft-temperatur, zugeführt werden, nachvollzogen werden.

Die Annäherung der Rechnerergebnisse an die interessierenden Daten Ständerwicklungstemperatur und Läuferwicklungstemperatur wird dabei um so besser, je mehr Betriebsparameter gemessen werden können und je genauer die Maschinenparameter bekannt sind. Einrichtungen dieser Art sind unter den Namen Elektronisches Motorschutzrelais [8] oder Thermisches Maschinenmodell bekannt geworden.

2.3.9 Lagerschadenfrüherkennung

Die weitaus meisten Ausfälle elektrischer Maschinen sind auf Lagerschäden zurückzuführen. Messung bzw. Überwachung der Lagertemperaur zeigt Lagerschäden erst in einem recht späten Stadium an. Für einen gesicherten Betrieb elektrischer Maschinen ist eine Lagerschadenfrüherkennung wünschenswert, mit der sich erste Anzeichen der Werkstoffermüdung feststellen lassen, so daß für die Auswechslung der geschädigten Lager noch ein hinreichend großer Zeitraum zur Verfügung steht.

Im letzten Jahrzehnt sind eine Reihe von Meßverfahren entwickelt worden [9–11], die von folgendem Prinzip ausgehen. Wird in einem Wälzlager eine Schadenstelle an einem Wälzkörper oder an den Laufbahnen überrollt, so tritt ein mechanischer Stoß auf. Dieser ruft Schwingungen hervor, die aufgrund der Eigendämpfung des Systems wieder abklingen. Diese mechanischen Schwingungen werden mittels eines Schwingungsaufnehmers in elektrische Signale überführt. Ein Bandpaßfilter läßt nur den Frequenzbereich durch, der für Lagerschäden charakteristisch ist. Aus den gefilterten Signalen wird dann, in der Durchführung unterscheiden sich die Verfahren, eine Aussage über den Betriebszustand der Lager abgeleitet. Eine regelmäßige oder auch ständige Kontrolle der Lager auf ihr Alterungsverhalten hin kann plötzliche Lagerausfälle vermeiden helfen.

2.3.10 Elektrische Maschinen für explosionsgefährdete Bereiche

Elektrische Betriebsmittel – dazu gehören auch elektrische Maschinen und Antriebe – für explosionsgefährdete Bereiche müssen besonderen Sicherheitsanforderungen genügen, deren Ziel es ist, Explosionsunglücke zu vermeiden. Die zu beachtenden VDE-Bestimmungen sind VDE 0118/2.70 "Bestimmungen für das Errichten elektrischer Anlagen in bergbaulichen Betrieben unter Tage", DIN 57 165/VDE 0165/9.83 "Errichten elektrischer Anlagen in explosionsgefährdeten Bereichen" und DIN EN 50014/VDE 0170/0171 Teil 1 bis 5 "Elektrische Betriebsmittel für explosionsgefährdete Bereiche".

Explosionsgefährdet sind Bereiche, in denen aufgrund der örtlichen und betrieblichen Verhältnisse sich eine explosionsfähige Atmosphäre in gefahrdrohender Menge ausbilden kann. Unter einer explosionsfähigen Atmosphäre ist dabei ein Gemisch aus brennbaren Gasen, Dämpfen, Nebeln oder Stäuben mit Luft unter atmosphärischen Bedingungen zu verstehen, in dem eine Verbrennungsreaktion nach erfolgter Zündung zur Explosion führt. Eine solche explosionsfähige Atmosphäre kann sich in einer Vielzahl von Betrieben bilden, z.B. im Untertagebergbau, in der chemischen Industrie, in Lackierereien oder in Mühlen, um nur einige zu nennen.

Um die Zündung einer explosionsfähigen Atmosphäre zu vermeiden, darf innerhalb des explosionsgefährdeten Bereiches keine Oberflächentemperatur höher sein als die Zündtemperatur der explosionsfähigen Atmosphäre. Die brennbaren Gase und Dämpfe sind nach ihren Zündtemperaturen und die elektrischen Betriebsmittel nach ihren Oberflächentemperaturen in Temperaturklassen eingeteilt (Tabelle 9).

Tabelle 9. Temperaturklassen elektrischer Betriebsmittel bei Einsatz in explosionsgefährdeten Bereichen

Temperaturklasse	Höchstzulässige Oberflächentemperatur der elektrischen Betriebsmittel in °C	Zündtemperatur der brennbaren Stoffe in °C
T 1	450	> 450
T 2	300	> 300
T 3	200	> 200
T 4	135	> 135
T 5	100	> 100
T 6	85	> 85

Elektrische Betriebsmittel können betriebsmäßig oder im Störungsfal Lichtbögen bilden; Beispiele für das erstere sind Schaltvorgänge von Motorstartern oder Schützen bzw. Funkenbildung an Kommutatoren oder Schleifringen, Beispiele für das zweite Windungsschlüsse oder Erdschlüsse in elektrischen Maschinen. Auch diese Lichtbögen können eine Explosion einleiten. Betriebsmittel, bei denen betriebsmäßig Lichtbögen auftreten, dürfen daher in explosionsgefährdeten Bereichen nicht offen betrieben werden. Sie sind druckfest zu kapseln, d.h., eine Explosion innerhalb des das Betriebsmittel umgebenden Gehäuses darf nicht nach außen durchschlagen. Da die Fähigkeit der brennbaren Stoffe, mit einem zündfähigen Funken einen Dichtungsspalt zwischen Gehäuseinnerem und der Umgebung zu durchschlagen, unterschiedlich ist, werden die brennbaren Gase und Dämpfe – geordnet nach steigender Zünddurchschlagsfähigkeit – in die Explosionsgruppen A bis C unterteilt.

Je nach der Wahrscheinlichkeit des Auftretens einer gefährlichen explosionsfähigen Atmosphäre werden explosionsgefährdete Bereiche in Zonen eingeteilt. Für brennbare Gase, Dämpfe und Nebel z.B. gilt:

Zone 0 – Explosionsfähige Atmosphäre ist ständig oder langzeitig vorhanden,
Zone 1 – Explosionsfähige Atmosphäre tritt gelegentlich auf,
Zone 2 – Explosionsfähige Atmosphäre ist nur selten und dann nur kurzzeitig vorhanden.

Elektrische Antriebe dürfen in den Zonen 1 und 2 errichtet werden; sind sie entsprechend den Vorschriften für Zone 1 ausgelegt, so dürfen sie auch in Zone 2 eingesetzt werden. Für den Betrieb in Zone 1 zugelassene elektrische Betriebsmittel müssen nach einer der nachstehenden Zündschutzarten ausgeführt sein:

Überdruckkapselung	"p" oder Fremdbelüftung "f"
Druckfeste Kapselung	"d"
Sandkapselung	"q"
Erhöhte Sicherheit	"e"
Eigensicherheit	"i"
Ölkapselung	"o"
Sonderschutz	"s"

Für elektrische Maschinen kommen die Zündschutzarten "p", "f", "d" oder "e" in Frage. Unabhängig von der Zündschutzart sind die elektrischen Maschinen gegen unzulässige Erwärmung infolge Überlastung zu schützen, wobei als Schutzeinrichtung (siehe auch Abschnitt 2.3.7) in Betracht kommen:

- Überstromschutzeinrichtungen mit stromabhängig verzögerter Auslösung,
- Einrichtungen zur direkten Temperaturüberwachung mit Hilfe von Temperaturfühlern und
- andere Einrichtungen, die in gleichartiger Weise den Schutz gegen unzulässige Erwärmung bewirken.

Weiterhin ist durch konstruktive Maßnahmen dafür Sorge zu tragen, daß umlaufende Teile nicht an stillstehenden Maschinenteilen anschlagen oder schleifen können, da das Funkenbildung oder örtliche Aufheizung verursachen könnte. Außenlüfter aus Kunststoff müssen eine gewisse elektrische Leitfähigkeit haben, um elektrostatische Aufladungen und anschließende Entladungsfunken zu vermeiden.

Werden elektrische Maschinen in der Schutzart Überdruckkapselung "p" ausgeführt, so wird in ihrem Inneren ein nicht explosionsfähiges Zündschutzgas, z.B. Luft, unter einem Überdruck gegenüber der umgebenden Atmosphäre gehalten. Dadurch wird das Eindringen eines explosionsfähigen Gases verhindert. Bei der Zündschutzart Fremdbelüftung "f" wird der gleiche Effekt erzielt, wenn die Kühlluft außerhalb des explosionsgefährdeten Bereiches angesaugt und so durch die Maschine gedrückt wird, daß im gesamten Innenraum ein Überdruck gegenüber der umgebenden Atmosphäre sichergestellt ist.

Bei der Zündschutzart druckfeste Kapselung "d" werden die Maschinenteile, die eine explosionsfähige Atmosphäre zünden können, in ein druckfestes Gehäuse eingeschlossen, das im Falle einer Explosion im Inneren deren Druck aushält und eine Zündung der das Gehäuse umgebenden explosionsfähigen Atmosphäre verhindert. Dazu ist es erforderlich, daß die von der Oberfläche an der Verbindungsstelle zweier Gehäusetele ausgehenden Spalte zünddurchschlagsicher ausgeführt werden. Bei umlaufenden elektrischen Maschinen sind die Spalte zwischen der Welle und den Lagerschilden die besonders kritischen [12]. Die für die einzelnen Explosionsgruppen mindestens erforderlichen Spaltlängen und höchstens zulässigen Spaltweiten sind in der VDE-Bestimmung DIN EN 50018/VDE 0170/0171 Teil 5/5.78 genannt.

Bei Betriebsmitteln der Zündschutzart erhöhte Sicherheit "e" sind Maßnahmen zu treffen, um mit einem erhöhten Grad an Sicherheit unzulässig hohe Temperaturen und das Entstehen von Funken oder Lichtbögen im Inneren oder an äußeren Teilen zu verhindern. Um dieser Forderung zu genügen, dürfen sich die Maschinenteile nicht über bestimmte Grenztemperaturen hinaus erwärmen. So darf kein Maschinenteil zu irgendeiner Zeit die für die einzelnen Temperaturklassen in Tabelle 9 festgehaltene Oberflächentemperatur überschreiten. Die Erwärmung isolierter Wicklungen darf die in der VDE-Bestimmung DIN EN 50019/VDE 0170/0171 Teil 6/5.78 für die einzelnen Isolierstoffklassen angegebenen Grenzübertemperaturen und Grenztemperaturen nicht überschreiten. Gegenüber den nach VDE 0530 zulässigen Temperaturen (Bild 41 und Tabelle 8) sind hier die Grenzübertemperaturen bei Isolierstoffklasse B um 20 K und bei den Isolierstoffklassen F und H um jeweils 25 K abgesenkt worden (Tabelle 10); hierdurch wird die Lebensdauer der Wicklungen, wie in Abschnitt 2.3.7

Tabelle 10. Grenztemperaturen und Grenzübertemperaturen für isolierte Wicklungen in elektrischen Maschinen der Zündschutzart erhöhte Sicherheit „e"

Isolierstoffklasse	Isolierte Wicklungen					
	einlagige			alle anderen		
	B	F	H	B	F	H
Grenztemperatur °C bei Nennbetrieb	120	130	155	110	130	155
Grenzübertemperatur K bei Nennbetrieb[a]	80	90	155	70	90	115
Grenztemperatur °C am Ende der Zeit t_E	185	210	235	185	210	235
Grenzübertemperatur K am Ende der Zeit t_E[a]	145	170	195	145	170	195

[a] bezogen auf 40 °C Umgebungstemperatur

beschrieben, entsprechend erhöht und die Gefahr von Lichtbogenbildung infolge eines Versagens der Isolierung vermindert. Die mit Rücksicht auf die Zündtemperatur der brennbaren Stoffe festgelegten höchstzulässigen Oberflächentemperaturen dürfen unter keinen Umständen überschritten werden; der kritischste zu beherrschende Fall ist der, daß eine betriebswarme Asynchronmaschine mit Käfigläufer aus dem Nennbetrieb heraus abgeschaltet und dann, ehe sich die Wicklung abkühlt, sofort wieder mit mechanisch blockiertem Läufer eingeschaltet wird (Bild 48). Die Zeit, die das temperaturkritische Teil der Maschine vom Wiedereinschaltaugenblick an benötigt, um aus seiner Nennbetriebstemperatur ϑ_N heraus die zulässige Temperatur ϑ_{max} zu erreichen, wird als Zeit t_E bezeichnet. Die zulässige Temperatur ϑ_{max} am Ende der Zeit t_E ist die höchstzulässige Oberflächentemperatur nach Tabelle 9 oder, falls darunter liegend, die zulässige Grenztemperatur für isolierte Wicklungen am Ende der Zeit t_E (siehe Tabelle 10) oder auch die mit Rücksicht auf die mechanische Festigkeit zulässige Temperatur der Käfigwicklung. Die Zeit t_E muß so lang sein, daß die Überstromschutzeinrichtung die Maschine innerhalb dieser Zeit abschalten kann, um damit einen Anstieg der Temperatur des temperaturkritischen Teiles über ϑ_{max} hinaus unmöglich zu machen.

In Tabelle 11 sind die für elektrische Maschinen zulässigen Zündschutzarten zusammengestellt. Die Käfigläufermaschine kann für alle besprochenen Zündschutz-

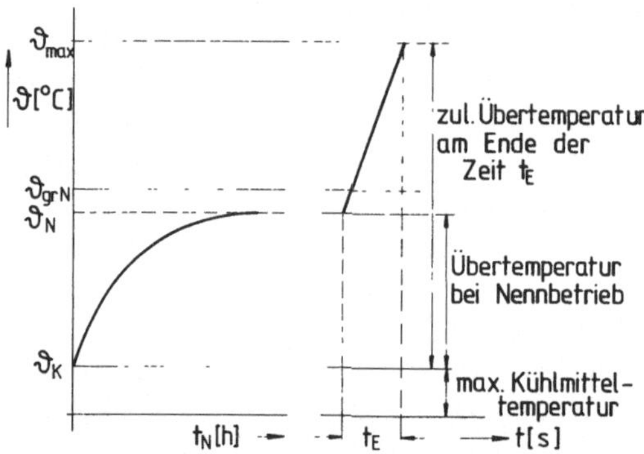

Bild 48. Zur Erläuerung der Zeit t_E. ϑ_{max} zulässige Grenztemperatur am Ende der Zeit t_E, ϑ_{grN} Grenztemperatur für Nennbetrieb, ϑ_N Nennbetriebstemperatur, ϑ_K Kühlmitteltemperatur, t_E Erwärmungszeit (Größenordnung s) bei festgebremsten Läufer, t_N Zeit (Größenordnung h) für Erwärmungsanstieg bei Nennlast

Tabelle 11. Für elektrische Maschinen zulässige Zündschutzarten bei unterschiedlicher Maschinenausführung

Läuferausführung	Zündschutzart		
	Überdruckkapselung „p", Fremdbelüftung „f"	Druckfeste Kapselung „d"	Erhöhte Sicherheit „e"
Käfigläufer	zulässig	zulässig	zulässig
Schleifringläufer	zulässig	zulässig	nur zulässig, wenn Schleifringe und Bürsten druckfest gekapselt sind
Läufer mit Kommutator	zulässig	zulässig, jedoch nur bei kleinen Leistungen ausgeführt	nicht zulässig

arten, also für "p", "f", "d" und "e" eingesetzt werden. Schleifringläufer dürfen nicht ohne weiteres in "e" eingesetzt werden; nur wenn Schleifringe und Bürstenapparat druckfest gekapselt sind, kann die übrige Maschine nach "e" ausgeführt werden. Gleichstrommaschinen nach "e" sind nicht möglich, sie müssen nach "p", "f" oder "d" ausgeführt werden, wobei druckfest gekapselte Gleichstrommaschinen nur selten und dann nur für kleine Leistungen gefertigt werden.

Elektrische Betriebsmittel für den Einsatz in explosionsgefährdeten Bereichen müssen an sichtbarer Stelle besonders gekennzeichnet sein. Dieses Kennzeichen muß neben herstellerspezifischen Angaben folgendes enthalten:

- Das Symbol E Ex als Zeichen, daß das Betriebsmittel einer oder mehreren von CENELEC (Europäisches Komitee für elektrotechnische Normung) genormten Zündschutzarten entspricht,
- das Kurzzeichen jeder verwendeten Zündschutzart,
- das Symbol für die Gruppe des Betriebsmittels: I steht für Betriebsmittel in schlagwettergefährdeten Grubenbauen, II für alle übrigen explosionsgefährdeten Bereiche. Bei der Zündschutzart "d" (druckfeste Kapselung) ist bei Gruppe II noch die Explosionsgruppe, also A, B oder C hinzuzufügen.
- Für Betriebsmittel der Gruppe II ist die Temperaturklasse anzugeben.

Als Beispiel diene eine elektrische Maschine, die in der gelegentlich wasserstoffhaltigen Atmosphäre einer chemischen Fabrik arbeiten soll. Aus dem Anhang B von DIN 57165/VDE 0165/9.83 ist zu entnehmen, daß Wasserstoff eine Zündtemperatur von 560 °C hat, damit zur Temperaturklasse T1 gehört und der Explosionsgruppe IIC zuzuordnen ist. Wird die Maschine druckfest gekapselt ausgeführt, so ist sie mit

E Ex d II C T1

zu bezeichnen.

Tabelle 12, die einen Vergleich der Nennleistungen, Kosten und spezifischen Kosten zwischen 4-poligen oberflächengekühlten Maschinen der Baugröße 315 M in normaler Ausführung und in den Zündschutzarten "e" und "d" gibt, zeigt, daß, obgleich bei "d" für die Temperaturklassen T1 bis T4 die Nennleistung der normalen

Tabelle 12. Vergleich der Nennleistungen P_N, der Kosten K und der spezifischen Kosten k bei vierpoligen Asynchronmaschinen der Baugröße 315 M zwischen Normalausführung und Ausführung in den Zündschutzarten „e" und „d". (Die Werte für K wurden der SIEMENS-Preisliste M1 1983/84 entnommen)

Temperaturklasse	Normalausführung (IP 44)			E Ex e II (IP 44)			E Ex d II C (IP 54)		
	P_N kW	K DM	k DM/kW	P_N kW	K DM	k DM/kW	P_N kw	K DM	k DM/kW
T 1, T 2	132	32.200	244	120	34.800	290	132	50.200	380
T 3				100	34.800	348			
T 4				– [a]	–	–			
T 5				– [a]	–	–	– [a]	–	–
T 6				– [a]	–	–	– [a]	–	–

[a] Diese Maschinen werden listenmäßig nicht angeboten.

Maschine abgegeben werden kann, der für die druckfeste Kapselung erforderliche Mehraufwand zu den höchsten spezifischen Kosten führt. Bei Zündschutzart "e" ist der Mehraufwand gegenüber der normalen Maschine geringer, die erforderlichen Leistungsabschläge treiben jedoch auch hier die spezifischen Kosten in die Höhe. Maschinen der Temperaturklasse T4 werden in "e" nicht angeboten, hier muß die E Ex d II C-Maschine verwendet werden.

2.3.11 Geräusche

Das Thema "Geräuschbelastung und -belästigung" und im Zusammenhang damit auch die Themen "Geräuschentstehung" und "Geräuschminderung" bekommen einerseits durch die Ausbreitung der elektrischen Antriebstechnik auch in die Wohnbereiche hinein und das durch zunehmende Umweltbewußtsein andererseits eine wachsende Bedeutung. Der sich mit der elektrischen Antriebstechnik befassende Ingenieur muß deshalb auch über Grundlagen der Geräuschentstehung, der Geräuschausbreitung und der Geräuschmessung informiert sein, um sich im gegebenen Fall der geeigneten Mittel zur Geräuschminderung bedienen zu können.

Schall, Schalldruck, Schalldruckpegel

Der Oberbegriff für das, was Sinnesempfindungen im menschlichen Gehör verursacht, ist der Schall. Allgemein ausgedrückt wird unter Schall die Druckschwankung in einem elastischen Medium, z.B. der Luft, verstanden; d.h. einem konstanten Druck, z.B. dem mittleren Luftdruck, ist ein Schallwechseldruck überlagert. Setzt sich der Wechseldruck aus einer sinusförmigen Grundschwingung und zugehörigen Oberschwingungen zusammen, so nimmt der Mensch einen Ton wahr. Mehrere harmonisch überlagerte Töne ergeben einen Klang; ein Tongemisch aus unregelmäßig über das Frequenzspektrum verteilten Tönen dagegen wird als Geräusch bezeichnet.

Beim Luftschall wird der Effektivwert des Wechseldruckes, der sich unter atmosphärischen Bedingungen einem Gleichdruck von etwa $10^5\,\mathrm{N/m^2} = 10^5$ Pascal (Pa) überlagert, als Schalldruck p bezeichnet. Das menschliche Gehör kann Schallereignisse in einem sehr großen Druckbereich aufnehmen und auswerten; die untere Wahrnehmungsgrenze liegt für einen 1000-Hz-Ton bei etwa 20 µPa und die Schmerzgrenze bei etwa 20 Pa. Da dem menschlichen Schallempfinden ein logarithmischer Druckmaßstab besser angepaßt ist als ein linearer, wurde als Bewertungsmaßstab der Schalldruckpegel L_p (in dB) gewählt, der als

$$L_\mathrm{p} = 20 \lg \frac{p}{p_0}\ \mathrm{dB} = 10 \lg \frac{p^2}{p_0^2}\ \mathrm{dB} \tag{36}$$

definiert ist. p ist der aktuelle Schalldruck und $p_0 = 20\ \mu\mathrm{Pa}$ der Bezugsschalldruck, der der unteren Wahrnehmungsgrenze des Menschen für einen 1000-Hz-Ton entspricht.

Bei Geräuschmessungen ist dem beschränkten Frequenzbereich, in dem der Mensch Geräusche wahrnehmen kann, Rechnung zu tragen; die untere Grenze, bei der eine Schwingung als Ton wahrgenommen wird, liegt bei etwa 16 Hz, die obere Grenzfrequenz, 20 kHz. Auch bezüglich des Frequenzbereiches entspricht dem menschlichen Empfinden eine logarithmische Skalierung besser als eine lineare. Deshalb wird in Schalldruckspektren der Schallpegel L_p eines Geräusches über einer logarithmischen Frequenzteilung aufgetragen.

Der von elektrischen Antrieben verursachte Schalldruck setzt sich in der Regel aus einer Vielzahl von Einzeltönen in dem oben genannten Frequenzbereich zusammen, er verursacht also ein Geräusch. Das menschliche Gehör bewertet Töne gleichen Schalldruckes in Abhängigkeit von der Schalldruckfrequenz unterschiedlich. Die subjektiv lauteste Wirkung haben Töne gleichen Schalldruckes im Frequenzbereich zwischen 1000 Hz und 5000 Hz; sowohl zu den tieferen als auch zu den höheren Frequenzen hin ist das menschliche Gehör weniger empfindlich. Um eine dem subjektiven Empfinden angepaßte Bewertung der im Geräusch enthaltenen Töne durchführen zu können, wird der hörbare Frequenzbereich in Klassen eingeteilt. Dem gewünschten logarithmischen Maßstab entsprechend wird der auszuwertende Frequenzbereich dazu in Oktaven oder Terzen aufgeteilt.

Schallspektren, Schallbewertung

Geräuschmessungen an Maschinen sind nach der Norm DIN 45 635 Teil 1 vom April 1984 durchzuführen. Der Frequenzbereich wird in 9 Oktaven mit Oktavbandmittelfrequenzen zwischen 63 Hz und 16000 Hz, bzw. in 27 Terzen mit Terzbandmittelfrequenzen zwischen 50 Hz und 20000 Hz unterteilt. Dazu bemerkt die Norm, daß gewöhnlich der interessierende Frequenzbereich die Oktavbänder mit den Mittenfrequenzen zwischen 125 Hz und 8000 Hz oder die Terzbänder mit den Mittenfrequenzen zwischen 100 Hz und 10000 Hz umfaßt.

Im Bild 49 sind Bewertungskurven über der logarithmisch skalierten Frequenz aufgetragen; angegeben sind jeweils die Oktavbandmittenfrequenzen. Wie sind diese Bewertungskurven entstanden? Einer Reihe von Testpersonen wurde z.B. ein Ton mit einer Frequenz von 1000 Hz und einem Schalldruckpegel von 60 dB vorgeführt. Anschließend sollte ein Ton anderer Frequenz, z.B. 125 Hz, so eingestellt werden, daß er gleich laut empfunden wurde wie der 1000-Hz-Ton mit 60 dB. Im Mittel stellten die Versuchspersonen den Schalldruckpegel bei dem 125-Hz-Ton auf 64 dB ein. Für die Oktavband-Mittenfrequenz 125 Hz würde sich somit eine Bewertung $C = 60$ dB-64 dB $= -4$ dB ergeben. Nach demselben Schema ließen sich die Bewertungen für die anderen Oktavbandmittenfrequenzen ermitteln. Verbindet man die Punkte durch eine Kurve, so ergibt sich die gehörrichtige Bewertung für einen Schalldruckpegel von 60 dB. Wird der gleiche Versuch für andere Schalldruckpegel, z.B. 20 dB und 100 dB durchgeführt, so ergeben sich andere Bewertungskurven. Noch

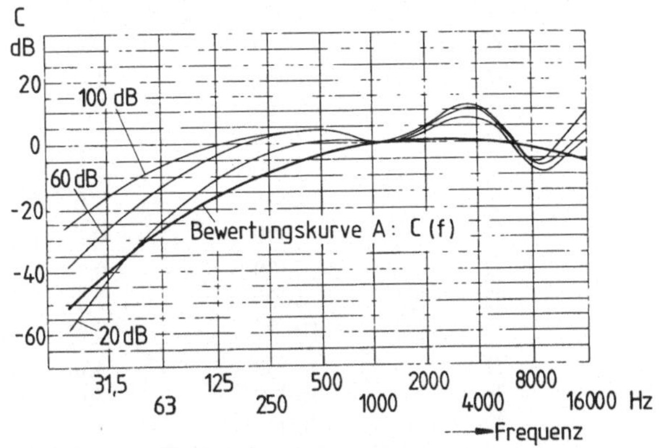

Bild 49. Zur Bewertung des Schalldruckpegels nach der A-Kurve

andere Bewertungskurven ergeben sich, wenn anstelle eines Tones mit der Oktavbandmittenfrequenz ein Rauschen mit der Breite eines Oktavbandes oder eines Terzbandes zum Vergleich herangezogen wird. Zwischen der physikalischen Größe Schalldruckpegel und der subjektiven Größe Lautstärke besteht somit kein einfacher Zusammenhang. Um aber dennoch vergleichbar messen zu können, hat man sich international auf die in Bild 49 stark ausgezogene Bewertungskurve A geeinigt, deren Werte auch der Norm DIN 45 635 zugrunde liegen. In Tabelle 13 sind die Bewertungen C_j und C_i in dB für die Oktavband- bzw. Terzband-Mittenfrequenzen angegeben, wobei j und i die Ordnungszahlen der Oktaven bzw. Terzen sind.

Den A-bewerteten Schalldruckpegel L_{pA} in dB(A) eines Einzeltones mit der Frequenz f erhält man durch Addition des nach Gl.(36) definierten Schalldruckpegels L_p und der aus Bewertungskurve A (Bild 49) für die Frequenz f zu entnehmenden

Tabelle 13. Einteilung des Frequenzbereiches in Oktaven bzw. Terzen und Bewertung nach der A-Kurve

Ordnungszahl der Oktave j	Oktavbandmittenfrequenz Hz	Bewertung C_j dB	Ordnungszahl der Terz i	Terzbandmittenfrequenz Hz	Bewertung C_i dB
			1	50	−30,2
1	63	−26,2	2	63	−26,2
			3	80	−22,5
			4	100	−19,1
2	125	−16,1	5	125	−16,1
			6	160	−13,4
			7	200	−10,9
3	250	−8,6	8	250	− 8,6
			9	315	− 6,6
			10	400	− 4,8
4	500	−3,2	11	500	− 3,2
			12	630	− 1,9
			13	800	− 0,8
5	1000	0	14	1000	0
			15	1250	0,6
			16	1600	1,0
6	2000	1,2	17	2000	1,2
			18	2500	1,3
			19	3150	1,2
7	4000	1,0	20	4000	1,0
			21	5000	0,5
			22	6300	− 0,1
8	8000	−1,1	23	8000	− 1,1
			24	10000	− 2,5
			25	12500	− 4,3
9	16000	−6,6	26	16000	− 6,6
			27	20000	− 9,3

Bewertung C zu

$$L_{pA} = L_p + C.$$

Bei Geräuschmessungen wird der Schalldruckpegel unter Zuhilfenahme geeigneter Filter für die einzelnen Terzen oder Oktaven ermittelt. Ein schmalbandig gemessenes sogenanntes Einzeltonspektrum (Bild 50a) wird damit in ein Terzspektrum (Bild 50b) oder ein Oktavspektrum (Bild 50c) überführt. Bild 50 zeigt, daß ein Schalldruckpegelspektrum um so weniger über herausragende Einzeltöne aussagt, je breitbandiger gemessen wird.

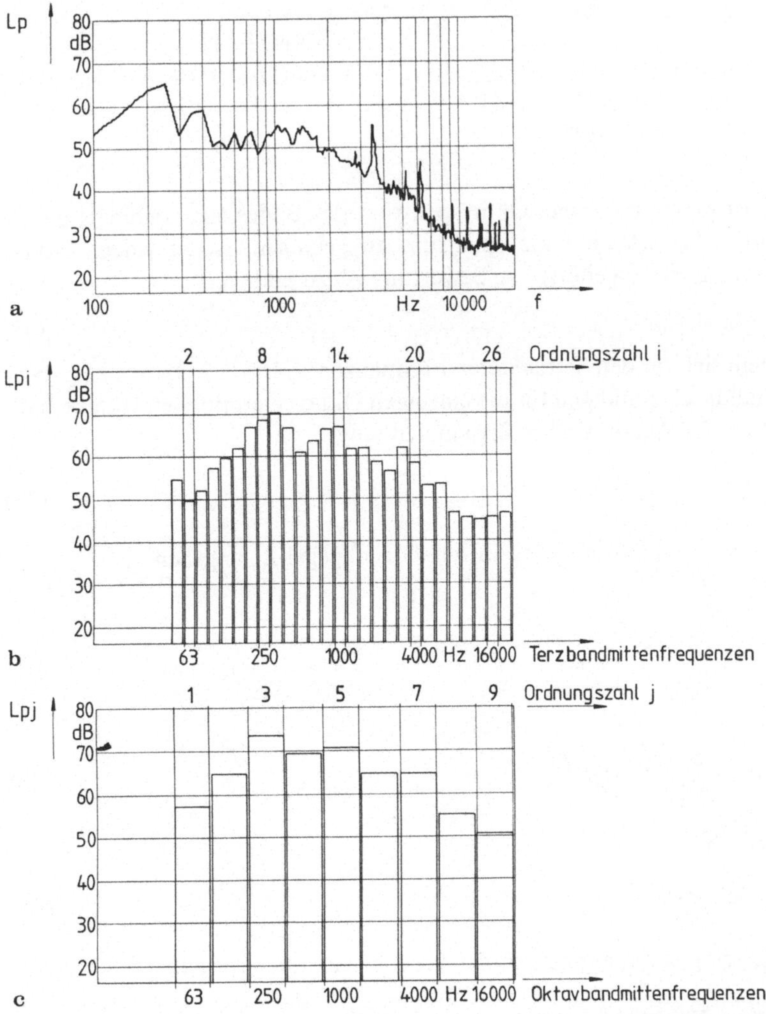

Bild 50. Unbewertete Schalldruckpegelmessungen an einer elektrischen Maschine. Die drei Teilmessungen Einzeltonspektrum (**a**), Terzspektrum (**b**) und Oktavspektrum (**c**) beschreiben ein und dasselbe Schallereignis; der Gesamtschalldruckpegel beträgt $L_p = 78$ dB. **a** Einzeltonspektrum für Töne im Frequenzbereich 100 Hz $\leq f \leq$ 20 000 Hz, Frequenzauflösung 400 Werte, Dämpfung des Filters -3 dB/Hz; **b** Terzspektrum für Terzbandmittenfrequenzen von 50 Hz bis 20 000 Hz; **c** Oktavspektrum für Oktavbandmittenfrequenzen von 63 Hz bis 16 000 Hz

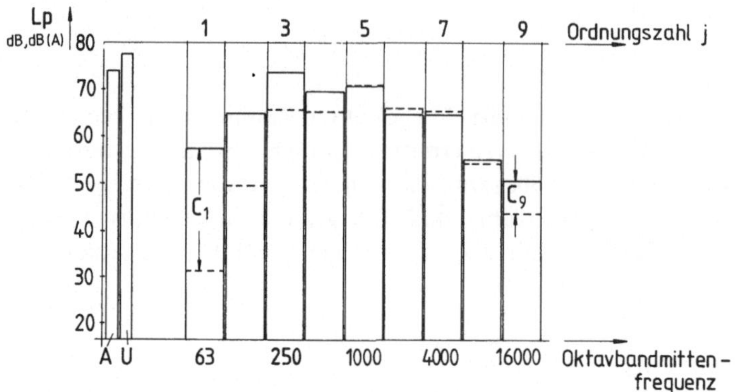

Bild 51. Schalldruckpegelmessungen an einer elektrischen Maschine. *U* Gesamtschalldruckpegel unbewertet, *A* Gesamtschalldruckpegel A-bewertet. ——— Oktavspektrum unbewertet, ------ Oktavspektrum A-bewertet

Im Bild 51 ist das unbewertete Oktavspektrum des Bildes 50c nochmals dargestellt. Um zum A-bewerteten Oktavspektrum zu gelangen, ist zu jedem Oktav-Schalldruckpegel L_{pj} die zugehörige A-Bewertung C_{j} zu addieren

$$L_{\mathrm{pAj}} = L_{\mathrm{pj}} + C_{\mathrm{j}}. \tag{37}$$

Zwischen dem sich für den betrachteten Frequenzbereich von 9 Oktaven ergebenden Gesamtschalldruck p und den für die einzelnen Oktaven ermittelten Oktavschalldrücken p_{j} besteht ein quadratischer Zusammenhang:

$$p^2 = \sum_{j=1}^{9} p_{\mathrm{j}}^2. \tag{38}$$

Damit läßt sich nach Gl.(36) der Gesamtschalldruckpegel L_{p} angeben als

$$L_{\mathrm{p}} = 10 \lg \frac{p^2}{p_0^2}\ \mathrm{dB} = 10 \lg \frac{\sum_{j=1}^{9} p_{\mathrm{j}}^2}{p_0^2}\ \mathrm{dB}, \tag{39}$$

wobei

$$L_{\mathrm{pj}} = 10 \lg \frac{p_{\mathrm{j}}^2}{p_0^2}\ \mathrm{dB} = \lg\left(\frac{p_{\mathrm{j}}^2}{p_0^2}\right)^{10} \mathrm{dB} \tag{40}$$

ist. Aus Gl.(40) folgt

$$\frac{p_{\mathrm{j}}^2}{p_0^2} = 10^{0{,}1\, L_{\mathrm{pj}}}. \tag{41}$$

Wird (41) in (39) eingesetzt, ergibt sich der Gesamtschalldruckpegel zu

$$L_{\mathrm{p}} = 10 \lg \sum_{j=1}^{9} 10^{0{,}1\, L_{\mathrm{pj}}}\ \mathrm{dB}. \tag{42}$$

Für den A-bewerteten Gesamtschalldruckpegel folgt mit Gl.(37)

$$L_{\mathrm{pA}} = 10 \lg \sum_{j=1}^{9} 10^{0{,}1\, L_{\mathrm{pAj}}} \mathrm{dB} = 10 \lg \sum_{j=1}^{9} 10^{0{,}1 (L_{\mathrm{pj}} + C_{\mathrm{j}})}\ \mathrm{dB}. \tag{43}$$

Bei dem in Gl.(43) vorliegenden Ergebnis wurde vom Oktavspektrum des Schalldruckpegels ausgegangen. Liegt ein Terzspektrum vor, so ist entsprechend über die Anzahl der Terzen, also von $i=1$ bis $i=27$ zu summieren.

Die A-Bewertung des Schalldruckpegels ist international genormt und liegt praktisch allen Geräuschbeurteilungen zugrunde. Da aber Geräusche mit gleichem Schalldruckpegel L_{pA} trotz der Bewertung bei unterschiedlicher spektraler Verteilung nicht als gleich laut oder gleich lästig empfunden werden, gehört zur näheren Beschreibung eines Geräuschereignisses neben dem Schalldruckpegel noch ein Schalldruckpegelspektrum.

Bezugsquader, Meßfläche, Meßpfade, Meßpunkte

Die bisher beschriebenen Zusammenhänge der Geräuschbeurteilung gelten ganz allgemein. Soll nun das von einer Maschine abgestrahlte Geräusch vergleichbar gemessen werden, so müssen die Meßpunkte verbindlich festgelegt sein.

Nach DIN 45635 Teil 10/5.74 "Geräuschmessung an Maschinen, Luftschallmessung, Hüllflächenverfahren, Rotierende elektrische Maschinen" ist als Meßfläche eine einfache geometrische Form, vorzugsweise ein Quader, zu wählen. Der Quader ist so anzuordnen und so zu bemessen, daß seine Oberfläche einen festen Abstand d von den wesentlichen Oberflächenteilen der Maschine besitzt (Bild 52). Die Meßfläche endet

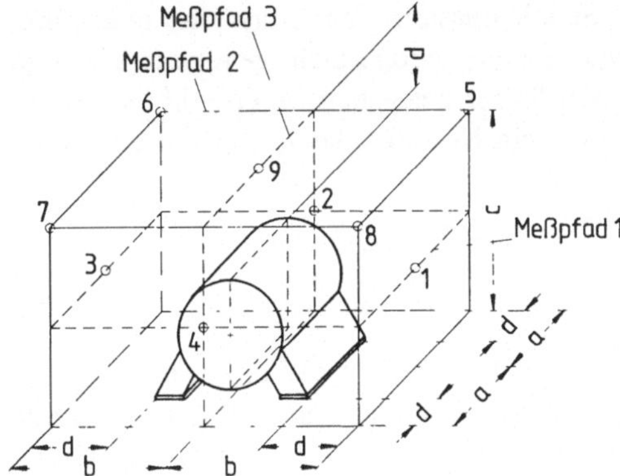

Bild 52. Bezugsquader, Meßfläche, Meßpfade und Meßpunkte zur Ermittlung des Meßflächen-Schalldruckpegels $\bar{L}_p$ und des Schalleistungspegels L_W

an der schallreflektierenden Aufstellungsfläche, also z.B. am Fußboden, auf dem die Maschine aufgestellt, oder an der Wand, an der sie befestigt ist. Bild 52 zeigt als Beispiel die Meßpunkte einer auf dem Boden aufgestellten Maschine mit horizontaler Welle. Der Meßabstand soll im allgemeinen $d=1$ m betragen, ein abweichender Meßabstand ist im Meßbericht anzugeben. Bei großflächigen Schallquellen kann das Schallfeld im Abstand von $d=1$ m noch sehr starke örtliche Schwankungen zeigen. In einem solchen Fall ist die Anzahl der Meßpunkte zu erhöhen, wobei die Meßpunkte gleichmäßig auf den Meßpfaden verteilt liegen sollen. Die Anzahl der Meßpunke ist ausreichend, wenn der Unterschied zwischen dem größten und dem kleinsten Meßwert in dB(A) kleiner als die Anzahl der Meßpunkte ist.

Meßflächenschalldruckpegel

Aus den Schalldruckpegel-Messungen an den n Meßpunkten (im Beispiel des Bildes 52 ist $n=9$) ist eine maschinenspezifische Meßgröße zu bilden, die dem Effektivwert des Schalldruckes an der Meßfläche entspricht. Für den so definierten Meßflächenschalldruck $\bar{p}$ gilt die Beziehung

$$\bar{p}^2 = \frac{1}{n} \sum_{k=1}^{n} p_k^2. \tag{44}$$

Werden die an den n Meßpunkten ermittelten Schalldruckpegel mit L_{p1} bis L_{pn} bezeichnet, so entspricht der Effektivwertbildung des Schalldruckes die folgende Mittelung der Schalldruckpegel, die den Meßflächenschalldruckpegel $\bar{L}_p$ ergibt:

$$\bar{L}_p = 10 \lg \left(\frac{1}{n} \cdot \frac{\sum_{k=1}^{n} p_k^2}{p_0^2}\right) \text{dB} = 10 \lg \left(\frac{1}{n} \sum_{k=1}^{n} 10^{0,1\, L_{pk}}\right) \text{dB}. \tag{45}$$

Für den A-bewerteten Meßflächenschalldruckpegel ergibt sich entsprechend

$$\bar{L}_{pA} = 10 \lg \left(\frac{1}{n} \sum_{k=1}^{n} 10^{0,1\, L_{pAk}}\right) \text{dB}. \tag{46}$$

Schalleistungspegel

Der vorstehend ermittelte Meßflächenschalldruckpegel ist zwar eine maschinenspezifische Größe und kann für die vergleichende Betrachtung etwa gleich großer Schallquellen herangezogen werden. Über die Schallemission einer Maschine oder eines Gerätes sagt der Meßflächenschalldruckpegel allein jedoch nicht genügend aus. Um die Auswirkung einer Schallquelle auf einen ferner gelegenen Meßpunkt (Schallimmission) berechnen zu können, benötigt man ein Maß für die von ihr ausgestrahlte Schalleistung (Schallemission).

Der Schalleistungspegel ist definiert als

$$L_W = 10 \lg \frac{P}{P_0} \text{dB}, \tag{47}$$

wobei P die abgestrahlte Schalleistung und $P_0 = 10^{-12}\,\text{W} = 1\,\text{pW}$ die Bezugsschalleistung in Luft sind. Die von der Meßfläche mit dem Meßflächeninhalt S abgestrahlte Schalleistung läßt sich auch angeben zu

$$P = \frac{\bar{p}^2}{\varrho \cdot c} \cdot S, \tag{48}$$

wobei ϱ die spezifische Masse des Mediums ist, in dem sich der Schall ausbreitet, und c die Ausbreitungsgeschwindigkeit. Das Produkt $\varrho \cdot c$ wird als Kennimpedanz des schalleitenden Mediums bezeichnet. Für die Schallausbreitung in Luft läßt sich der Schalleistungspegel auch ausdrücken als

$$L_W = \bar{L}_p + L_S + K_0. \tag{49}$$

$\bar{L}_p$ ist der Meßflächenschalldruckpegel nach Gl.(45), K_0 eine vom statischen Luftdruck p_s (in mbar) und der Lufttemperaur t (in °C) nach der Beziehung

$$K_0 = 20 \lg\left[\left(\frac{293}{273+t}\right)^{0,5} \cdot \frac{p_s}{1000}\right] \text{dB}$$

abhängige Korrekturgröße und $L_S = 10 \lg \frac{S}{S_0}$ (mit $S_0 = 1\,\text{m}^2$) das Meßflächenmaß.

Für den A-bewerteten Schalleistungspegel folgt entsprechend:

$$L_{WA} = \bar{L}_{pA} + L_S + K_0. \tag{50}$$

Geradeso, wie vorstehend der Weg vom Gesamtschalldruckpegel an den Meßpunkten über den Meßflächenschalldruckpegel zum Schalleistungspegel beschrieben wurde, läßt er sich auch von Terz- oder Oktav-Schalldruckpegeln über Terz- oder Oktav-Meßflächenschalldruckpegel zu Terz- oder Oktav-Schalleistungspegel gehen. Die Summe der Terz- oder Oktav-Schalleistungspegel läßt sich als Terz- oder Oktav-Schalleistungsspektrum darstellen. Zwischen den Oktav-Schalleistungspegeln L_{Wj} und dem Gesamt-Schalleistungspegel L_W besteht, ähnlich dem Zusammenhang zwischen Oktav-Schalldruckpegel und Gesamtschalldruckpegel nach Gl.(42), die Beziehung

$$L_W = 10 \lg \sum_{j=1}^{g} 10^{0,1 L_{Wj}} \text{ dB}. \tag{51}$$

Mit dem Schalleistungspegel und dem Terz- oder Oktav-Schalleistungsspektrum hat der Antriebstechniker die für die Beurteilung der Geräuschentwicklung eines elektrischen Antriebes erforderlichen Daten in der Hand.

Meßverfahren und Meßgeräte

Vorstehend wurde, als Einführung in die Geräuschbeurteilung elektrischer Antriebe, das meist eingesetzte Hüllflächen-Verfahren beschrieben, wobei vereinfachend Freifeldbedingungen (d.h. kein Fremdgeräusch und keine Reflektion) vorausgesetzt wurden. Bei Messungen in Räumen mit weiteren Schallquellen müssen Fremdgeräusch und Raumeinfluß berücksichtigt werden; die erforderliche Vorgehensweise ist in DIN 45635 Teil 1 und Teil 10 eingehend beschrieben. In diesen Normen sind auch die von den Geräuschmeßgeräten einzuhaltenden Bedingungen niedergelegt. Eine erhebliche Erleichterung bei Messung und Auswertung von Geräuschen brachte im letzten Jahrzehnt der Übergang von den Pegelmeßgeräten zu den Analysatoren, in denen die vorstehend beschriebenen Rechengänge und Mittelungen automatisch ablaufen; mit diesen Geräten können innerhalb eines Meßzyklus sowohl die erforderlichen Spektren als auch die Gesamtwerte ermittelt und graphisch dargestellt werden.

Neben dem Hüllflächen-Verfahren gibt es noch andere Meßmethoden, wie z. B. das Hallraum-Verfahren (DIN 45635 Teil 2). Auf diese soll jedoch hier nicht weiter eingegangen werden.

Geräusche elektrischer Maschinen

Von elektrischen Maschinen ausgehende Geräusche setzen sich hauptsächlich aus vier Komponenten zusammen,

- dem aerodynamischen Geräusch,
- dem elektromagnetisch angeregten Geräusch,
- dem Lagergeräusch und
- dem Bürstengeräusch (bei Maschinen mit Schleifringen oder Kommutator).

Bis auf das Lagergeräusch und das Bürstengeräusch gelten die folgenden Überlegungen auch für andere Antriebskomponenten wie z.B. Stromrichterschränke, Transformatoren und Drosselspulen.

Aerodynamisches Geräusch

Das aerodynamische Geräusch ist bei schnellaufenden Asynchronmaschinen mit fest auf der Welle angeordnetem Lüfterrad im allgemeinen das dominierende Geräusch. Bei einem gut ausgelegten Lüfter entspricht das aerodynamische Geräusch einem breitbandigen Rauschen ohne herausragende Einzeltöne.

Das Rauschen entsteht durch regellose Wirbelbildung bei der Ablösung des Kühlmediums, also im allgemeinen der Kühlluft, vom Lüfterrad, vom Läufer, von den Wärmeübertragungsflächen oder von im Kühlstrom liegenden Konstruktionsteilen. Die Schalleistung des aerodynamischen Geräusches ist abhängig von den Umfangsgeschwindigkeiten von Lüfterrad und Maschinenläufer, vom Volumenstrom des Kühlmediums und von der Geometrie des Lüfters, der Lüfterhauben und der Luftführung.

Elektromagnetisch angeregtes Geräusch

Elektromagnetisch angeregte Geräusche können unterschiedliche Ursachen haben. Da ist zunächst Magnetostriktion zu nennen. In Abhängigkeit von der magnetischen Flußdichte ändern die magnetischen Leiter, also z.B. die Blechpakete, ihre Ausdehnung. Die Frequenz dieser erzwungenen Schwingung entspricht der doppelten Speisefrequenz. Derartige Schwingungen treten auch bei Drosselspulen und Transformatoren auf.

Bei rotierenden elektrischen Maschinen kommen noch Kraftwirkungen mit weiteren anregenden Frequenzen hinzu, die von dem oberwellenhaltigen elektromagnetischen Luftspaltfeld zwischen Ständer und Läufer hervorgerufen werden. Diese Kräfte greifen im Grenzflächenbereich des Ständer- und Läufereisens an, im wesentlichen also an den Zahnoberflächen. Die durch sie hervorgerufenen Schwingungen treten in den Blechpaketen zunächst als Körperschall auf, der dann teils als Luftschall von den Oberflächen der Maschine abgestrahlt wird und zum Teil auch in das Maschinenfundament eingeleitet werden kann. Die Oberwellen im Luftspaltfeld werden hauptsächlich bedingt durch

- Oberwellen der Strombelagsverteilung, die sich durch die Anordnung der Wicklungen in einer endlichen Zahl von Nuten ergeben und
- Schwankungen des magnetischen Leitwertes längs des Luftspaltes, die sich durch die Nutung der Blechpakete oder durch ausgeprägte Pole und Pollücken (z.B. bei Gleichstrommaschinen) ergeben.

Die anregenden Kräfte mit durch die Auslegung des elektromagnetisch aktiven Teils vorgegebenen Frequenzen sind durch das Konstruktionsprinzip elektrischer Maschinen unvermeidbar gegeben. Es ist bei der Maschinenkonstruktion dafür Sorge zu tragen, daß die mechanischen Resonanzfrequenzen der elektrischen Maschinen nicht mit den Frequenzen der elektromagnetisch angeregten Schwingungen übereinstimmen. Bei langsam laufenden elektrischen Maschinen ist das magnetische Geräusch meist das dominierende.

Lagergeräusch

Das Lagergeräusch wird bei Kugel- und bei Zylinderrollenlagern durch den Abrollvorgang im Lager selbst hervorgerufen, wobei die Intensität von den Toleranzen des Lagersitzes und von Einbautoleranzen abhängt. Die im Lager verursachten Schwingungen können sich als Körperschall im Gehäuse der Maschine ausbreiten und werden dann von der Maschinenoberfläche als Luftschall abgestrahlt.

Das von Wälzlagern verursachte Geräusch kann bei schnellaufenden Maschinen ohne wesentliches aerodynamisches Geräusch – z.B. bei wassergekühlten oder schalldämmend gekapselten Maschinen – dominierend sein. Störende Lagergeräusche liegen meist bei Frequenzen im unteren kHz-Bereich. Das Lagergeräusch kann durch Einsatz von Gleitlagern auf unkritische Werte reduziert werden.

Bürstengeräusch

Störendes Bürstengeräusch wird gelegentlich bei Kommutatormaschinen gehört. Voraussetzung dafür ist allerdings, daß das aerodynamische Geräusch relativ niedrig ist und das im Zusammenspiel zwischen Kommutatorlamellen, Bürsten und Bürstenhalter entstehende Geräusch aus der Maschine heraus abgestrahlt werden kann. Bei geschlossenen Maschinen der Schutzarten IP 44 und höher spielt das Bürstengeräusch keine Rolle.

Geräuschminderung durch sekundäre Maßnahmen

Ist die von einer Maschine in Normalausführung abgestrahlte Schalleistung am Aufstellungsort nicht tragbar, so kann die Geräuschemission durch sekundäre Maßnahmen wie

- geräuschdämmende Kapselung,
- Einsatz von Lufteintritt- und Luftaustrittschalldämpfern und
- Einsatz von Gehäuseschalldämpfern

erheblich vermindert werden [13].

Geräuschgrenzwerte

Zur Zeit gelten noch die in VDE 0530 Teil 1/11.72 festgeschriebenen Meßflächenschalldruckpegelwerte als zulässige Geräuschgrenzwerte umlaufender elektrischer Maschinen. In der Zwischenzeit hat sich jedoch sowohl national als auch international die Erkenntnis durchgesetzt, daß es sinnvoller ist, Schalleistungspegel als zulässige Grenzwerte vorzugeben. Darüber hinaus entsprechend die Geräuschgrenzwerte nach VDE 0530 Teil 1/11.72 nicht mehr dem Stand der Technik; im letzten Jahrzehnt konnte auf die dringende Forderung von Maschinenbetreibern hin von den Maschinenherstellern der Schalleistungspegel zum Teil erheblich gesenkt werden. Dieser Entwicklung wurde in einem inzwischen zurückgezogenen Normentwurf DIN 57530 Teil 9/VDE 0530 Teil 9/9.81 teilweise Rechnung getragen. Dort werden Grenzwerte des A-bewerteten Schalleistungspegels für vier Drehzahlklassen mit Nenndrehzahlen von etwa 750 min^{-1}, 1000 min^{-1}, 1500 $^{-1}$ und 3000 min^{-1} vorgegeben. Unterschieden wird nach drei Maschinenarten. Die Drehstromasynchronmaschinen werden in Normmotoren und Nichtnormmotoren unterteilt und als dritte Gruppe kommen alle anderen elektrischen Maschinen dau. Die zulässigen Grenzwerte für diese drei Maschinengruppen sind für die Nenndrehzahl von etwa 1500 min^{-1} in Bild 53 dargestellt. Die drei Kurvenzüge sind, darauf ist hinzuweisen, nicht ohne weiteres vergleichbar. Die für Normmotoren angegebenen Werte (Kurve 1) gelten für Belastung mit Nennmoment, wogegen die für die anderen luftgekühlten Drehstromasyn-

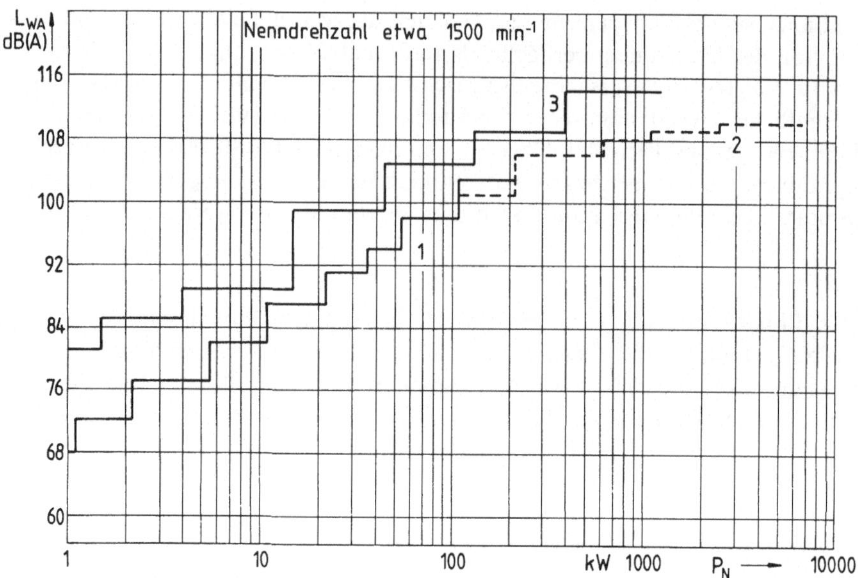

Bild 53. Grenzwerte des A-bewerteten Schalleistungspegels nach VDE 0530 Teil 9 (zurückgezogener Entwurf 9.81). 1 Drehstrom-Normmotoren bei Nennlast, 2 luftgekühlte Drehstrom-Asynchronmaschinen im Leerlauf, 3 übrige umlaufende elektrische Maschinen im allgemeinen unter Vollast

chronmaschinen angegebenen (Kurve 2) im Leerlauf einzuhalten sind. Um auf den Schalleistungspegel bei Nennleistung zu kommen, muß noch ein mittlerer Lastzuschlag ΔL zum Leerlaufwert addiert werden; dieser ist für $n_{sy} = 1500\,\text{min}^{-1}$ mit $\Delta L = 4\,\text{dB(A)}$ angegeben. Die Kurve 3 für die übrigen elektrischen Maschinen gilt schließlich "im allgemeinen für Betrieb unter Vollast bei Betriebstemperatur" (Definition nach DIN 45635 Teil 10).

2.3.12 Mechanische und elektrische Beanspruchungen bei Schaltvorgängen

Bisher wurde bei der Betrachtung von Schaltvorgängen, z.B. dem Einschalten der Maschine, dem Umschalten beim Reversieren oder dem Umschalten auf eine andere Polpaarzahl bei der polumschaltbaren Maschine, stets davon ausgegangen, daß nach dem Schaltvorgang in der Statorwicklung symmetrische Ströme fließen, deren Größe der stationären Ständerstrom-Drehzahl-Kennlinie (Bild 16) entnommen werden kann. Das gleiche gilt auch für das von der Maschine abgegebene Drehmoment. Für die bisherigen Überlegungen bezüglich der Hochlauf-, Brems- und Umsteuervorgänge war diese Betrachtungsweise auch völlig ausreichend.

Beim Schalten einer Drehstromasynchronmaschine auf das Drehstromnetz treten jedoch Ausgleichsvorgänge auf, die sich in niederfrequente (den zeitlichen Verlauf der Netzströme und der Drehmomente betreffende) und in mittel- bzw. hochfrequente (eine erhöhte Spannungsbeanspruchung der Eingangsspulen verursachende) unterteilen lassen. Zunächst wird auf die Auswirkung der niederfrequenten Ausgleichsvorgänge eingegangen.

Einschalten der stillstehenden Maschine mit anschließendem Hochlauf

Ausgehend vom einphasigen Ersatzschaltbild (Bild 31a) kann die stillstehende Maschine ($s=1$) als gemischt ohmsch-induktiver Widerstand aufgefaßt werden. Wird ein symmetrischer ohmsch--induktiver Drehstromwiderstand auf das symmetrische Drehstromnetz geschaltet, so gelten für den Schaltzeitpunkt ($t=0$) die Bedingungen $i_U=i_V=i_W=0$ und $\Sigma i=0$. Für Zeiten t, die groß gegenüber der Zeitkonstante des Lastkreises sind ($t>>L/R$) sind, werden die Ströme i_U, i_V und i_W einen symmetrischen Verlauf haben. Nach dem Einschalten bilden sich Ausgleichsvorgänge aus, die mit der Zeitkonstante $T=L/R$ abklingen.

Die Ströme, die sich vom Schaltmoment ($t=0$) an aufbauen, bewirken ein sofort ansteigendes Drehmoment und damit eine Beschleunigung der Maschine. Durch den während des Stromausgleichvorganges beginnenden Hochlauf ändert sich mit dem Schlupf der Ersatzwiderstand der Maschine, dieses wirkt wiederum auf den Verlauf des Ausgleichvorganges zurück. Die theoretischen Zusammenhänge für diesen durch das Einschalten hervorgerufenen nichtstationären Ausgleichsvorgang können aus dem elektromagnetisch-mechanischen Differentialgleichungssystem der Drehstromasynchronmaschine abgeleitet werden [14-17].

Bild 54 zeigt Rechenergebnisse für den Anlaufvorgang einer vierpoligen Hochspannungsmaschine mit einer Nennleistung von 500 kW; die Stromverdrängung in den Hochstäben des Läuferkäfigs wurde bei der Rechnung berücksichtigt. Gerechnet wurde für zwei unterschiedliche, auf die Motorwelle bezogene Trägheitsmomente; der in Gl.(35) definierte Trägheitsfaktor wurde gleich zehn bzw. gleich eins gesetzt. Vergleicht man die Hochlaufvorgänge, so fällt auf, daß das maximale Drehmoment sich bei $FI=10$ mit $m_{max}=2{,}6\,M_N$ ergibt, während es bei $FI=1$ nur den Wert $m_{max}=2{,}2\,M_N$ erreicht; ebenso ist das dynamische Kippmoment beim größeren FI-Wert größer, $1{,}8\,M_N$ gegenüber $1{,}3\,M_N$ bei $FI=1$. Die nach dem Einschalten mit der Frequenz

$$f_p=\frac{n_{sy}-n}{n_{sy}}\,f_n=s\cdot f_n \tag{52}$$

auftretenden Pendelmomente zeichnen sich bei $FI=1$ gut sichtbar in der Drehzahl ab, während sie sich bei $FI=10$ dort kaum auswirken. Mit dem größeren Trägheitsmoment gibt es im Drehzahlverlauf nur ein kleines Überschwingen – $(\hat{n}-n_{sy})/n_{sy}<0{,}01$ – mit anschließendem aperiodischen Einlauf auf die stationäre Enddrehzahl; beim Hochlauf mit nur dem Eigenträgheitsmoment dagegen ergibt sich in der Drehzahl ein Überschwinger von etwa $0{,}04\,n_{sy}$ mit anschließendem Einpendeln auf die Enddrehzahl.

Die dynamischen Ortskurven des Ständerstromes (Bild 54c) zeigen in Raumzeigerdarstellung den Verlauf des Stromzeigers $\underline{i}_S$ gegenüber dem als Bezugsgröße dienenden Spannungszeiger $\underline{u}_S$, der in der reellen Achse liegend angenommen wird. Im Einschaltaugenblick ($t=0$) ist der Strom $\underline{i}_S$ gleich Null. Er steigt dann zunächst in Richtung der reellen Achse an, biegt in den ersten Quadranten der komplexen Ebene ab und läuft in einer sich verengenden Spirale, die der abklingenden Anfangsschwingung entspricht, weiter. Jeder Umlauf auf der Spirale entspricht einer Periode der Anfangsschwingung im Drehmomentenverlauf. Bewegt sich der Zeiger des Statorstromes im 4. Quadranten der komplexen Ebene, so wird Leistung von der Maschine

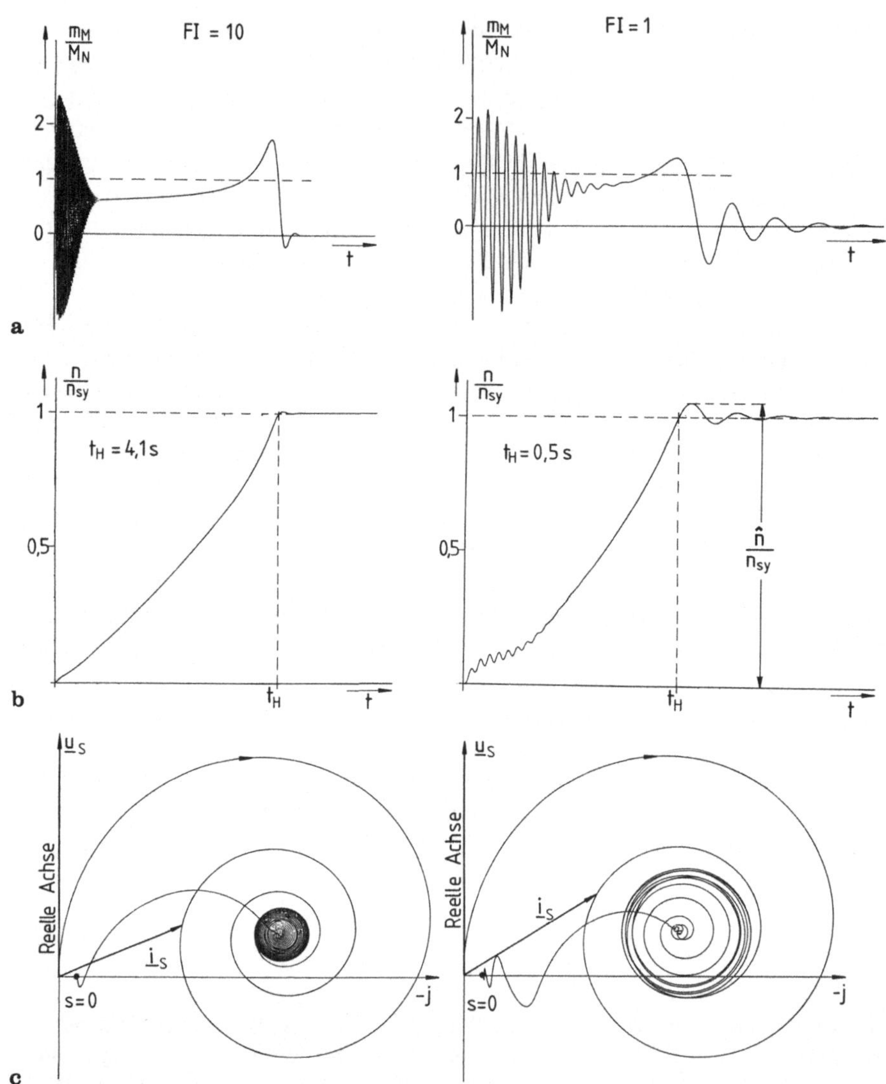

Bild 54. Hochlauf eines Asynchronmotors bei Gegenmoment Null ($M_G = 0$) und unterschiedlichen Trägheitsfaktoren $\mathrm{FI} = (\Sigma J)_M / J_M$. **a** zeitlicher Verlauf des Maschinenmomentes m_M; **b** zeitlicher Verlauf der Drehzahl n; **c** dynamische Ortskurve des Statorstromes I_S

in das Netz zurückgespeist, was im Drehmomentenverlauf den negativen Momentenwerten entspricht und sich bei FI = 1 auch im Drehzahlverlauf deutlich als Verzögerung bemerkbar macht. Während des ersten Umlaufes sind die Spiralen für FI = 1 und FI = 10 praktisch deckungsgleich. Erst während des zweiten Umlaufes ergeben sich dann durch das unterschiedlich starke Beschleunigen deutliche Abweichungen. Nach Abklinkgen der durch den Einschaltvorgang bedingten Ausgleichsschwingung läuft der Stromzeiger dann auf einer Bahn, die innerhalb der stationären Stromortskurve liegt, auf den Leerlaufpunkt zu. Bei FI = 10 läuft er mit einem kleinen Überschwinger, bei FI = 1 dagegen mit einer ausgeprägten Schwingung in diesen ein.

Zusammenfassend kann festgestellt werden: Die dynamische Drehmoment-Drehzahl-Kennlinie liegt nach Abklingen der Anfangsschwingung unter der stationären. Ursache hierfür ist die schnelle Drehzahländerung während des Hochlaufs, die verhindert, daß sich Ströme und Flüsse gemäß der Läuferzeitkonstanten

$$T_R = \frac{L_{Sh} + L'_{R\vartheta}}{R'_R} \tag{53}$$

auf den für den jeweiligen Schlupf geltenden stationären Wert einstellen können. Für die erwähnte 500-kW-Maschine ist $T_R = 623$ ms, bei Maschinen im MW-Bereich kann T_R bis zu einigen Sekunden betragen. Wird die Hochlaufzeit t_H nach dem im Abschnitt 2.3.2 anhand der stationären Kennlinie (Bild 17) beschriebenen Verfahren ermittelt, so ergeben sich für kleine Trägheitsfaktoren zu geringe Werte.

Bei den gerechneten Hochlaufvorgängen einer 500-kW-Maschine wurde zwar die Stromverdrängung in den Läuferstäben berücksichtigt, nicht berücksichtigt wurden jedoch die Sättigungserscheinungen, wie sie bei den Ausgleichsvorgängen durch die hohen Ströme z.B. in den Zahnköpfen hervorgerufen werden. Im folgenden wird deshalb auf Meßergebnisse an einem vierpoligen Normmotor der Baugröße 315 M in Schutzart IP 44 mit einer Nennleistung von 132 kW zurückgegriffen [19]. Die Meßergebnisse sind in Tabelle 14 zusammengestellt. Die während des Ausgleichsvorganges auftretende maximale Drehmomentspitze wird mit m_{max}, die maximale Spitze des Statorstromes mit $i_{S\,max}$ bezeichnet; M_A ist das stationäre Anlaufmoment und $\hat{\imath}_A = \sqrt{2}$ I_A, wobei I_A der Effektivwert des Anlaufstromes ist. Über Meßergebnisse an einer 3500-kW-Maschine wird in [20] berichtet.

Wiedereinschalten auf Restfeld

Die Asynchronmaschine werde für eine Zeit, die klein gegenüber der in Gl.(53) definierten Läuferzeitkonstante ist, vom Netz abgeschaltet. Derartige kurze Unterbrechungen des Normalbetriebes können z.B. bei Kurzzeitabschaltungen zum Löschen eines Erdschlusses, bei einer Sammelschienenumschaltung oder einer Netzumschaltung vorkommen. Vereinfachend werde angenommen, daß der Läuferfluß beim Trennen der Maschine vom Netz konstant bleibt. Bezogen auf das Ersatzschaltbild (Bild 55a) heißt das, der Magnetisierungsstrom I_μ ändert während des Abschaltvorganes seinen Effektivwert nicht. Das Zeitzeigerdiagramm (Bild 55b) beschreibt den Betriebszustand der Maschine vor dem Abschalten. Beim Abschalten wird $I_S = 0$, woraus folgt, daß $\underline{I}'_R = \underline{I}_\mu$ werden muß. Für $I_S = 0$ wird $U_S = (1-s) X_{Sh} \cdot I_\mu$, d.h., die Klemmenspannung entspricht der Spannung an der Hauptreaktanz der Maschine.

Vereinfachend werde angenommen, daß die Ströme in den drei Maschinensträngen gleichzeitig unterbrochen werden und daß di Ausgleichsvorgänge an der Kurzschlußimpedanz ($R_S + \mathrm{j}\,X_{S\sigma} + \mathrm{j}\,X'_{R\sigma} + R'_R$), die weiter unten näher beschrieben werden, vernachlässigt werden können. Unter diesen Voraussetzungen gilt Bild 56. Nach dem Abschalten im Zeitpunkt t_1 entspricht die Statorspannung u_s nicht mehr der Netzspannung u_n, sondern der inneren Spannung $\mathrm{j}\,X_{Sh} \cdot \underline{I}_\mu$. Für u_s ergibt sich damit gegenüber u_n bei t_1 ein Sprung sowohl in der Amplitude als auch in der Phasenlage und in der Frequenz. Bei der Konstruktion des Bildes 56 wurde, um den Effekt zu verdeutlichen, mit einem großen Schlupfwert ($s = 0{,}15$) und einer im Beobachtungszeitraum $t_1 \leq t \leq t_2$ konstanten Drehzahl $n = (1-s)\,n_{sy}$ gerechnet. Der Magnetisierungsstrom I_μ, der in der Rotorwicklung als Gleichstrom fließt, klingt mit der Läuferzeitkonstaten

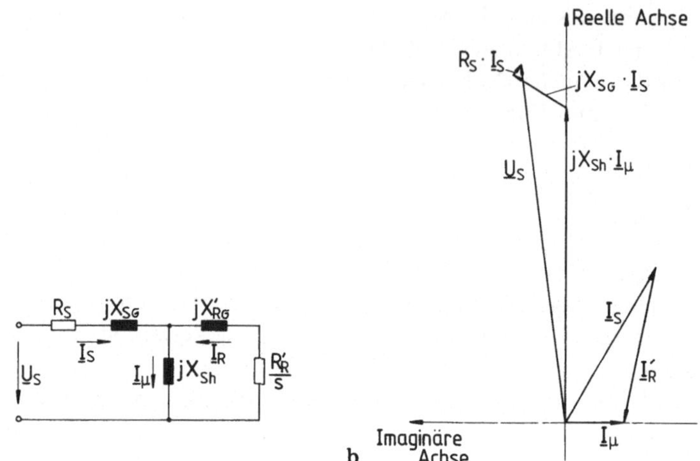

Bild 55. Vereinfachter einphasiger Ersatzstromkreis **a** und Zeitzeigerdiagramm **b** des Drehstrom-Asynchronmotors

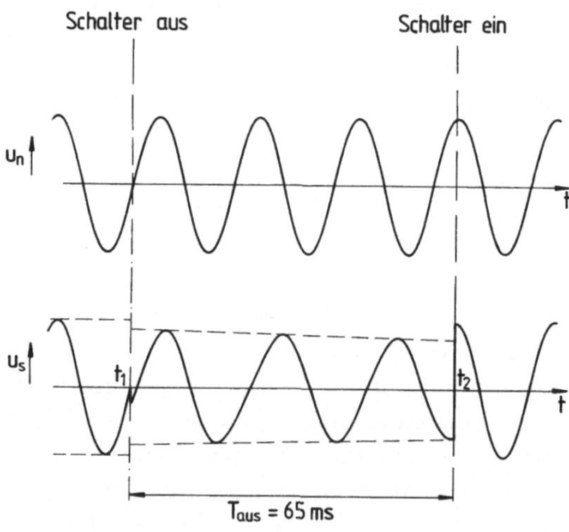

Bild 56. Phasenzuordnung zwischen der Netzspannung u_n und der Statorspannung u_S, gezeichnet für einen konstanten Schlupf von $s = 0,15$

T_R ab. Mit dem Magnetisierungsstrom wird der Fluß und mit diesem die Klemmenspannung kleiner. Bedingt durch die unterschiedlichen Frequenzen von u_s und u_n ändert sich mit der Zeit auch die Phasenlage der Spannungen zueinander. Für die im Beispiel gewählten Daten stellt sich nach $T_{aus} = 65$ ms Phasenopposition ein. Wird in diesem Zeitpunkt t_2 die Maschine wieder auf das Netz geschaltet, so bedeutet das eine Fehlsynchronisation, bei der sich Ausgleichsvorgänge sehr großer Amplitude abspielen. Die in Tabelle 14 für diesen Fall angegebenen Werte wurden bei 100% Restfeldd ($I_\mu = I_{\mu N}$) und Schalten in Phasenopposition gemessen. Es zeigt sich, daß nach Kurzabschaltungen sehr hohe Stoßmomente und sehr hohe Statorströme auftreten können, wobei die Maximalwerte im wesentlichen von dem Fehlwinkel zwischen den

Tabelle 14. Bei Schalthandlungen an einer 4-poligen Maschine der Baugröße 315 M gemessene Maximalwerte der Drehmomente und Statorströme. [$U_N = 380$ V; $I_N = 185$ A; $M_N = 850$ Nm; FI = 1,5; $T_R \approx 2$s (gemessener Wert)]

Schalthandlung	$\frac{m_{max}}{M_A}$	$\frac{m_{max}}{M_N}$	$\frac{i_{S\,max}}{\hat{i}_A}$	$\frac{i_{S\,max}}{\hat{i}_N}$
Einschalten der stillstehenden Maschine	2,85	3,67	1,84	12
Wiedereinschalten auf 100% Restfeld	17,8	23,5	3,9	25,8
Reversierschalten auf 100% Restfeld	22,3	29,4	3,8	24,8
Kurzschluß				
3-polig	7,9	10,3	1,9	12,4
2-polig	11,5	15,3	1,8	11,8

Spannungen u_S und u_n im Zeitpunk des Wiedereinschaltens und der Größe des Restfeldes abhängig sind und erst in zweiter Linie von der Größe des Schlupfes.

Reversieren

Beim Reversieren wird die Maschine kurzzeitig vom Netz getrennt und dann mit umgekehrter Phasenfolge wieder zugeschaltet. Während des Ausgleichsvorganges nach dem Wiedereinschalten treten erhebliche Drehmoment- und Statorstromspitzen auf, deren Größe hauptsächlich von der Größe des Restfeldes und der Winkelbeziehung zwischen den Spannungen u_S und u_n im Schaltzeitpunkt abhängig ist. Die in Tabelle 14 angegebenen Werte gelten für Einschalten bei ungünstigster Winkellage auf 100% Restfeld.

Stoßkurzschluß

Auch Netzkurzschlüsse oder Klemmenkurzschlüsse können bei eingeschalteter Maschinen zu hohen Stoßmomenten und hohen Stromspitzen führen. Zu unterscheiden ist zwischen dem 2-poligen und dem 3-poligen Stoßkurzschluß. Wie Tabelle 14 zeigt, sind die bei den Kurzschlußversuchen ermittelten Spitzenwerte deutlich kleiner als die beim Wiedereinschalten und beim Reversieren ermittelten.

Zusammenfassend kann zu den bisher beschriebenen Schaltvorgängen festgestellt werden: Beim Einschalten, bei Kurzunterbrechungen der Versorgungsspannung, beim Reversieren und bei Kurzschlüssen treten im Drehmoment und im Statorstrom Spitzenwerte auf, die weit über die den stationären Kennlinien zu entnehmenden Werte hinausgehen. Die Asynchronmaschine, ihre Befestigung, ihre Stromzuführungen und schließlich auch die Arbeitsmaschinen müssen für die zu erwartenden Spitzenwerte dimensioniert werden.

Schaltüberspannungen und Schaltstoßspannungen

So wie im Bild 56 für den Zeitpunkt t_1 vereinfacht dargestellt, könnte die Statorspannung u_S nur verlaufen, wenn der Schalter exakt im natürlichen, durch die Belastung gegebenen Stromnulldurchgang schalten würde. Ein derartiges Verhalten ließe sich näherungsweise mit aus antiparallel geschalteten Thyristoren aufgebauten Halbleiterschaltern erreichen. Bei dem Großteil der heute eingesetzten Nieder- und Mittelspannungsschalter verläuft der Schaltvorgang jedoch anders. Durch den Abschaltbefehl wird das Öffnen der Schaltkontakte eingeleitet. Zu irgendeinem Zeitpunkt innerhalb der Periode beginnen sich die Kontakt zu öffnen, der Strom fließt jedoch über einen Lichtbogen, der die Kontaktstücke überbrückt, weiter. Der Einfluß der ansteigenden Lichtbogenspannung auf den Verlauf des Stromes ist in der Darstellung des Bildes 57b vernachlässigt. Ist der Schaltkontakt genügend weit geöffnet, so wird – bedingt durch die Instabilität des Lichtbogens der Statorstrom i_S vor dem natürlichen Nulldurchgang (Zeitpunkt t_2 in Bild 57b) abkippen (Zeitpunkt t_1), d.h. mit großer Steilheit zu Null werden. Durch diesen auch als Chopping-Effekt bezeichneten Vorgang wird ein mittelfrequenter Ausgleichsvorgang in der Asynchronmaschine ausgelöst [21].

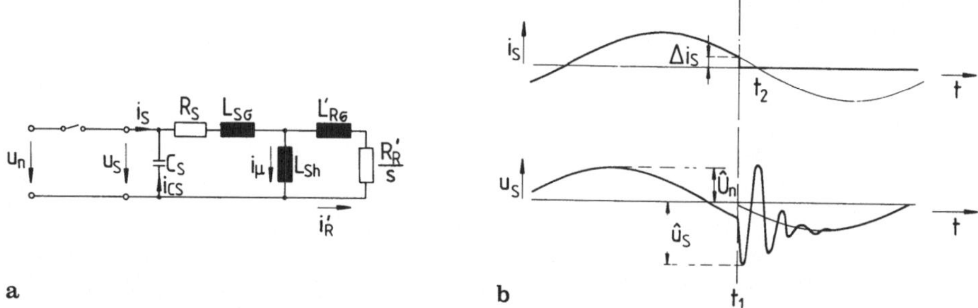

Bild 57. Zur Eläuterung des Chopping-Effektes beim Abschalten einer Drehstrom-Asynchronmaschine. **a** vereinfachtes Ersatzschaltbild für mittelfrequente Vorgänge; **b** Verlauf von Statorstrom I_S und Statorspannung u_S beim Abschaltvorgang

Zur Beschreibung des Abschaltvorganges muß das bisher verwendete einphasige Ersatzschaltbild der Asynchronmaschine um die Kapazität C_S erweitert werden. Diese "Statorkapazität" C_S setzt sich aus der Kapazität zwischen Statorwicklung und Eisen und der Leitungs- oder Kabelkapazität zwischen Schalter und Maschine zusammen. Zum Zeitpunkt t_1 reiße der Statorstrom i_S ab und werde schlagartig zu Null. Der Magnetisierungsstrom i_μ fließt im Rotorkreis weiter und klingt, wie schon früher beschrieben, mit der Rotorzeitkonstanten ab. Da die Hauptinduktivität L_{Sh} der Maschine groß gegenüber der Rotorstreuinduktivität $L'_{R\vartheta}$ ist, wird sich der mit dem Abreißen des Statorstromes i_S in Gang gesetzte mittelfrequente Ausgleichsvorgang hauptsächlich im Kreis C_S, R_S, $L_{S\vartheta}$, $L'_{R\vartheta}$ und R'_R/s abspielen. Die im Zeitpunkt $t=t_1$ in der Kurzschlußinduktivität $L_{S\sigma}+L'_{R\sigma}$ gespeicherte magnetische Energie

$$\Delta W = \frac{1}{2}\,(L_{S\sigma}+L'_{R\sigma})(\Delta i_S)^2$$

lädt mit dem Anfangsstrom Δi_S die Kapazität C_S auf. Damit wird in dem oben genannten Kreis eine gedämpfte Schwingung eingeleitet. Die Spannung u_S an den Eingangsklemmen der Maschine setzt sich aus zwei Komponenten zusammen:

– Der durch den mit der Läuferzeitkonstante abklingenden Hauptfluß der Maschine mit Drehfrequenz induzierten inneren Maschinenspannung (siehe auch Bild 56) und

– der vorstehend beschriebenen, durch den Schaltvorgang ausgelösten gedämpften Schwingung.

Die Überlagerung beider Spannungskomponenten zur Statorspannung u_S ist in Bild 57b dargestellt.

Wie umfangreiche Untersuchungen an Hochspannungsmaschinen zeigen, liegt die Eigenfrequenz der Ausgleichsschwingung

$$f_e \approx \frac{1}{2\pi} \frac{1}{\sqrt{C_S(L_{S\sigma}+L'_{R\sigma})}}$$

im unteren kHz-Bereich. Ein langer Kabelanschluß zwischen Schalter und Maschine vergrößert die Kapazität C_S und verkleinert die Eigenfrequenz der Schwingung. Die Aufteilung der Spannung u_S auf die in Reihe geschalteten Spulen bzw. Spulengruppen ist praktisch gleichmäßig.

Die im Anschluß an den Ausschaltvorgang auftretende maximale Statorspannung $\hat{u}_S$ kann den Scheitelwert der Netzspannung $\hat{U}_n$ um ein Vielfaches übersteigen. Wie groß der Überspannungsfaktor

$$k_ü = \frac{\hat{u}_S}{\hat{U}_n}$$

wird, hängt bei gegebenen Maschinendaten von der Größe des Abkippsromes Δi_S und von der Kapazität des Anschlußkabels ab. Mit steigender Kapazität C_S wird bei konstantem Abkippstrom Δi_S und damit konstanter magnetischer Energie ΔW die Spitzenspannung $\hat{u}_S$ kleiner. Dem wirkt jedoch entgegen, daß durch eine größere Kapazität C_S die Instabilität des Schaltlichtbogens größer werden und sich damit auch der Abkippstrom Δi_S in einem gewissen Maß vergrößern kann. Die Größe des Abkippstroms Δi_S ist bei gegebenen Maschinendaten und gegebenem Anschlußkabel einmal vom Löschprinzip des verwendeten Schalters und zum anderen von der Größe des zu Beginn des Schaltvorganges fließenden Stromes abhängig. Schalter, die mit einer stark forcierten Lichtbogenlöschung arbeiten, haben verglichen mit anderen in allen Betriebsfällen relativ hohe Abkippströme, wobei die Δi_S-Werte von der Leerlaufabschaltung ($I_S \approx I_\mu$) über die Vollastabschaltung ($I_S = I_N$) bis zur Abschaltung der anlaufenden Maschine ($I_S \approx I_A$) ansteigen. Die größten Werte des Überspannungsfaktors ergeben sich somit beim Abschalten des Anlaufstromes, also der gerade erst eingeschalteten oder mechanisch blockierten Maschine. In ausgeführten Anlagen wurden Werte bis $k_ü = 8$ gemessen.

Da sich die Spannung jedoch innerhalb der Wicklungsstränge gleichmäßig aufteilt, ist zwar kurzzeitig mit einer erhöhten Spannung zwischen benachbarten Leitern einer Spule zu rechnen; die Spannungsbelastung ist jedoch noch nicht so hoch, daß sie bei den heute üblichen Isoliersystemen für Hochspannungsmaschinen zum Windungsschluß führen würde.

Kritischer ist die Spannungsbelastung der Eingangsspulen gegen das auf Erdpotential liegende Statoreisen. Der beim Abschalten gemessene zeitliche Verlauf der Spannung an den Eingangsklemmen U, V, W einer Maschinen gegen das Statorblechpaket, also gegen Erde ist in Bild 58 wiedergegeben; Bild 58a gilt für einen Abschaltvorgang aus dem Leerlauf ($I_S \approx I_\mu$), während Bild 58b einen Abschaltvorgang bei blockierter Maschine ($I_S = I_A$) zeigt. Bei einer 6-kV-Maschine und einem Überspannungsfaktor $k_{ü}=8$ tritt an der Eingangsspule eine maximale Spitzenspannung von

$$\hat{u}=\frac{\sqrt{2}}{\sqrt{3}}\cdot U_N \cdot k_{ü}=39{,}2\,\text{kV}$$

auf. Verglichen mit der nach VDE 0530 Teil 1 vorgeschriebenen Prüfspannung gegen Erde von

$$U_p=2\,U_N+1000\,\text{V}=13\,\text{kV}$$

und

$$\hat{U}_p=13\,\text{kV}\cdot\sqrt{2}=18{,}4\,\text{kV}$$

kann also beim Abschalten eine erheblich höhere Spannungsbeanspruchung auftreten. Die Isolation elektrischer Maschinen muß so bemessen sein, daß die Nutisolation der Eingangsspulen beim Abschaltvorgang nicht durchschlagen bzw. – im Falle einer diskontinuierlichen Spulenisolation – kein Überschlag vom Wickelkopf zum Eisen stattfinden kann.

Bei den in Bild 58 dargestellten Abschaltvorgängen wird zunächst der Strom in einem Strang unterbrochen (Zeitpunkt t_1). Für kurze Zeit (Zeitabschnitt t_2-t_1) liegt die Maschine dann einphasig am Netz, bis zum Zeitpunkt t_2 auch der Strom in den verbliebenen zwei Strängen abkippt.

An den geöffneten Kontakten des Schalters steht die Differenz zwischen der Netzspannung u_n und der Statorspannung u_S an. Bei hohen Überspannungsfaktoren $k_{ü}$ kann die Spannung zwischen den Schaltkontakten ausreichen, um das noch nicht voll wiederverfertigte Schaltmedium zu durchschlagen, also die Wiederzündung des Schaltlichtbogens einzuleiten. Durch das Wiederzünden wird ein schneller Potentialausgleich zwischen den Klemmen des Schalters bewirkt und eine Stoßspannungswelle in Richtung Maschine ausgelöst. Danach reißt der Lichtbogen wieder ab, die Span-

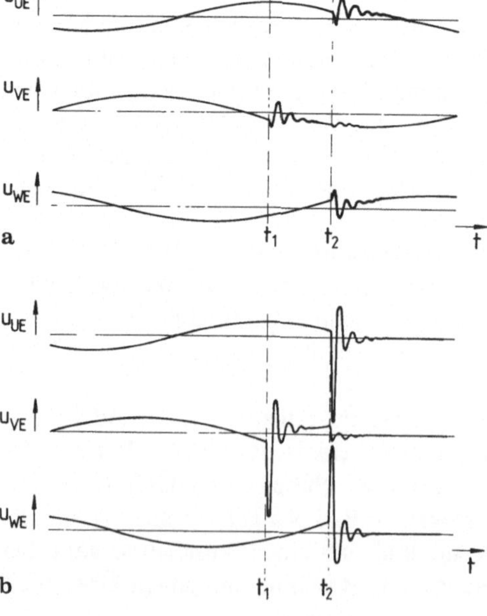

Bild 58. Zeitlicher Verlauf der Spannung an den Maschinenklemmen gegen Erde beim Chopping-Effekt. **a** Leerlaufabschaltung ($I_S \approx I_\mu$); **b** Abschalten der mechanisch blockierten Maschine ($s = 1$; $I_S = I_A$)

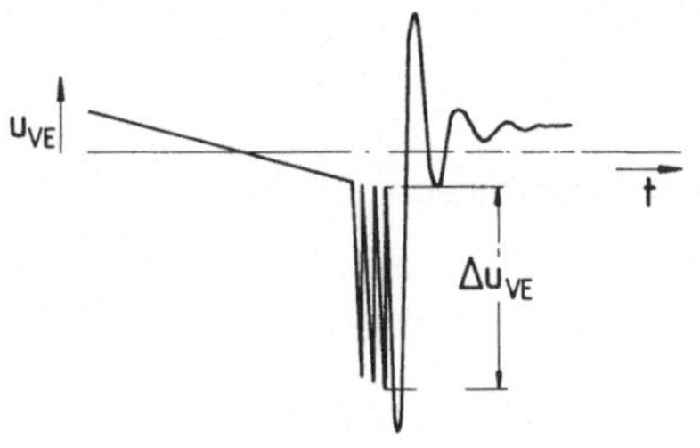

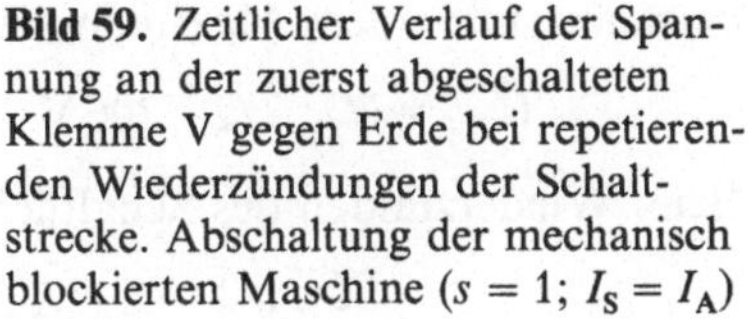

Bild 59. Zeitlicher Verlauf der Spannung an der zuerst abgeschalteten Klemme V gegen Erde bei repetierenden Wiederzündungen der Schaltstrecke. Abschaltung der mechanisch blockierten Maschine ($s = 1$; $I_S = I_A$)

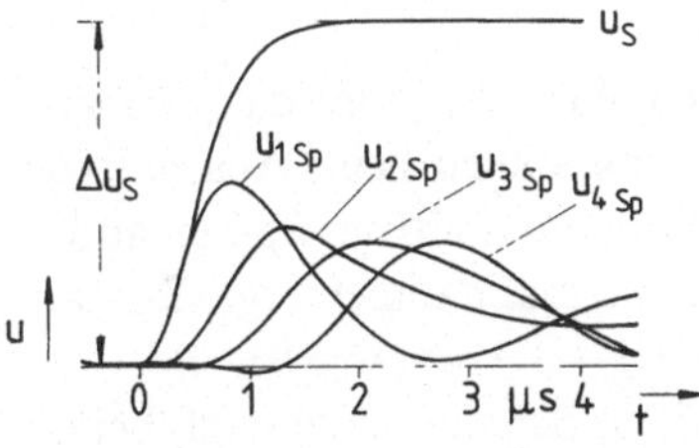

Bild 60. Spannung an den Spulen 1 bis 4 der Eingangsspulengruppe beim Einlaufen einer Spannungswelle der Höhe Δu_s in die Ständerwicklung einer Asynchronmaschine

nung u_S steigt wieder an und damit auch die Spannung an den Schalterkontakten. Bis zur hinreichenden Verfestigung der Schaltstrecke können eine Reihe von Wiederzündungen, sogenannte repetierende Wiederzündungen, auftreten. Jede dieser Wiederzündungen verursacht in der Klemmenspannung der Maschine schnelle Potentialänerungen der Höhe Δu_S. Die Folge davon wiederum sind in die Maschinenwicklung einlaufende Stoßwellen. Der Verlauf der Klemmenspannung gegen Erde u_{VE} an dem zuerst abschaltenden Strang V bei repetierenden Wiederzündungen ist aus Bild 59 zu ersehen.

Eine in die Maschinenwicklung einlaufende Welle erzeugt auf ihrem Weg durch die Wicklung Reflexionen und Verluste, wodurch sie an Höhe und Steilheit verliert. Bild 60 zeigt Meßergebnisse an einer 6-kV-Hochspannungsmaschine. Jeder der drei in Stern geschalteten Wicklungsstränge besteht aus 16 in Reihe geschalteten Spulen, wobei jeweils 4 Spulen zu einer Spulengruppe zusammengefaßt sind. Mit einer Stirnzeit von etwa 1 µs wird das Potential der Eingangsklemme gegenüber dem Sternpunkt-Potential um Δu_S angehoben. An der Eingangsspule und den weiteren Spulen der ersten Spulengruppe wurde die Spulenspannung gemessen. Mit der einlaufenden Spannungswelle steigt die Spannung an der ersten Spule an,wobei sich ein Spannungsmaximum größer als $0{,}5\,\Delta u_S$ ergibt. Der Spannungsanstieg an den Spulen 2, 3 und 4 erfolgt um die Laufzeit der Welle bis zum jeweiligen Spulenanfang verzögert, die Anstiegssteilheit und das Spannungsmaximum werden mit steigender Ordnungszahl kleiner. Bei kleineren Stirnzeiten und größeren Leiterlängen je Spule steigt der Anteil der an der ersten Spule abfallenden Spannung an de Spannung der Stoßwelle an; sein Maximum kann bei durch Wiederzünden ausgelösten Spannungswellen Werte von $0{,}7\,\Delta u_S$ bis $0{,}8\,\Delta u_S$ durchaus erreichen.

Im Normalbetrieb der Maschine teilt sich die Klemmenspannung U_S auf die Spulen gleichmäßig auf. Bezogen auf das vorliegende Beispiel würde sie an der ersten Spule

$$U_{1\,\mathrm{Sp}} = \frac{1}{16} \cdot \frac{U_N}{\sqrt{3}} = 216\ \mathrm{V}$$

betragen, mit einem Maximalwert der Spannung von

$$\hat{U}_{1Sp} = U_{1Sp} \cdot \sqrt{2} = 306\,\text{V}.$$

Beim Wiederzünden des Schaltlichtbogens trete ein Potentialsprung von

$$\Delta u_S = 6\,\frac{U_N \cdot \sqrt{2}}{\sqrt{3}} = 29{,}4\,\text{kV}$$

auf, von dem im Maximum 70% an der ersten Spule abfallen mögen. Die Spitzenspannung der ersten Spule wird damit

$$\hat{u}_{1Sp} = 0{,}7\,\Delta u_S = 20{,}6\,\text{kV}.$$

Der dynamische Wert $\hat{u}_{1Sp}$ übersteigt den stationären Wert $\hat{U}_{1Sp}$ um das 67-fache.

Die hohen Stoßspannungswerte, die an den Eingangsspulen beim Abschaltvorgang auftreten können, beanspruchen die Drahtisolation innerhalb der Spulen außerordentlich hoch und können, wenn nicht geeignete Schutzmaßnahmen ergriffen werden, zu einem Lichtbogenwindungsschluß führen.

Werden zum Schalten von Hochspannungsmaschinen Schalter eingesetzt, bei denen große Abkippströme auftreten, also hohe Schaltüberspannungen zu erwarten sind, und die zum Wiederzünden neigen, so empfiehlt es sich, die Maschinen durch Überspannungsableiter gegen eine zu hohe Beanspruchung des Isoliersystems zu schützen.

3 Verfahren zur Drehzahlbeeinflussung mit geringem Aufwand

In diesem Abschnitt werden Drehzahlsteuer- und Drehzahlregelverfahren beschrieben, die ohne einen selbstgeführten Stromrichter auskommen. Auf ausschließlich über Umrichter gespeiste Asynchronmaschinen mit Käfigläufer wird nicht hier, sondern im zweiten Band dieses Werkes, eingegangen.

3.1 Drehzahlsteuerung der Asynchronmaschine mit Käfigläufer über die Größe der Statorspannung

Im Abschnitt 2 wurden die Eigenschaften der Asynchronmaschine unter der Voraussetzung einer konstanten Statorspannung behandelt; unter einer konstanten Spannung wurde dabei ein praktisch sinusförmige Spannungsverlauf mit konstantem Effektivwert und konstanter Frequenz verstanden. Im Abschnitt 2.3.2 wurde unter "Netzbedingungen" bereits darauf hingewiesen, daß die Drehmoment-Drehzahl-Kennlinie einer Asynchronmaschine sich bei konstanter Frequenz etwa quadratisch mit der Größe der Spannung ändert. Eine Steuerung der Größe der Statorspannung bei konstanter Statorfrequenz bewirkt über die Größe des magnetischen Flusses in der Maschine eine Änderung der Drehmoment-Drehzahl-Kennlinie und damit, da sich ein anderer Schnittpunkt mit der Gegenmomentkennlinie der Arbeitsmaschine ergibt, eine Drehzahländerung.

Der mögliche Drehzahlsteuerbereich hängt von der Auslegung der Asynchronmaschine und von der Art der Gegenmomentkennlinie ab. Mit einer für den Anschluß an das Drehstromnetz ausgelegten Maschine mit Stromverdrängungsläufer und kleinen Werten für den Kippschlupf s_K läßt sich die Drehzahl einer Arbeitsmaschine mit einem quadratisch mit der Drehzahl ansteigenden Gegenmoment im allgemeinen im 1. Quadranten der Drehmoment-Drehzahl-Ebene über die Größe der Spannung steuern (Bild 61); bei einem konstanten Gegenmoment ist eine Drehzahlsteuerung dagegen nur in den Drehzahlbereichen zwischen Null und der Satteldrehzahl ($0 < n < n_S$) sowie der Kippdrehzahl und der synchronen Drehzahl ($n_K < n < n_{sy}$) möglich, da sich nur dort stabile Schnittpunkte zwischen der Drehmoment-Drehzahl-Kennlinie und der Gegenmomentkennlinie ergeben. Wird die normal ausgeführte Asynchronmaschine mechanisch belastet und bei Teilspannung mit großen Schlupfwerten betrieben, so arbeitet sie mit kleinem Leistungsfaktor; hierdurch entstehen neben den durch das Steuerungsprinzip bedingten hohen Rotorverlusten auch hohe Leiterverluste in der Statorwicklung.

Das Betriebsverhalten läßt sich verbessern, wenn die Asynchronmaschine mit einem Widerstandsläufer ausgerüstet wird. Der Läuferwiderstand wird meist so be-

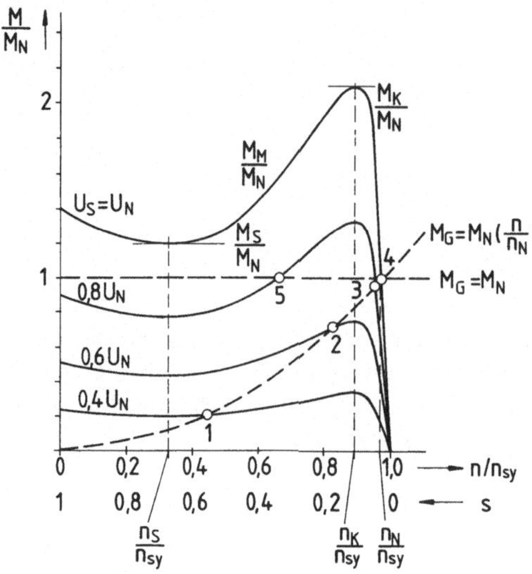

Bild 61. Kennlinien bei Spannungssteuerung; Asynchronmaschine mit normalem Stromverdrängungs-Käfigläufer. 1 bis 4 stabile Betriebspunkte, 5 instabiler Betriebspunkt

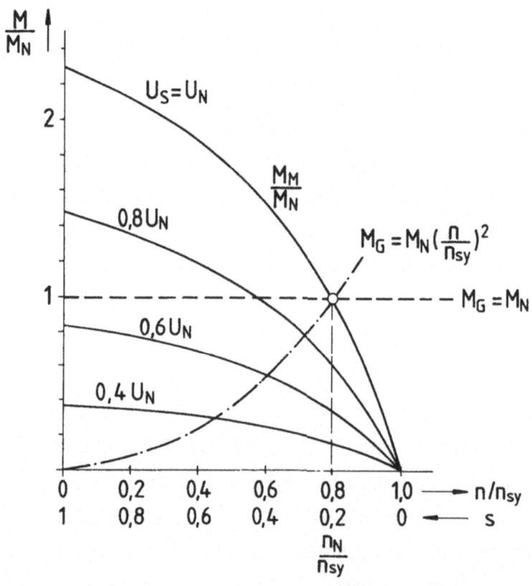

Bild 62. Kennlinien bei Spannungssteuerung; Asynchronmaschine mit Widerstandsläufer

messen, daß der Kippschlupf der Maschine bei $s_K > 1$ ($n_K < 0$) liegt (Bild 62). Durch diese Maßnahme ergeben sich auch bei konstantem Gegenmoment der Arbeitsmaschine stabile Betriebspunkte im ganzen ersten Quadranten der Drehmoment-Drehzahl-Ebene innerhalb der durch die Kurve für $U_S = U_N$ abgegrenzten Fläche. Bei Arbeitsmaschinen, deren Gegenmoment mit steigender Drehzahl fällt, z.B. entsprechend dem Drehmaschinenmoment nach Bild 9, kann sich auch beim Einsatz von Widerstandsläufern ein eingeschränkter Drehzahlstellbereich ergeben. Ein weiterer Vorteil des Widerstandsläufers ist in einem verbesserten Leistungsfaktor der Asynchronmaschine im Teilspannungsbetrieb und in dadurch verminderten Stator-Leiterverlusten zu sehen. Nachteilig wirkt sich jedoch der bei voller Spannung stark erhöhte Nennschlupf aus, der bei Betrieb im Nennpunkt ($U_S = U_N$; $M_G = M_N$) stark erhöhte Rotorverluste bedingt. Üblicherweise werden bei über die Größe der Statorspannung in der Drehzahl gesteuerten Asynchronmaschinen Widerstandsläufer verwendet.

Wird eine Asynchronmaschine innerhalb des möglichen Drehzahlstellbereiches mit einem konstanten Gegenmoment in Höhe des Nennmomentes belastet, so bedeutet das nach Gl.(23), daß im gesamten Drehzahlbereich auch die Drehfeldleistung konstant ist und der Nenndrehfeldleistung entspricht:

$$P_{DN} = M_N \cdot \omega_{mech\,sy}.$$

Die Drehfeldleistung teilt sich auf in die mechanisch abgegebene Leistung

$$P_{mech} = P_{DN} \cdot (1 - s)$$

und die im Läuferkäfig anfallende Verlustleistung (Bild 63)

$$P_{el\,R} = P_{DN} \cdot s.$$

Die Nenndrehfeldleistung ist wegen

$$P_{DN} = \frac{P_N}{1 - s_N}$$

größer als die Nennleistung P_N der Maschine. Soll bei kleinen Drehzahlen ($s \approx 1$) längere Zeit Betrieb mit Nennmoment gefahren werden, so ist auf die sehr hohen Rotorverluste zu achten; praktisch die gesamte Nenndrehfeldleistung wird im Rotor in Wärme umgesetzt und heizt die Maschine auf. Da bei einer normal betriebenen Asynchronmaschine nur wenige Prozente der Nenndrehfeldleistung in die Läuferverluste gehen, müssen über die Größe der Statorspannung in ihrer Drehzahl gesteuerte Asynchronmaschinen stark überdimensioniert werden und, falls sie längere Zeit bei kleinen Drehzahlen betrieben werden sollen, fremdbelüftet werden.

Günstiger sind die Verhältnisse, wenn das Gegenmoment der Arbeitsmaschine quadratisch mit der Drehzahl ansteigt, also einer Funktion

$$M_G = M_N \left(\frac{n}{n_N} \right)^2 = M_N \left(\frac{1 - s}{1 - s_N} \right)^2$$

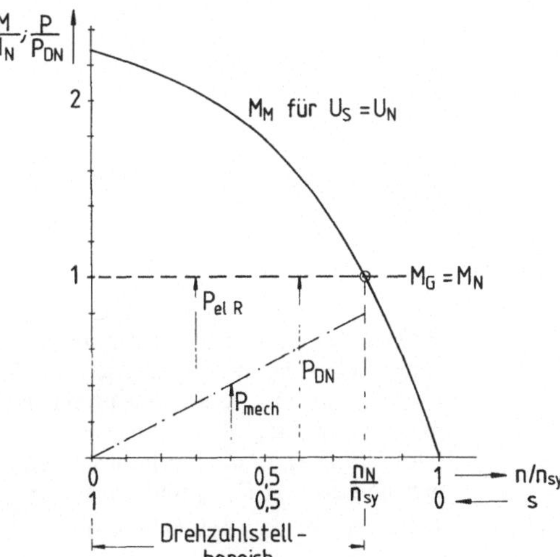

Bild 63. Kennlinien bei Spannungssteuerung; Belastung mit konstantem Gegenmoment; Aufteilung der konstanten Drehfeldleistung P_{DN} in die mechanisch abgegebene Leistung P_{mech} und die Rotor-Leiterverluste $P_{el\,R}$

entspricht. Die Drehfeldleistung ergibt sich in diesem Fall zu

$$P_D = M_G\ \omega_{mech\,sy} = M_N\left(\frac{1-s}{1-s_N}\right)^2 \omega_{mech\,sy}$$

und die Verlustleistung im Rotor zu

$$P_{el\,R} = P_D \cdot s = s\left(\frac{1-s}{1-s_N}\right)^2 M_N\ \omega_{mech\,sy}. \tag{54}$$

Diese Funktion hat für den Schlupfwert $s_1 = 1/3$ ein Maximum mit

$$\hat{P}_{el\,R} = \frac{4}{27}\ \frac{M_N\ \omega_{mech\,sy}}{(1-s_N)^2} = 0{,}148\ \frac{P_{DN}}{(1-s_N)^2},$$

fällt mit steigendem Schlupf ab und erreicht für $s_2 = 1$ das Minimum mit dem Wert Null (Bild 64). Bei diesem Momentenverlauf, der dem Lüftermoment entspricht, muß die Asynchronmaschine so ausgelegt sein, daß sie eine Rotorverlustleistung von etwa 20% der Nenndrehfeldleistung bei $n = 2/3\ n_{sy}$ dauernd ohne schädliche Erwärmung aufnehmen und abführen kann.

Die Spannungssteuerung kann entweder über einen Transformator mit kontinuierlich verstellbarer Ausgangsspannung, z.B. einen Dreh- oder Schiebetransformator, oder einen Drehstromsteller (Bild 65) erfolgen. Steuerbare Transformatoren haben den Vorteil, daß die Maschinenspannung im gesamten Stellbereich praktisch sinusförmig bleibt, ihr Nachteil ist die relativ geringe Stellgeschwindigkeit und der relativ große Materialaufwand. Der Drehstromsteller ist kostengünstiger und ermöglicht höhere höhere Stellgeschwindigkeiten. Sein Nachteil ist der beim Steuern zu kleineren Spannungen hin ansteigende Oberschwingungsgehalt in der Maschinenspannung [22]. Oberschwingungen in der Klemmenspannung der Maschine rufen Oberschwingungen im Maschinenstrom und eine erhöhte Maschinenverlustleistung hervor; gerade bei kleinen Drehzahlen, also Schlupfwerten in der Nähe von $s = 1$, wird durch die Spannungsoberschwingungen der Antriebswirkungsgrad noch schlechter. Dennoch werden, wegen der geschilderten Vorteile, für die Spannungssteuerung von Asynchronmaschinen fast ausschließlich Drehstromsteller eingesetzt.

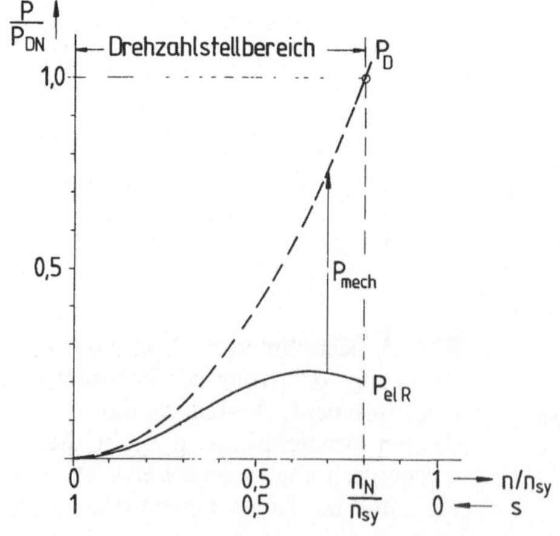

Bild 64. Kennlinien bei Spannungssteuerung; Belastung mit quadratisch mit der Drehzahl ansteigendem Gegenmoment $M_G = (n/n_N)^2 M_N$; Aufteilung der Drehfeldleistung P_D in die mechanisch abgegebene Leistung P_{mech} und die Rotor-Leiterverluste $P_{el\,R}$ (gezeichnet für $n_N = 0{,}8\ n_{sy}$)

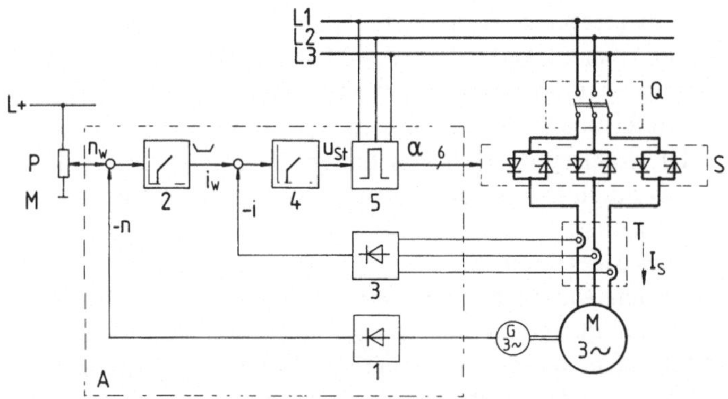

Bild 65. Blockdarstellung eines drehzahlgeregelten elektrischen Antriebes bestehend aus: Q Schaltvorrichtung, M Drehstromasynchronmaschine, A Regelung und Steuerung, S Drehstromsteller-Leistungsteil, G permanenterregter Drehstromgenerator, P Führungsgrößengeber für Drehzahl

Bild 65 zeigt das Ausführungsbeispiel eines drehzahlgeregelten Antriebes in Blockdarstellung. Das Beispiel gilt für einen Antrieb, der im 1. Quadranten der Drehmoment-Drehzahl-Ebene betrieben wird, also Drehmoment bei positiver Drehrichtung an die Arbeitsmaschine abgeben kann. Die Asynchronmaschine M, deren Statorspannung über den Drehstromsteller S in den Grenzen $0 \leq U_S \leq U_n$ verändert werden kann, ist über die Schaltvorrichtung Q and das Netz angeschlossen. Der permanenterregte Drehstromgenerator G, der als Tachogenerator dient, gibt eine der Drehzahl der Maschine M proportionale Klemmenspannung ab. In der Antriebsregelung und -steuerung A sind eine Reihe von Funktionen zusammengefaßt. In 1 wird die Ausgangsspannung von G gleichgerichtet und in die Regelgröße n der Drehzahl überführt. Im Eingang des Drehzahlreglers 2 wird n mit der vom Potentiometer P abgegriffenen Führungsgröße n_w verglichen. Die Regelabweichung wird dem Regelverstärker 2, der PI-Verhalten (Proportional-Integral-Verhalten) hat, zugeführt. Der Ausgang des Drehzahlreglers stellt über die Führungsgröße i_w des Statorstromes die Größe des Statorstromes I_S und damit auch des Drehmomentes $M_M(s)$ der Asynchronmaschine. Durch eine Ausgangsbegrenzung des Drehzahlreglers kann die Führungsgröße i_w und damit auch die Regelgröße i begrenzt werden. Es kann somit über diese Strombegrenzung der maximal erwünschte Statorstrom $I_{S\,max}$ vorgegeben werden. Strom- und Momentenstöße bei Schalthandlungen, wie sie im Abschnitt 2.3.12 beschrieben wurden, werden dadurch vermieden. Der Statorstrom wird über Stromwandler T erfaßt, in 3 gleichgerichtet, in eine dem Strom proportionale Gleichspannung überführt und dann dem Eingang des Stromreglers 4 als Regelgröße i zugeführt. Hier wird die Differenz zwischen Führungsgröße i_w und Regelgröße i gebildet, die den Regelverstärker 4 – auch dieser hat PI-Verhalten – aussteuert. Der Ausgang des Stromreglers gibt über die Steuerspannung u_{ST} den Steuerwinkel α für die Thyristoren des Drehstromstellers vor. Die Umsetzung der Steuerspannung auf zur Phasenlage der Netzspannung winkelrichtige Steuerimpulse erfolgt im Steuersatz 5.

Mit dem drehzahlgeregelten Antrieb ist auch ein Betrieb in den Drehzahlbereichen möglich, in denen sich gesteuert keine stabilen Betriebspunkte ergeben. Zwar empfiehlt es sich, auch bei einem geregelten Antrieb mit Rücksicht auf einen nicht zu großen Statorstrom I_S bei dem maximal erforderlichen Maschinenmoment M_{max} und stillstehender Maschine ($s=1$) – für diesen Strom muß der Drehstromsteller dimensioniert werden – einen Läufer mit Widerstandscharakteristik zu wählen. Von der Forderung $s_K > 1$ bei im Drehzahlregelbereich konstantem Gegenmoment kann jedoch abgegangen werden, wodurch für die Optimierung des Gesamtsystems ein zusätzlicher Freiheitsgrad gegeben ist.

Ein Antrieb der vorstehend beschriebenen Art kann z.B. mit einem durch die Strombegrenzung vorgegebenen Anfahrstrom bis auf die Drehmoment-Drehzahl-Kennlinie für $U_S = U_n$ beschleunigt werden oder er kann auch, wenn die Führungsgröße n_w der Drehzahl zeitlich nicht als Sprung, sondern als Rampe, vorgegeben wird, mit konstanter Beschleunigung zur vorgegebenen Nenndrehzahl hochgefahren werden. Mit einer etwas erweiterten Schaltung wird auch ein Vierquadrantenbetrieb in der Drehmoment-Drehzahl-Ebene mit geregeltem Bremsen im Gegenstrombremsbereich möglich. Diese Eigenschaften macht man sich bei Aufzugsantrieben und bei Hebezeugen zunutze. Wegen der hohen Verluste im Teildrehzahlbereich wird dieser nur zum Anfahren und Bremsen kontrolliert durchfahren; im Normalbetrieb arbeitet der Antrieb auf der ($U_S = U_n$)-Kennlinie.

Eine ähnliche Einsatzmöglichkeit, allerdings mit einem Linearmotor, findet der Antrieb bei der H-Bahn [23]. Hier wird der H-Bahnzug mit konstanter Beschleunigung bis auf die Schub-Geschwindigkeits-Kennlinie – diese entspricht der Drehmoment-Drehzahl-Kennlinie des rotierenden Motors – für Netzspannung hochgefahren und fährt mit dieser Geschwindigkeit bis zur nächsten Station. Das Bremsen erfolgt ebenfalls geregelt, jedoch nicht über die sehr verlustreiche Gegenstrombremse, sondern durch die verlustärmere Gleichstrombremse.

Ein weiteres Einsatzgebiet von über Drehstromsteller gespeisten Asynchronmaschinen mit Kurzschlußläufer sind Lüfterantriebe im Bereich bis zu einigen kW.

Mit Hebezeugen und Kranen werden Drehstromsteller in Verbindung mit Asynchronmaschinen mit Schleifringläufern und Stellwiderständen, wie sie im nächsten Abschnitt beschrieben werden, eingesetzt [24].

Insgesamt haben die spannungsgesteuerten Asynchronmaschinen jedoch, wegen der systembedingten hohen Maschinenverluste bei Teilaussteuerung und der dadurch bedingten schlechten Ausnutzbarkeit der Maschinen, auch als Teil eines geregelten Antriebes keine große Verbreitung gefunden.

3.2 Drehzahlsteuerung bzw. -regelung der Asynchronmaschine mit Schleifringläufer

3.2.1 Drehzahlsteuerung durch Verändern des Läuferwiderstandes

Die Asynchronmaschine mit Schleifringläufer verfügt über eine isolierte dreisträngige Läuferwicklung. Diese ist fast immer – abgesehen von Maschinen sehr großer Leistung – in Stern geschaltet. Die offenen Strangenden werden über Schleifringe mit den Anschlußklemmen der Läuferwicklung verbunden. Auf diese Weise kann die Läuferwicklung an einen äußeren Vorschaltwiderstand R_V angeschlossen werden (Bild 66). Über die Größe des Vorschaltwiderstandes läßt sich die Drehmoment-

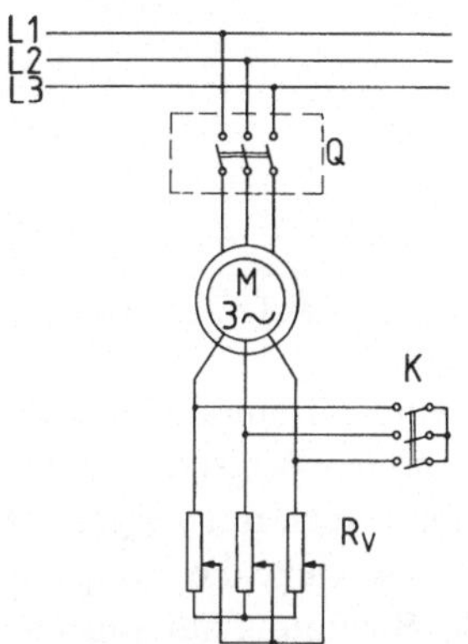

Bild 66. Asynchronmaschine mit Schleifringläufer und veränderbarem Vorschaltwiderstand R_V. K Kurzschließer für Läuferwicklung

Drehzahl-Kennlinie der Asynchronmaschine verändern und damit, bei gegebener Gegenmomentkennlinie der Arbeitsmaschine, die Drehzahl einstellen.

Stromortskurve und Drehmoment-Drehzahlkennlinien

Die Läuferwicklung wird so ausgelegt, daß für die folgenden Überlegungen die Stromverdrängung in den Leitern vernachlässigt werden kann. Tritt keine Stromverdrängung auf, so sind die Läuferkenngrößen R'_R und $X'_{R\vartheta}$ nicht schlupfabhängig veränderlich wie bei Stromverdrängungsläufern, sondern konstant. Damit wird die mathematische Behandlung der Asynchronmaschine einfacher.

Als Ortskurve des stationären Statorstromes ergibt sich das bekannte Kreisdiagramm (nach Heyland bzw. nach Ossanna), wie es in Bild 67 für die kurzgeschlossene Läuferwicklung ($R_V = 0$) dargestellt ist [2,3].

Das innere Drehmoment der Maschine, welches um die Reibungsverluste größer ist als das an der Kupplung abgegebene, läßt sich für den stationären Fall ($dn/dt = 0$)

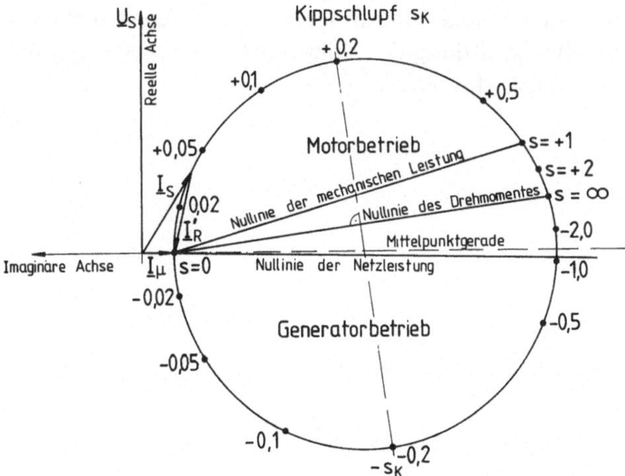

Bild 67. Stationäre Ortskurve für Statorstrom I_S und Rotorstrom I_R einer Drehstromasynchronmaschine ohne Stromverdrängung im Läufer; Läuferwicklung kurzgeschlossen

angeben zu

$$M_M = 3 \, \frac{1}{\omega_{\text{mech sy}}} \cdot \tag{55}$$

$$\cdot \frac{1}{s} \cdot \frac{U_S^2 \; R'_R \; X_{Sh}^2}{[(R_S \cdot R'_R/s) - (X_{S\sigma} + X_{Sh})(X'_{R\vartheta} + X_{Sh}) + X_{Sh}^2]^2 + [R'_R/s(X_{S\vartheta} + X_{Sh}) + R_S(X'_{R\vartheta} + X_{Sh})]^2} \cdot$$

Aus Gl.(55) ist zunächst die Spannungsabhängigkeit des Maschinendrehmomentes zu erkennen. Werden die anderen Parameter als konstant angenommen, so ist das Drehmoment M_M dem Quadrat der Spannung U_S proportional. Da jedoch mit steigender Spannung durch die beginnende magnetische Sättigung der Eisenwege die Hauptreaktanz X_{Sh} kleiner wird, ist das Drehmoment dem Quadrat der Spannung nur angenähert proportional.

Für die folgenden Betrachtungen wird eine konstante Statorspannung U_S vorausgesetzt. Als bei einer gegebenen Maschine variable Größen sind dann in Gl.(55) der Rotorkreiswiderstand

$$R'_R = R'_{RW} + R'_V \tag{56}$$

und der Schlupf s zu betrachten; R_{RW} ist dabei der Strangwiderstand der Rotorwicklung, R_V der Vorschaltwiderstand. Das Drehmoment der Maschine wird somit eine Funktion von R_R und s:

$$M_M = f(R_R, s).$$

Für den hier untersuchten stationären Fall ist das Maschinenmoment gleich dem Gegenmoment der Arbeitsmaschine

$$M_M = M_G.$$

Aus Gl.(55) kann für ein zu einem bestimmten Schlupfwert gehörendes Gegenmoment der für diesen Betriebspunkt erforderliche Läuferkreiswiderstand R_R und aus diesem über Gl.(56) der erforderliche Vorschaltwiderstand R_V errechnet werden. Da dieses Verfahren jedoch einerseits recht rechenaufwendig ist und andererseits bei der Antriebsprojektierung die Werte für die Reaktanzen der Maschine meist nicht bekannt sind, bedient man sich für die Ermittlung der Vorschaltwiderstände meist des im folgenden geschilderten Näherungsverfahrens.

Mit den bezogenen Werten

$$r_S = \frac{R_S}{X_{S\sigma} + X_{Sh}}$$

und

$$\sigma = 1 - \frac{X_{Sh}^2}{(X_{S\sigma} + X_{Sh})(X'_{R\sigma} + X_{Sh})}$$

läßt sich das Asynchronmaschinendrehmoment schreiben als

$$M_M = 3 \, \frac{1}{\omega_{\text{mech sy}}} \cdot$$

$$\cdot \frac{s \cdot U_S^2 \cdot R'_R (1-\sigma)}{(X_{S\sigma} + X_{Sh})[R'^2_R \, (1 + r_S^2)/(X_{R\sigma} + X_{Sh}) + 2s \cdot R'_R \cdot r_S (1-\sigma) + s^2 (r_S^2 + \sigma^2)(X'_{R\sigma} + X_{Sh})]} \cdot \tag{57}$$

Um die Extremwerte der Drehmoment-Drehzahl-Kennlinie, also das motorische und das generatorische Kippmoment zu erhalten, wird die Ableitung des Momentes M_M nach dem Schlupf s gebildet und gleich Null gesetzt:

$$\frac{dM_M}{ds} = 0.$$

Aus dieser Beziehung ergibt sich der Kippschlupf zu

$$s_K = \pm \frac{R'_R}{X'_{R\sigma} + X_{Sh}} \sqrt{\frac{1 + r_S^2}{r_S^2 + \sigma^2}}, \tag{58}$$

wobei das positive Vorzeichen für den motorischen und das negative für den generatorischen Kippschlupf gilt. Aus Gl.(58) ist zu entnehmen, daß der Kippschlupf s_K dem Rotorkreiswiderstand R_R direkt proportional ist.

Wird Gl.(58) in Gl.(57) eingesetzt, so ergibt sich das Kippmoment M_K zu

$$M_K = \pm \frac{3}{2} \frac{1}{\omega_{mech\,sy}} \cdot \frac{U_S^2}{X_{S\sigma} + X_{Sh}} \cdot \frac{1 - \sigma}{\sqrt{(1 + r_S^2) \cdot (r_S^2 + \sigma^2)} \pm r_S(1 - \sigma)}, \tag{59}$$

wobei von den beiden Doppelvorzeichen die Pluszeichen für den Motorbetrieb und die Minuszeichen für den Generatorbetrieb gelten. Aus Gl.(59) ist zu ersehen, daß das Kippmoment M_K einer stromverdrängungsfreien Asynchronmaschine nicht von der Größe des Läuferkreiswiderstandes R_R und damit nach Gl.(58) auch nicht von der Größe des Kippschlupfes s_K abhängt.

Setzt man abkürzend

$$\frac{r_S(1 - \sigma)}{\sqrt{(1 + r_S^2)(r_S^2 + \sigma^2)}} = \varepsilon,$$

so läßt sich das auf das motorische Kippmoment M_K bezogene Maschinenmoment M_M angeben zu

$$\frac{M_M}{M_K} = \frac{2(1 + \varepsilon)}{s/s_K + s_K/s + 2\varepsilon}. \tag{60}$$

Gleichung (60) ist als "Drehmomentformel von Kloss" bekannt. Da bei normal ausgeführten Asynchronmaschinen $\varepsilon << 1$ ist, kann Gl.(60) in guter Näherung übergeführt werden in

$$\frac{M_M}{M_K} \approx \frac{2}{s/s_K + s_K/s}. \tag{61}$$

Aus Gl.(61) wiederum lassen sich zwei Näherungsfunktionen ableiten, einmal für große Schlupfwerte ($s >> s_K$)

$$\frac{M_M}{M_M} \approx \frac{2s_K}{s}, \tag{62}$$

und zum anderen für kleine Schlupfwerte ($s << s_K$)

$$\frac{M_M}{M_K} \approx \frac{2s}{s_K}. \tag{63}$$

In Bild 68 sind die Funktionen nach den Gl.(61), (62) und (63) für den Kippschlupf $s_K = 0{,}2$ dargestellt. Es zeigt sich, daß im Bereich $s < s_K$ die Drehmoment-Drehzahl-

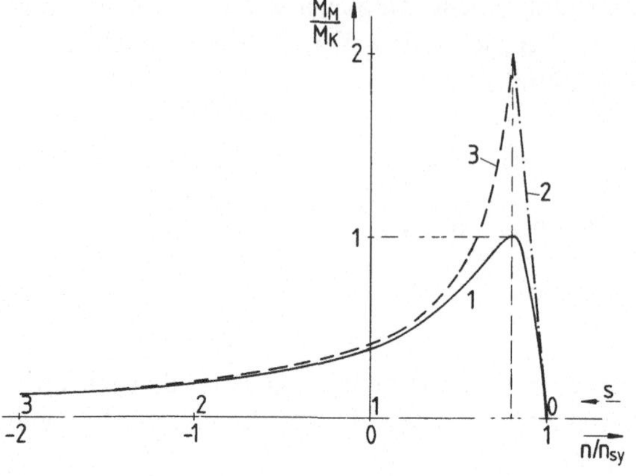

Bild 68. Drehmoment-Drehzahl-Kennlinie einer stromverdrängungsfreien Asynchronmaschine für Kippschlupf $s_K = 0{,}2$.

1 $$\frac{M_M}{M_K} = \frac{2}{\frac{s}{K} + \frac{s_K}{s}},$$

2 $$\frac{M_M}{M_K} = \frac{2s}{s_K},$$

3 $$\frac{M_M}{M_K} = \frac{2s_K}{s}$$

Kennlinie bis zu etwa 0,8 M_K recht gut durch die Gerade nach Gl.(63) angenähert werden kann. Da bei Asynchronmaschinen mit Schleifringläufer das Kippmoment etwa dem 2,2- bis 2,4-fachen Nennmoment entspricht, liefert die Gerade nach Gl.(63) brauchbare Näherungswerte bis in den Bereich des 1,7- bis 1,9-fachen Nennmomentes. Das ist meist völlig ausreichend, weshalb die Drehmoment-Drehzahl-Kennlinien für unterschiedliche Vorwiderstände R_V häufig nach Gl.(63) bestimmt werden. Andererseits kann, wenn von einer Asynchronmaschine das Kippmoment M_K, der Widerstand der Rotorwicklung R_{RW} und der Kippschlupf s_K bei kurzgeschlossener Rotorwicklung bekannt sind, zu einer gewünschten Kennlinie durch Verlängerung der Näherungsgeraden bis auf $M_M/M_K = 2$ leicht der Kippschlupf und dann unter Beachtung von Gl.(58) der Rotorkreiswiderstand R_R ermittelt werden. Der erforderliche Vorschaltwiderstand R_V ist dann über Gl.(56) zu errechnen.

In Bild 69 sind drei charakteristische Drehmoment-Drehzahlverläufe dargestellt. Die für einen Kippschlupf $s_K = 0{,}35$ gezeichnete Kurve umschließt die größte Drehmoment-Drehzahl-Fläche im Schlupfbereich $1 \geq s \geq 0$; mit dem Vorschaltwiderstand R_{V1} ist damit der kürzeste einstufige Schwungmomentanlauf ($M_G = 0$) möglich. Die Kennlinie für $s_K = 0{,}67$ ermöglicht entsprechend den kürzesten Umsteuervorgang im Bereich $2 \geq s \geq 0$ und die für $s_K = 1{,}47$ den kürzesten Bremsvorgang im Bereich $2 \geq s \geq 1$.

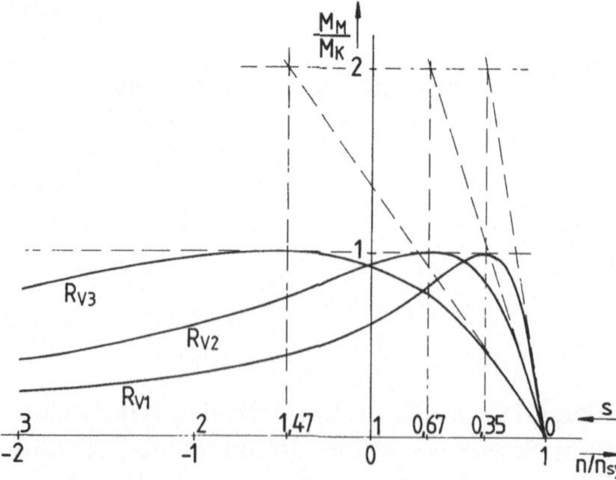

Bild 69. Drehmoment-Drehzahl-Kennlinien einer Asynchronmaschine mit Schleifringläufer bei drei verschiedenen Vorschaltwiderständen ($R_{V1} < R_{V2} < R_{V3}$). $s_K = 0{,}35$ ergibt die kleinste Anlaufzeit, $s_K = 0{,}67$ ergibt die kleinste Umsteuerzeit, $s_K = 1{,}47$ ergibt die kleinste Bremszeit

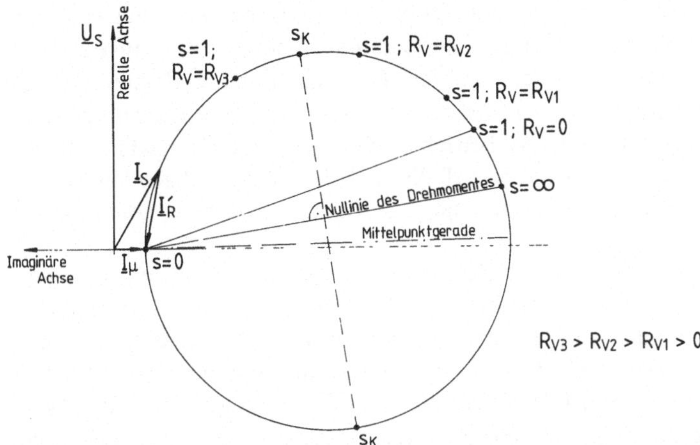

Bild 70. Stationäre Ortskurve des Statorstromes I_S. Mit steigendem Vorwiderstand R_V bewegt sich der Anfahrpunkt ($s = 1$) auf dem Kreis in Richtung Leerlaufpunkt ($s = 0$)

Bild 70 zeigt die Auswirkung eines Vorschaltwiderstandes auf das Kreisdiagramm, also auf die Ortskurve der Maschinenströme. Wie man sich anhand des einphasigen Ersatzschaltbildes (z.B. Bild 55a) leicht klarmachen kann, ändert sich der Kreisdurchmesser in Abhängigkeit vom Rotorwiderstand R_R nicht, die Betriebspunkte für $s=\infty$ und $s=0$ bleiben erhalten. In Abhängigkeit von R_R ändert sich jedoch die Lage des AnfahrpunkTes ($s=1$) und damit auch die Schlupfskala des Bildes 67. Für $R_V=0$ ergibt sich mit $s_K=0{,}2$ der Drehmoment-Drehzahl-Verlauf nach Bild 68. Mit steigendem Vorschaltwiderstand R_V bewegt sich der Anfahrpunkt auf dem Kreisbogen in Richtung Leerlaufpunkt ($s=0$). In Bild 70 sind die Anfahrpunkte für die Vorschaltwiderstände R_{V1}, R_{V2} und R_{V3} nach Bild 69 eingetragen.

Vorschaltwiderstände und -widerstandsgeräte, Widerstandsanlasser und -steller

Die für das Anlassen und Drehzahlstellen von Asynchronmaschinen mit Schleifringläufern erforderlichen Widerstandsgeräte können, je nach der anfallenden Wärmeleistung, aus unterschiedlichen Komponenten aufgebaut sein. Im unteren Leistungsbereich (bis zu einer Dauerbelastung von einigen kW) werden Drahtwiderstände eingesetzt, für größere Leistungen werden Grauguß- oder Stahlwiderstandselemente verwendet. Graugußelemente sind kostengünstiger und haben das bessere Wärmespeichervermögen; bei sehr harten mechanischen Beanspruchungen, wie sie z.B. im Kranbetrieb auftreten können, werden häufig die schocksicheren Stahlelemente eingesetzt. Beim kurzzeitigen Anlaßbetrieb wird hauptsächlich das Wärmespeichervermögen ausgenutzt, das durch Einbau der Widerstandselemente in einen mit Öl gefüllten Kessel noch erhöht werden kann [25]. Wenn Widerstandsgeräte im Dauerbetrieb arbeiten, ist für eine gute Kühlung der Widerstandselemente zu sorgen, was durch eine forcierte Luftkühlung erreicht werden kann.

Die Verstellung des Widerstandswertes kann bei den aus Widerstandselementen aufgebauten Widerstandsgeräten nicht stetig, sondern nur stufig erfolgen. Als Schaltelemente zum Zuschalten oder Abschalten von Widerstandsstufen werden bei kleinen

Schaltleistungen oft handbetätigte oder motorisch angetriebene Flachbahnsteller verwendet, während bei größeren Leistungen handbetätigte oder motorisch angetriebene Nockenschalter oder Schütze eingesetzt werden. Die Anzahl der Widerstandsstufen ist abhängig von den betrieblichen Anforderungen. Je höher die Stufenzahl gewählt wird, desto genauer läßt sich beim Stellbetrieb eine vorgegebene Drehzahl einstellen bzw. desto kleiner können beim Anlaßbetrieb die nach dem Weiterschalten auftretenden Drehmomentspitzen und damit auch die zugeordneten Spitzenwerte im Stator- und Rotorstrom gehalten werden.

Als Beispiel zeigt Bild 71 einen Asynchronmotor mit einem vierstufigen Widerstandsanlasser; in Bild 72 sind die zugehörigen Drehmoment-Drehzahl-Kennlinien der Asynchronmaschine und der Gegenmomentverlauf der Arbeitsmaschine – hier eine Lüfterkennlinie – dargestellt. Vor Beginn des Anfahrvorganges sind alle Schalter (Q, K1 bis K4) geöffnet. Wird der Ständerschalter Q geschlossen, läuft die Asynchronmaschine auf der Kennlinie für den gesamten Vorschaltwiderstand R_{V4} bis zum Schnittpunkt 1 mit der Gegenmomentkennlinie hoch. Sobald der stationäre Betrieb im Punkt 1 erreicht ist, kann das Schütz K4 eingeschaltet werden, wodurch der Arbeitspunkt der Asynchronmaschine auf die Kennlinie für R_{V3} springt, auf der der Antrieb bis zum stationären Punkt 2 beschleunigt wird. Durch Schließen der Kontakte des Schützes 3 läuft anschließend der Antrieb zum Punkt 3 hoch usw., bis schließlich durch das Schütz K1 die Läuferwicklung kurzgeschlossen und der Antrieb auf den Nennarbeitspunkt 5 beschleunigt wird. Das Weiterschalten auf die nächste Anlaufstufe erfolgt bei entsprechend den Bildern 71 und 72 ausgelegten Anlassern meist über Zeitrelais, wobei die Stufenzeiten so gewählt werden, daß ein stabiler Betriebspunkt ($\mathrm{d}n/\mathrm{d}t = 0$) erreicht wird, ehe der nächste Teilwiderstand überbrückt wird. Werden die im Abschnitt 2.3.12 besprochenen Ausgleichsvorgänge beim Schalten vernachlässigt, so kann beim Anlaßvorgang mit einem vierstufigen Anlasser nach Bild 72 an der Asynchronmaschine maximal nur das 1,5-fache Nennmoment auftreten, was bei der Stromortskurve nach Bild 67 etwa einem maximalen Statorstrom in Höhe des 1,7-fachen Nennstromes entspricht.

Es ist jedoch auch möglich, bei einem Anlasser die Stufen stromabhängig weiterzuschalten, um so einen möglichst schnellen und dennoch strombegrenzten und drehmomentbegrenzten Hochlauf zu erreichen. Bei einer Kennlinienstufung nach Bild 73 z.B. kann eine Asynchronmaschine mit dem im Mittel 1,25-fachen Nennmoment auf ihre Nenndrehzahl beschleunigt werden, wobei das Drehmoment sich drehzahlabhän-

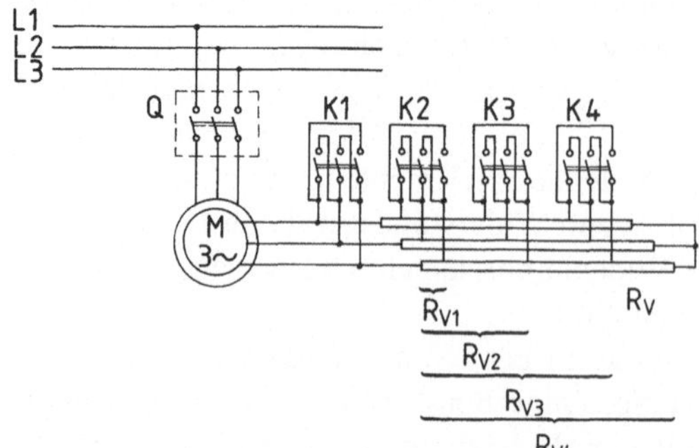

Bild 71. Asynchronmotor mit vierstufigem Anlasser

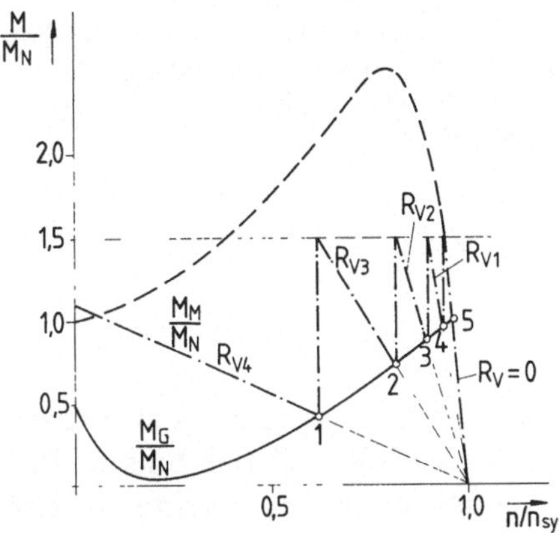

Bild 72. Drehmoment-Drehzahl-Kennlinien der Asynchronmaschine mit vierstufigem Anlasser nach Bild 71 und quadratisch mit der Drehzahl ansteigendem Gegenmoment; Steuerung zeitabhängig

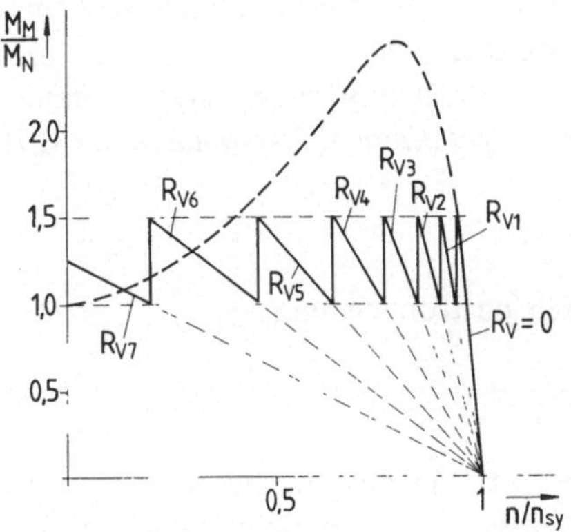

Bild 73. Drehmoment-Drehzahl-Kennlinien der Asynchronmaschine (Kippschlupf $s_K = 0{,}2$) mit siebenstufigem Anlasser; Steuerung stromabhängig, so daß im Anlaufbereich $M_N \leqq M_M \leqq 1{,}5\,M_N$ ist

gig zwischen den Werten M_N und 1,5 M_N ändert; das Weiterschalten auf die nächste Stufe erfolgt jeweils dann, wenn der Statorstrom auf den Nennstrom abgeklungen ist.

Voraussetzung für diese Art des Anlassens ist, daß das Gegenmoment im gesamten Anlaßbereich kleiner als das Nennmoment ist. Der Statorstrom steigt – Ausgleichsvorgänge vernachlässigt – nach jedem Abschalten einer Widerstandsstufe etwa auf den 1,7-fachen Nennstrom an, um dann mit hochlaufender Asynchronmaschine drehzahlabhängig bis auf den Nennstrom abzuklingen.

Bei Maschinen größerer Leistung kann in den Läufern eine mechanische Kurzschließvorrichtung eingebaut werden, mit der nach erfolgtem Hochlauf die Rotorwicklung direkt kurzgeschlossen wird. Gegenüber einem außerhalb der Maschine angeordneten Kurzschließer werden Bürstenübergangsverluste und Leiterverluste eingespart, wodurch sich der Wirkungsgrad der Maschine erhöht.

Wie die vorstehenden Überlegungen zeigen, reicht für den Anlaßvorgang eine relativ grobstufige Widerstandsänderung aus, um einen Antrieb strom- und momentenbegrenzt auf seinen Nennarbeitspunkt zu beschleunigen. Anders ist es, wenn der Antrieb bei einer bestimmten, frei wählbaren Teildrehzahl längere Zeit betrieben werden soll. Es besteht hier einmal die Möglichkeit einer sehr feinen Widerstandsstufung, die sich in einem Widerstandssteller durch Reihenschaltung von Grob- und Feinstufen erreichen läßt [26], oder zum anderen können die Widerstandssteller mit elektronischen Leistungsstellgliedern zu kombiniert werden.

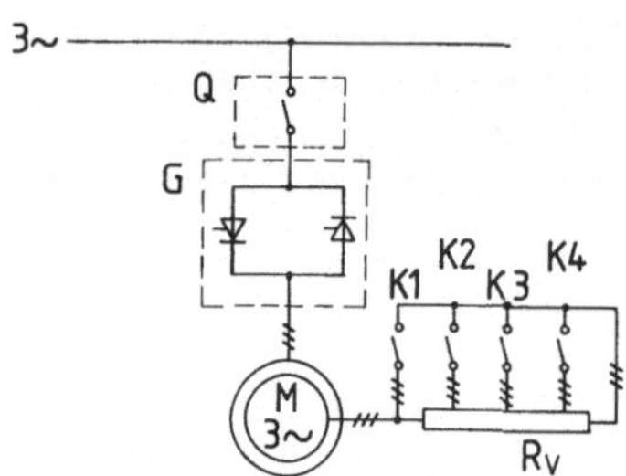

Bild 74. Kombination aus Spannungssteuerung über Drehstromsteller nach Bild 65 und Widerstandssteuerung nach Bild 71 ermöglicht kontinuierliche Drehzahlsteuerung

Bei Hebezeugen kommt eine Kombination von Spannungssteuerung über Drehstromsteller nach Bild 65 und Widerstandssteuerung nach Bild 71 zum Einsatz; Bild 74 zeigt die einpolige Blockdarstellung dieser Antriebsvariante. Im Drehzahlbereich zwischen den über den Vorwiderstand einstellbaren Betriebspunkten (z.B. 1 bis 5 in Bild 72) kann über den Drehstromsteller jede gewünschte Drehzahl eingestellt und über eine Drehzahlregelung konstant gehalten werden [24].

Die Möglichkeit zur quasistationären Drehzahlregelung einer Asynchronmaschine mit Schleifringläufer bietet der *elektronisch getaktete Widerstandssteller* [27] nach Bild 75. Hier wird die Schlupfleistung

$$P_{\mathrm{el\,R}} = P_{\mathrm{D}} \cdot s$$

größtenteils durch den Gleichrichter G in die Gleichstromleistung

$$P_{\mathrm{d}} = U_{\mathrm{d}} \cdot I_{\mathrm{d}} = P_{\mathrm{el\,R}} \frac{R_{\mathrm{V}}}{R_{\mathrm{V}} + R_{\mathrm{RW}}}$$

überführt und im Widerstand R_{V} in Wärme umgesetzt. Der elektronische Schalter S, der durch einen normalen Thyristor mit kapazitivier Löscheinrichtung, einen abschaltbaren Thyristor (GTO, Gate Turn Off) oder durch einen Leistungstransistor verwirklicht werden kann, wird mit einer möglichst hohen Frequenz

$$f = \frac{1}{T}$$

getaktet, wobei die zulässige Höhe der Frequenz von den zulässigen Schaltverlusten der eingesetzten Halbleiterbauelemente abhängt. Je höher die Taktfrequenz ist, desto kleiner kann die Induktivität der Glättungsdrosselspule L bei gleicher Welligkeit des Gleichstroms gehalten werden. Wird S eingeschaltet, so steigt der Gleichstrom i_{d} entsprechend der Spannung U_{d}, der Induktivität L und den Impendanzen der Asynchronmaschine an. Wird S ausgeschaltet, so wird der Strom i_{d} auf den Widerstand R_{V} kommutiert, die Spannung

$$u_{\mathrm{RV}} = i_{\mathrm{d}} R_{\mathrm{V}},$$

ist größer als die Spannung U_{d} und der Strom i_{d} klingt im wesentlichen mit der Zeitkonstante L/R_{V} wieder ab. Um die Welligkeit des Gleichstromes klein zu halten, ist bei der Dimensionierung der Schaltung darauf zu achten, daß diese Zeitkonstante groß gegenüber der Periodendauer der Schaltertaktung T ist ($L/R_{\mathrm{V}} >> T$). Über das Einschaltzeitverhältnis

$$a = \frac{T_{\mathrm{e}}}{T},$$

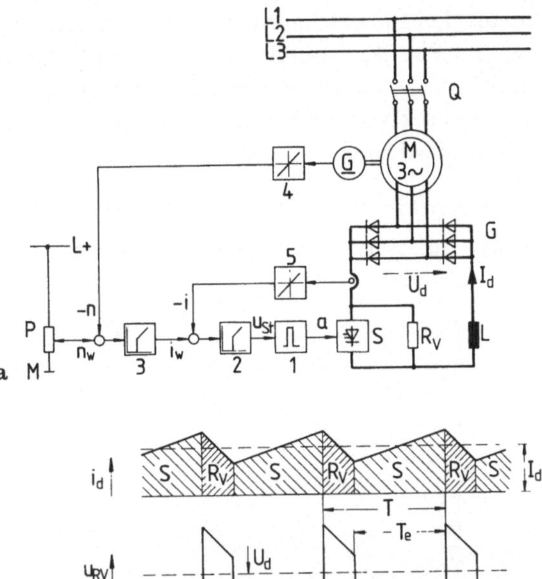

Bild 75. Elektronisch getakteter Widerstandssteller. **a** grundsätzliche Schaltung; **b** zeitlicher Verlauf von Strom und Spannung im Gleichstromkreis

das im Steuersatz 1 (Bild 75) aus der Steuerspannung u_{St} gebildet wird, läßt sich mittels des Stromreglers 2 der Gleichstrommittelwert I_d regeln. Dem Stromregelkreis kann ein Drehzahlregelkreis mit dem Drehzahlregler 3 überlagert werden. Im Meßwertumsetzer 4 wird aus der Spannung des Tachogenerators G die Regelgröße n der Drehzahl und in 5 aus dem Stromwandlermeßwert die Regelgröße i des Stromes gebildet.

Mit dem elektronisch getakteten Widerstandssteller ist es möglich, den wirksamen Widerstand R_w im Gleichstromkreis nach der Beziehung

$$R_w = R_V(1-a)$$

in die Grenzen

$$0 < R_w < R_V$$

zu ändern [27]. Dadurch kann der Antrieb in jedem Arbeitspunkt der Drehmoment-Drehzahl-Ebene, der zwischen den Maschinenkennlinien für $R_w = R_V$ und $R_w = 0$ liegt, betrieben werden.

Bei großen Wärmeleistungen, wie sie beim Anlassen und Drehzahlstellen von Asynchronmaschinen mit Nennleistungen im MW-Bereich auftreten, kommen Flüssigkeits- oder Elektrolyt-Widerstände zum Einsatz. Der Widerstand wird durch eine zwischen Elektroden befindliche leitfähige Flüssigkeit, meist eine Sodalösung mit korrosionsmindernden Zusätzen, gebildet. Durch die Änderung des Elektrodenabstandes kann der Widerstand kontinuierlich verstellt werden: Zwischen einem Höchstwert bei bis zum Anschlag auseinandergefahrenen Elektroden und einem Tiefstwert, der sich einstellt, wenn die Elektrodenkämme ineinander gefahren sind [28]. Der Schlitten mit den beweglichen Elektroden wird durch einen Stellmotor angetrieben; ist dieser Teil eines Stromregelkreises, so läßt sich mit dem stufenlos veränderbaren Elektrolytwiderstand als Leistungsstellglied eine Antriebsregelung aufbauen, die allerdings – verglichen mit Regelkreisen mit elektronischen Stellgliedern – eine relativ schlechte Dynamik hat. Zum strombegrenzten Anfahren großer Asychronmotoren bzw. zur Drehzahlregelung von Lüftern oder Pumpen sind die erzielbaren Anregelzeiten jedoch meist ausreichend.

Anpassung des Vorschaltwiderstandes an Asynchronmaschine und Arbeitsmaschine

Um den Vorschaltwiderstand für einen Anlasser dimensionieren zu können, sind folgende Antriebsdaten erforderlich:

Motornennleistung	P_N
Motornenndrehzahl	n_N
Trägheitsmoment des Motors	J_M
Trägheitsfaktor	FI
Gegenmomentkennlinie	$M_G(n)$
Läuferstillstandsspannung	U_{20}
Läufernennstrom	I_{RN}
Widerstand der Rotorwicklung	R_{RW}
Anlaufhäufigkeit	h

Aus diesen Daten läßt sich die elektrische Leistung des Rotors $P_{el\,R}$ als Funktion der Drehzahl n ermitteln [siehe Gl.(23) bis (31)], wobei $P_{el\,R}$ jeweils im Verhältnis von Rotorwiderstand R_{RW} zu Vorschaltwiderstand R_V (Bild 76) in Rotorleiterverluste P_{VR} und Anlasserverlustleistung P_{VV} umgesetzt wird. Die über die Hochlaufzeit t_H (Gl.(22)) integrierte Verlustleistung ergibt die Verlustarbeit. In der Rotorwicklung fällt während eines Hochlaufes die Wärmemenge

$$W_{VR} = \int_0^{t_H} P_{VR} \mathrm{d}t$$

an, der entsprechende Wert für den Vorschaltwiderstand ist

$$W_{VV} = \int_0^{t_H} P_{VV} \mathrm{d}t.$$

Der Vorschaltwiderstand ist so zu dimensionieren, daß in ihm bei einer durch die Anlaßhäufigkeit h gegebenen Zahl von Anläufen pro Stunde die zulässigen Temperaturgrenzen nicht überschritten werden.

Bei Widerstandsstellern sind die Widerstände so zu dimensionieren, daß in ihnen die größte nach der Gegenmomentkennlinie der Arbeitsmaschine innerhalb des geforderten Drehzahlstellbereichs auftretende Verlustleistung

$$P_{VV} = s \cdot M_G \cdot \omega_{mech\,sy} \left(\frac{R_V}{R_V + R_{RW}} \right)$$

dauernd ohne schädliche Erwärmung aufgenommen und abgeführt werden kann.

Die Läuferstillstandsspannung U_{20} ist eine Leerlaufspannung, die an den Läuferklemmen der Asynchronmaschine bei stillstehender Maschine ($n=0$) und offenem Läuferkreis ($I_R=0$) gemessen werden kann. Die Größe der Läuferspannung und deren Frequenz sind dem Schlupf proportional. Bei weiterhin unbelastetem Läufer-

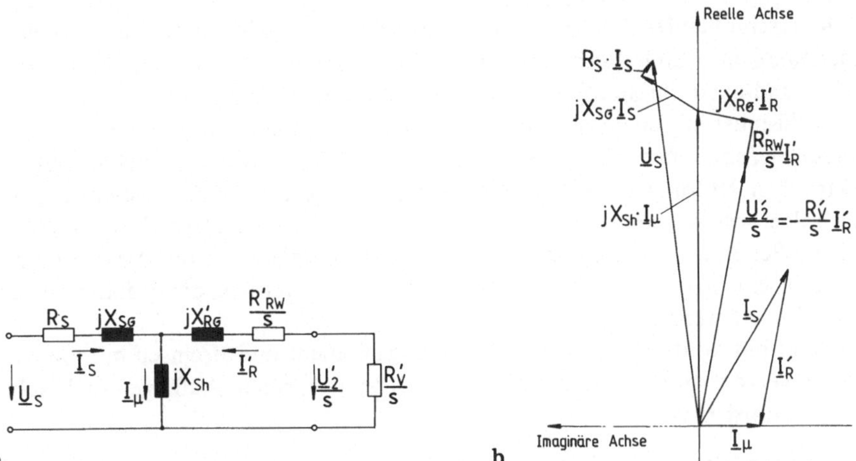

Bild 76. Einsträngiger Ersatzstromkreis (**a**) und Zeigerdiagramm (**b**) des Drehstrom-Asynchronmotors mit Schleifringläufer und äußerem Belastungswiderstand R_V

kreis gilt

$$U_{21} = U_{20} \cdot s \tag{64}$$

und

$$f_R = f_n \cdot s. \tag{65}$$

Bei fließendem Läuferstrom ist $U_2 = R_V \cdot I_R$, wobei die Lastabhängigkeit der auf die Statorseite bezogenen Läuferspannung U'_2 bei konstanter Statorspannung U_S aus Bild 76b zu entnehmen ist.

Anwendungen

Asynchronmaschinen mit Schleifringläufer, die mittels stufig oder stetig verstellbarer Läufer-Vorschaltwiderstände angelassen oder in ihrer Drehzahl gestellt werden, haben auch heute, in der Zeit der elektronischen Stellglieder, durchaus noch ihre Daseinsberechtigung; insbesondere dann, wenn der Anlaß- oder der Stellbetrieb nur einen bezogen auf die Gesamteinsatzdauer kleinen Zeitraum in Anspruch nimmt und die bei einem elektronischen Stellglied eingesparten Energiekosten dessen höhere Anschaffungskosten nicht aufwiegen.
Hauptsächliche Einsatzgebiete sind:

1. Das strombegrenzte Anfahren von Asynchronmaschinen an schwachen Drehstromnetzen. Durch Reduzierung des Anfahrstromes und Verbesserung des Leistungsfaktors im Anfahrbereich kann das Netz gegenüber dem direkten Einschalten erheblich entlastet werden.
2. Das drehmomentbegrenzte Anfahren von Asynchronmaschinen, wenn an der Arbeitsmaschine ein vorgegebenes maximales Beschleunigungsmoment nicht überschritten werden darf.
3. Anfahren und Bremsen von Arbeitsmaschinen mit einem großen Trägheitsmoment, das große Hochlauf- bzw. Bremszeiten bedingt. Gegenüber der Maschine

mit Kurzschlußläufer fällt die Motorverlustarbeit zum größten Teil im Vorschaltwiderstand an; durch Verbesserung des Leistungsfaktors geht der Statorstrom zurück und auch die Statorverlustarbeit wird erheblich reduziert.

4. Drehzahlsteuerung oder -regelung von Arbeitsmaschinen. Gegenüber der Spannungssteuerung einer Maschine mit Kurzschlußläufer fällt der größte Teil der elektrischen Rotorleistung in dem Vorschaltwiderstand als Verlustleistung an; durch den besseren Leistungsfaktor sind auch die Stator-Leiterverluste erheblich kleiner. Bei einer Arbeitsmaschine mit Lüfterkennlinie kann die Asynchronmaschine in einem großen Drehzahlbereich betrieben werden, ohne daß sie überdimensioniert werden muß.
5. Hochlauf mit kontrolliertem Beschleunigungsmoment und Bremsen mit kontrolliertem Verzögerungsmoment, wie es bei Fördermaschinen, Aufzügen und Hebezeugen gefordert wird.

Auf die Anwendung der Drehzahlsteuerung über Vorschaltwiderstand bei Hebezeugen, einem wichtigen Anwendungsgebiet dieser Technik, wird im folgenden anhand eines Beispiels eingegangen. Die auf einem Kran eingesetzten Hebezeugantriebe lassen sich unterscheiden in Antriebe mit symmetrischer und mit unsymmetrischer Drehzahl-Drehmoment-Kennlinie. Symmetrische Kennlinien haben die Fahrwerke, Drehwerke und Kippwerke, unsymmetrische dagegen die Hubwerke. Bild 77, in dem die Kennlinien eines Fahrwerkes und eines Hubwerkes gegenübergestellt sind, erläutert die Begriffe. Beim Fahrwerk sind der I. und der III. Quadrant der Drehzahl-Drehmoment-Ebene die Fahrquadranten, der I. für "Fahren rechts", der III. für "Fahren links". Der II. und der IV. Quadrant dienen entsprechend zum Bremsen. I. und III. Quadrant bzw. II. und IV. Quadrant unterscheiden sich nur durch die Drehrichtung der Maschine. Hingewiesen sei auf den Umstand, daß es in den Diagrammen der Hebezeugtechnik entgegen der bisherigen Praxis dieses Buches üblich ist, die Drehzahl über dem Drehmoment aufzutragen; die Bilder 77 und 79 haben daher eine vom Üblichen abweichende Darstellungsform.

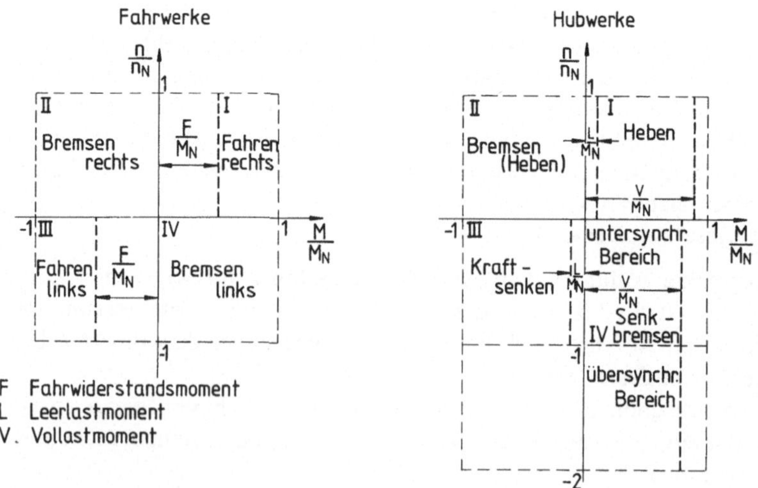

Bild 77. Hebezeugantriebe; Drehzahl-Drehmoment-Bereiche für Fahrwerk- und Hubwerkantriebe von Kranen

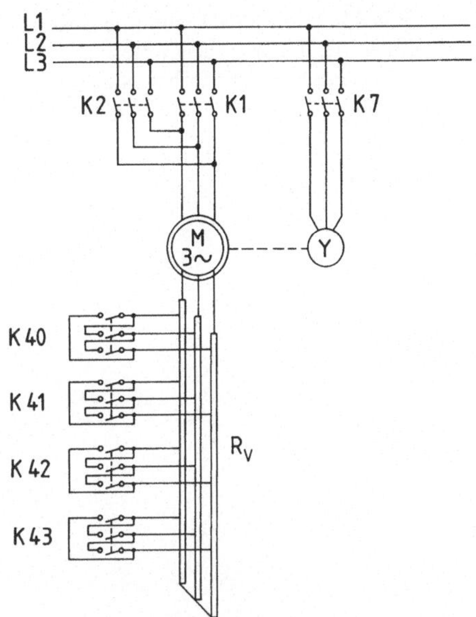

Bild 78. Drehstrom-Konterhubschaltung mit elektrischer Nachlaufbremse

Bei Hubwerken liegen die Verhältnisse anders. Hier besteht die Aufgabe, Lasten immer in dieselbe Richtung zu heben und ebenso in dieselbe Richtung abzusetzen. Beim Heben bremst sich die Last von allein ab, und beim Senken muß im allgemeinen gebremst und nicht beschleunigt werden. Der Antrieb eines Hubwerkes arbeitet deshalb beim Heben ausschließlich im I. Quadranten und beim Senken überwiegend im IV. Quadranten. Nur beim Absenken des leeren Hakens kann ein stationärer Betrieb im III. Quadranten zustande kommen.

Bild 78 zeigt die Drehstrom-Konterhubschaltung mit elektrischer Nachlaufbremse. Bei stillstehendem Antrieb ist das Schütz K 7 geöffnet, die mechanische Bremse bei abgeschaltetem Bremslüfter Y damit eingelegt. Soll eine Last gehoben werden, so ist das Steuerschütz K 43 einzuschalten, die Statorwicklung über das Schütz K 1 an das Netz zu legen und der Bremslüfter durch Schließen der Kontakte des Schützes K 7 zu erregen. Der Antrieb läuft auf der Kennlinie "Heben 1" (Bild 79) an und kann durch stufenweises Kurzschließen des Vorschaltwiderstandes R_V bis auf die Kennlinie "Heben 4" beschleunigt werden. Bei Belastung mit Nennmoment stehen für das Heben drei verschiedene stationäre Geschwindigkeiten zur Verfügung.

Entspricht das Nennmoment M_N dem Betriebszustand "Vollast Heben" und hat das Getriebe zwischen Motor und Seiltrommel einen Wirkungsgrad $\eta_G = 0{,}9$, so entspricht der Betriebszustand "Vollast Senken" einem Bremsmoment von

$$M_{Br} = \eta_G^2 M_N = 0{,}81\ M_N.$$

Bei Vollast und Kennlinie "Heben 1" sackt die Last mit langsamer Geschwindigkeit durch. Die Kennlinie "Heben 1" geht bei $n = 0$ über in die Kennlinie "Bremsen I", die im Gegenstrombremsbereich ($s > 1$) liegt. Bei Gießpfannen oder Blockzangen kann die Leerlastkennlinie recht hoch liegen, im Beispiel etwa bei der halben Vollast. Mit der Kennlinie "Bremsen II" lassen sich im Gegenstrombremsbereich langsame Senkgeschwindigkeiten auf der Leerlastkennlinie einstellen. Soll die Last schneller abgesenkt werden, so ist auf die "übersynchronen Bremsstufen 3 und 4" umzuschalten.

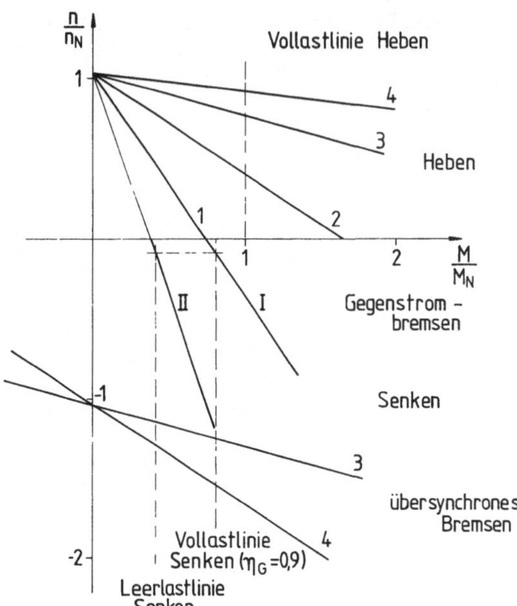

Bild 79. Drehzahl-Drehmoment-Kennlinien der Drehstrom-Konterhubschaltung mit elektrischer Nachlaufbremse

Dazu ist erst das Ständerschütz K 1 ab- und dann das Ständerschütz K 2 einzuschalten. Die Widerstandsstufe von ″Bremsen 3″ stimmt mit der von ″Heben 3″ überein, die von ″Bremsen 4″ entspricht der von ″Heben 2″.

Elektrische Nachlaufbremse in der Schaltungsbezeichnung besagt, daß bei Rücknahme des Steuerhebels auf Stellung 0 die niedrigste Bremsstufe (Bremsen I) so lange eingeschaltet bleibt, bis die mechanische Bremse eingefallen ist.

3.2.2 Drehzahlsteuerung durch Verändern einer Spannungsschwelle im Läuferkreis: Die untersynchrone Stromrichterkaskade

Schaltung und grundsätzliche Wirkungsweise

Die in den vorstehenden Abschnitten 3.1 und 3.2.1 beschriebenen Verfahren zur Drehzahlsteuerung der Asynchronmaschine verursachen Verluste, die dem Produkt aus Drehmoment und Schlupf proportional sind. In beiden Fällen wird die auch Schlupfleistung genannte elektrische Rotorleistung

$$P_{\mathrm{el\,R}} = s \cdot M_{\mathrm{M}} \cdot \omega_{\mathrm{mech\,sy}}$$

in Wärmeleistung überführt; bei der Spannungssteuerung der Käfigläufermaschine wird die Verlustwärme in der Maschine frei, bei der Widerstandssteuerung der Schleifringläufermaschine dagegen wird die elektrische Rotorleistung überwiegend in den Anlaß- oder Stellwiderständen in Wärme umgesetzt.

Ziel der Elektromaschinenbauer war es schon in einem frühen Stadium der elektrischen Antriebstechnik, die Asynchronmaschine mit Schleifringläufer verlustarm in ihrer Drehzahl zu regeln. Das läßt sich erreichen, wenn die elektrische Rotorleistung

P_{elR} nicht in Wärmeleistung überführt, sondern in elektrische Leistung mit Netzspannung umgeformt und in ein Gleichstrom- oder Drehstromnetz eingespeist wird. Bis Anfang der sechziger Jahre wurden zu diesem Zweck Maschinenkaskaden eingesetzt, die Krämer-Kaskade als Drehstrom-Gleichstromkaskade und die Scherbius-Kaskade als Drehstrom-Drehstromkaskade mit einem Gleichstromzwischenkreis [30]. Nachdem in der zweiten Hälfte der fünfziger Jahre leistungsstarke und verlustarme mit Siliziumdioden bestückte Gleichrichtergeräte zur Verfügung standen, konnten Anfang der sechziger Jahre die ersten untersynchronen Stromrichterkaskaden industriell eingesetzt werden [31,32]; das Prinzip als solches ist seit den dreißiger Jahren bekannt [33].

Bei der untersynchronen Stromrichterkaskade (Bild 80) wird die Schlupfleistung P_{elR} in dem zum Umrichter G gehörenden Teilstromrichter SR1 – einem ungesteuerten Diodengleichrichter – in Gleichstromleistung P_d überführt. Der Teilstromrichter SR2 – ein im Wechselrichterbetrieb arbeitender steuerbarer Stromrichter – formt die im Strom-Zwischenkreis des Umrichters anstehende Gleichstromleistung P_d in Drehstromleistung P_T um und speist diese über einen Anpassungstransformator T in das Drehstromnetz zurück. Aus dem Netz braucht nun nicht mehr, wie bei Maschinen mit Widerstandssteuerung, die volle Statorleistung P_S bezogen zu werden, sondern dem Netz wird nur die Leistungsdifferenz

$$P_n = P_S - P_T$$

entnommen. Die unter idealisierten Voraussetzungen – die Verluste in Maschine und Umrichter wurden vernachlässigt – gezeichneten Leistungsfluß-Diagramme (Bild 81) zeigen deutlich den Energiespareffekt der untersynchronen Stromrichterkaskade gegenüber der im Abschnitt 3.2.1 behandelten Widerstandssteuerung. Auch wenn die Verluste in Maschine und Stromrichter berücksichtigt werden, bleibt die untersynchrone Stromrichterkaskade ein verlustarm drehzahlsteuerbares Antriebssystem mit gutem Wirkungsgrad.

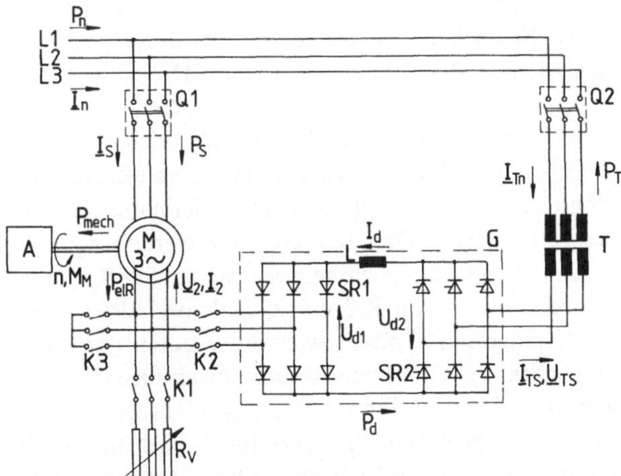

Bild 80. Prinzipschaltbild der untersynchronen Stromrichterkaskade

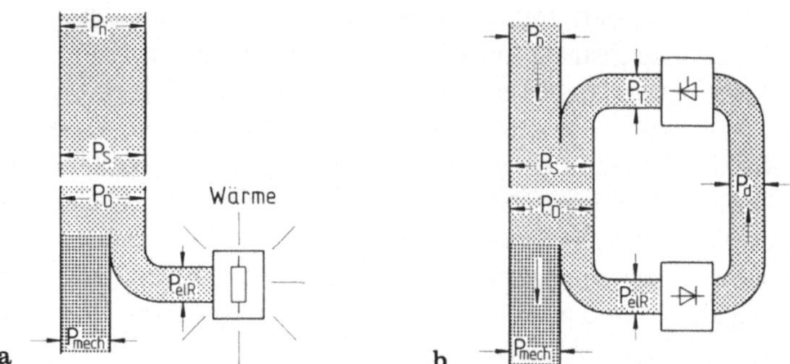

Bild 81. Leistungsfluß-Diagramm einer Drehstromasynchronmaschine mit Schleifringläufer ($s = 0{,}4$); grundsätzliche Darstellung (Maschinen- und Umrichterverluste vernachlässigt). **a** Widerstandssteuerung; **b** untersynchrone Stromrichterkaskade

Die Nenngleichstromleistung P_{dN} des Umrichters ergibt sich aus dem Produkt der Maximalwerte von Gleichspannung $U_{d\,max}$ und Gleichstrom $I_{d\,max}$:

$$P_{dN} = U_{d\,max} \cdot I_{d\,max}. \tag{66}$$

$I_{d\,max}$ ist dem maximal zulässigen Maschinenmoment $M_{M\,max}$ proportional, $U_{d\,max}$ über die Schleifringspannung U_2 nach Gl.(64) dem bei der tiefsten Drehzahl innerhalb des Drehzahlbereiches auftretenden Schlupf s_{max}. Ist der Teilstromrichter SR 1 wie üblich in Drehstrombrückenschaltung ausgeführt, so besteht nach der idealisierten Stromrichtertheorie [34] die Beziehung

$$U_{d1} = \frac{3}{\pi}\sqrt{2}\,U_2 = 1{,}35 \cdot U_{20} \cdot s. \tag{67}$$

Damit geht Gl.(66) über in

$$P_{dN} = 1{,}35 \cdot U_{20} \cdot s_{max} \cdot I_{d\,max}. \tag{68}$$

Aus Gl.(68) ist ersichtlich, daß die Nennleistung des Umrichters dem maximalen Schlupf und damit dem Drehzahlstellbereich proportional ist. Die untersynchrone Stromrichterkaskade ist daher ein kostengünstiger Antrieb für kleine Drehzahlstellbereiche.

Ist der Umrichter G (Bild 80) nur für einen kleinen Drehzahlstellbereich ausgelegt, so kann, da $s_{max} < 1$ ist, der Antrieb nicht über den Umrichter angefahren werden. Das Hochfahren in den Drehzahlstellbereich hinein erfolgt mit dem Widerstandsanlasser R_V. Soll die Maschine längere Zeit mit höchster Drehzahl gefahren werden, so empfiehlt es sich, die Läuferwicklung der Asynchronmaschine über das Schütz K 3 kurzzuschließen und den Umrichter durch Öffnen von K 2 und Q 2 abzuschalten. Hierdurch werden die Umrichterverluste eingespart und – wie weiter unten gezeigt – wird durch das Abschalten des Gleichrichters SR 1 die Blindleistungsaufnahme der Asynchronmaschine reduziert, wodurch sich auch ihr Wirkungsgrad verbessert. Maschinen großer Leistung werden oft mit einer Schleifringkurzschließ- und Bürstenabhebvorrichtung ausgerüstet, durch die die Läuferverluste weiter herabgesetzt und der Bürstenverschleiß beseitigt werden kann.

Die Drehzahlsteuerung im Kaskadenbetrieb erfolgt über die Aussteuerung des Teilstromrichters SR 2. Wird von einem nicht lückenden Gleichstrom I_d im Stromzwischenkreis ausgegangen, was eine hinreichend große Glättungsinduktivität L voraussetzt, so ergibt sich nach der idealisierten Theorie der netzgeführten Stromrichter [34] die Gleichspannung an den Gleichstromklemmen des Stromrichters SR 2 zu

$$U_{d2\alpha} = U_{d2i} \cdot \cos\alpha. \tag{69}$$

In der untersynchronen Stromrichterkaskade arbeitet der Stromrichter SR 2 stets im Wechselrichterbetrieb, d.h., der Steuerwinkel α bewegt sich im Bereich $90 \leq \alpha \leq \alpha_w$, wobei α_w der im Hinblick auf das Wechselrichterkippen maximal zulässige Steuerwinkel ist; α_w wird als Wechselrichtertrittgrenze bezeichnet. Wegen des andauernden Wechselrichterbetriebes wird $U_{d2\alpha}$ stets negativ sein und nur bei der höchsten Maschinendrehzahl den Wert Null annehmen.

Solange $-U_{d2\alpha}$ größer ist als U_{d1}, kann unter den genannten Voraussetzungen kein Strom I_d im Zwischenkreis und damit auch kein Strom in der Rotorwicklung der Maschine fließen; die Maschine kann kein Drehmoment entwickeln und wird durch das Gegenmoment der Arbeitsmaschine so lange abgebremst, bis

$$U_{d1} = -U_{d2\alpha} \tag{70}$$

wird. Erst nach Überschreiten dieser Spannungsschwelle im Läuferkreis kann Strom fließen und die Maschine ein Drehmoment abgeben. Werden die Gl.(67) und (69) in (70) eingesetzt, so ergibt sich der Leerlaufschlupf zu

$$s_0 = -\frac{U_{d2i}}{1{,}35\,U_{20}} \cdot \cos\alpha. \tag{71}$$

Gleichung (71) zeigt den grundsätzlichen Zusammenhang zwischen Leerlaufschlupf s_0 und Steuerwinkel α, über den sich die Leerlaufdrehzahl zu

$$n_0 = n_{sy}(1 - s_0) \tag{72}$$

berechnen läßt.

Stromortskurven und Kennlinien der Asynchronmaschine im Kaskadenbetrieb

Die Arbeitsweise der Asynchronmaschine mit Schleifringläufer im Antriebssystem Untersynchrone Stromrichterkaskade (Bild 80) läßt sich nicht mehr anhand des einsträngigen Ersatzschaltbildes, wie es z.B. in Bild 76 dargestellt ist, beschreiben. Als neues Element erscheint der Stromrichter SR 1 im Läuferkreis, auf dessen Gleichstromseite ein durch die Induktivität L gut geglätteter Strom I_d fließt.

Um die Auswirkungen des Stromrichters auf das Betriebsverhalten der Asynchronmaschine untersuchen zu können, ist der Übergang vom einsträngigen auf den dreisträngigen Ersatzschaltkreis (Bild 82) erforderlich [35]; dabei werden neben den läuferseitigen Größen R_R, $X_{R\sigma}$ und I_R auch der Gleichstrom I_d und die Gleichspannung U_{d1} auf die Ständerseite bezogen und im Bild 82 als I'_d und U'_{d1} bezeichnet.

Aus der Theorie elektrischer Maschinen [3,35] ist bekannt, daß der normalerweise benützte einsträngige Ersatzstromkreis nach Bild 83a zur einfacheren Ermittlung der Ortskurve des Läuferstromes I_R in den elektrisch gleichwertigen Ersatzschaltkreis

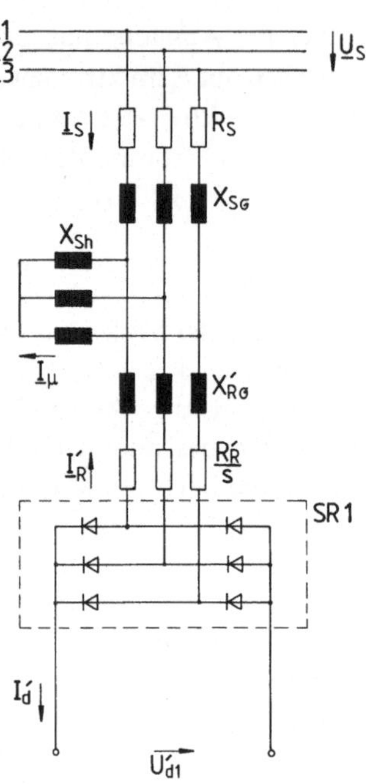

Bild 82. Dreisträngiger Ersatzschaltkreis der Drehstromasynchronmaschine und des maschinenseitigen Stromrichters SR 1

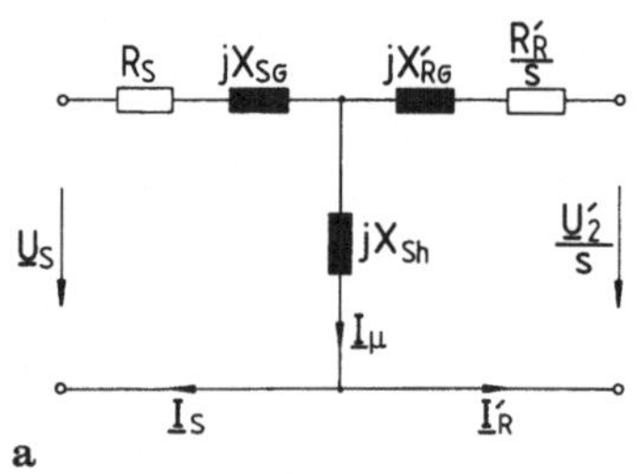

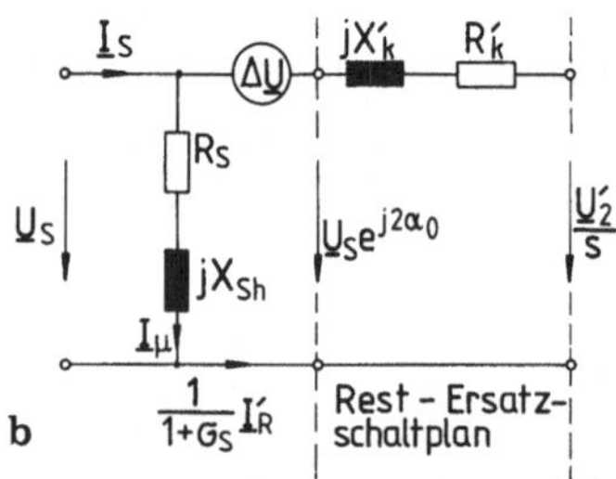

Bild 83. Einsträngige Ersatzschaltpläne einer Drehstromasynchronmaschine. **a** meist verwendeter Ersatzschaltplan; **b** transformierter Ersatzschaltplan zur einfachen Ermittlung der Ortskurve des Rotorstromes I_R

nach Bild 83b überführt werden kann. Dabei gelten folgende Transformationsgleichungen:

$$X'_k = (1+\sigma_S)[X_{S\sigma} + (1+\sigma_S)X'_{R\sigma}], \tag{73}$$

wobei die Statorstreuziffer zu

$$\sigma_S = \frac{X_{S\sigma}}{X_{Sh}}$$

zu setzen ist,

$$R'_k = R_S + (1+\sigma_S)^2 \frac{R'_R}{s} \tag{74}$$

und

$$2\alpha_0 = \arctan \frac{R_S}{X_{S\sigma}} . \tag{75}$$

Der Rest-Ersatzschaltplan nach Bild 83b ist in Bild 84 einschließlich des an die Rotorwicklung angeschlossenen Stromrichters dreisträngig dargestellt. Im Gegensatz zu den üblichen Rechenverfahren der konventionellen Theorie der netzgeführten Stromrichter kann hier der ohmsche Widerstand R_k im Kommutierungskreis nicht vernachlässigt werden. Nach Gl.(74) ist seine Größe schlupfabhängig. Bei kleinen Schlupfwerten, also Betrieb der Maschine in der Nähe der synchronen Drehzahl, überwiegt der ohmsche Widerstand R_k bei weitem den induktiven X_k. Für einen bestimmten Schlupf s, also einen konstanten Widerstand R_k, läßt sich eine konstante Güte des Kommutierungskreises als

$$G = \frac{X_k}{R_k} \tag{76}$$

definieren. Mit dieser Güte G, die der Güte eine Drosselspule in einem Resonanzkreis vergleichbar ist, als Parameter läßt sich der zeitliche Verlauf der Strangströme I_R während der Kommutierung berechnen. Setzt man einen gut geglätteten zeitlich konstanten Gleichstrom I_d voraus, so lassen sich relativ leicht über die harmonische Analyse des zeitlichen Verlaufes des Rotorstromes der Effektivwert der Grundschwingung I_{R1} und der Grundschwingungs-Verschiebungswinkel φ_{R1} ermitteln. Durch Variation des Gleichstrommittelwertes I_d ergeben sich Stromortskurven für den Rotorstrom I_R, die innerhalb der Kreisortskurve liegen, die für die Maschine mit kurzgeschlossener Läuferwicklung gilt. Die Folgerung ist, daß die Asynchronmaschine im Kaskadenbetrieb mt einem kleineren Grundschwingungs-Leistungsfaktor $\cos \varphi_{R1}$ arbeitet [36] (Bild 85).

Bei der Ableitung der in Gl.(72) angegebenen Leerlaufdrehzahl wurde nach der idealisierten Stromrichtertheorie vorgegangen, d.h., die Widerstände R_k und X_k des Kommutierungskreises wurden vernachlässigt. Für den Leerlauffall ist diese Näherung durchaus zulässig, da mit dem Strom I_d auch die Überlappungszeit – das ist die Zeit, während der zwei Ventile derselben Brückenhälfte gleichzeitig Strom führen – gegen Null geht.

Wird nun die Arbeitsmaschine belastet, so muß die Asynchronmaschine ein Drehmoment abgeben. Dazu muß im Läuferkreis ein Strom fließen, wobei das innere Drehmoment M_M bei vernachlässigten Stator-Leiterverlusten der Wirkkomponente

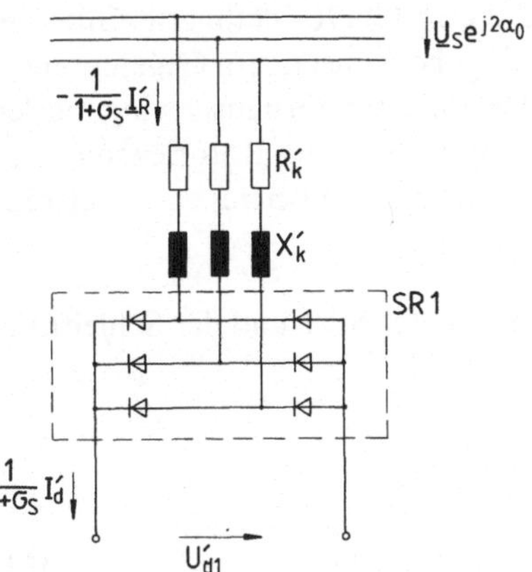

Bild 84. Dreisträngige Darstellung des Rest-Ersatzschaltkreises nach Bild 83 b und des maschinenseitigen Stromrichters SR 1

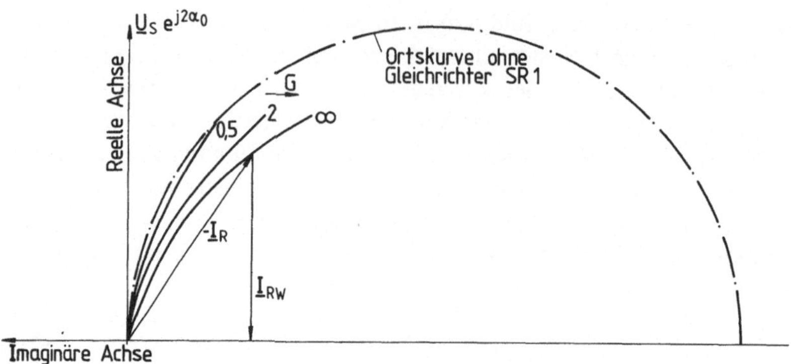

Bild 85. Ortskurven des Rotorstromes I_R für unterschiedliche Gütewerte G des Kommutierungskreises

I_{RW} des Rotorstromes I_R nach Bild 85 proportional ist. Damit der erforderliche Rotorstrom I_R fließen kann, muß die Asynchronmaschine in ihrer Drehzahl so weit zurückfallen, daß – konstante Spannung $U_{d2\alpha}$ des Stromrichters SR 2 zunächst einmal vorausgesetzt – die Erhöhung der inneren Spannung der Rotorwicklung die im Kommutierungskreis des Bildes 84 auftretende ohmsche und induktive Spannungsänderung ausgleicht.

Wird die innere Spannung gleich der in Gl.(64) angegebenen Leerlaufspanung U_{21} gesetzt, so folgt mit Gl.(67)

$$D_{r1} + D_{x1} = 1{,}35 \cdot U_{20} \cdot \Delta s. \tag{77}$$

D_{r1} ist die ohmsche Spannungsänderung des Stromrichters SR 1, D_{x1} die induktive und Δs der Wert, um den sich der Schlupf bei Belastung über den Leerlaufschlupf s_0 nach Gl.(71) hinaus vergrößert. Der Gesamtschlupf wird somit

$$s = s_0 + \Delta s, \tag{78}$$

wobei die Größe von Δs nicht nur von der Größe des Gleichstroms I_d, sondern auch von der Größe des Schlupfes s und damit vom Kommutierungsvorgang im Stromrichter SR 1 sowie dem dadurch bedingten Grundschwingungsleistungsfaktor des Läuferkreises abhängt. Mit steigendem Schlupf s wird die in Gl.(76) definierte Güte des Kommutierungskreises größer. Das wiederum bedingt bei konstantem Gegenmoment einen größeren Rotorstrom I_R (Bild 85) wegen des kleineren Grundschwingungsleistungsfaktors. Zwischen der in Gl.(28) angegebenen elektrischen Rotorleistung P_{elR} und der über den Gleichstromzwischenkreis des Umrichters übertragenen Leistung

$$P_d = U_d I_d \tag{79}$$

besteht bei Vernachlässigung der Verluste im Stromrichter SR 1 und der Schleifringverluste der Zusammenhang

$$P_{el\,R} = P_d + P_{VR}, \tag{80}$$

wobei die Rotorverlustleistung P_{VR} sich zu

$$P_{VR} = 3 \cdot I_R^2 \cdot R_{RW} \tag{81}$$

ergibt. Nach der idealisierten Stromrichtertheorie besteht für die Drehstrombrückenschaltung zwischen I_R und I_d die Beziehung

$$I_d = \sqrt{\frac{3}{2}}\, I_R. \tag{82}$$

Aus Gl.(28) und den Gl.(79) bis (82) folgt

$$s = \frac{I_R}{M_M \cdot \omega_{mech\,sy}} \left(3 \cdot I_R \cdot R_{RW} + \sqrt{\frac{3}{2}}\, U_{d1}\right). \tag{83}$$

Das innere Drehmoment der Asynchronmaschine M_M ist – bei Vernachlässigung der Statorverluste – der Wirkkomponente I_{RW} des Rotorstromes I_R nach Bild 85 proportional:

$$M_M = k_1 \cdot I_{RW}.$$

Mit

$$I_{RW} = I_R \cdot \cos \varphi_{R1}$$

ergibt sich aus Gl.(83)

$$s = \frac{k_2}{(\cos \varphi_{R1})^2}\, M_M + \frac{k_3}{\cos \varphi_{R1}}\, U_{d1} \tag{84}$$

(in den Konstanten k_1, k_2 und k_3 sind Maschinenkonstanten und Umrechnungsfaktoren zusammengefaßt).

Vergleicht man die Gl.(78) und (84), so zeigt sich, daß für $M_M \to 0$

$$\frac{k_3}{\cos \varphi_{R1}}\, U_{d1} \to s_0$$

geht.

Wie aus Gl.(84) weiterhin zu ersehen ist, ist die belastungsabhängige Zunahme des Schlupfes um Δs bei konstant gehaltener Gleichspannung U_{d1} (Gl.(78)) nicht nur vom Maschinendrehmoment M_M, sondern auch vom Grundschwingungs-Leistungsfaktor $\cos \varphi_{R1}$ und damit – über die Gütezahl G des Kommutierungskreises – auch von der Größe des Leerlaufschlupfes s_0 abhängig. Werden die bisher vernachlässigten Spannungsverluste am Stromübergang zwischen Schleifring und Bürste sowie im Stromrichter SR 1 mit berücksichtigt, so steigt bei konstantem Maschinenmoment M_M und konstanter Gleichspannung U_{d1} der Schlupf s weiter an.

Die vorstehend beschriebenen Zusammenhänge sollen anhand von Bild 86 verdeutlicht werden. Für $U_{d1} = 0$ stellt sich die höchste Leerlaufdrehzahl ein. Bei Belastung fällt die Drehzahl wegen der oben beschriebenen Einflüsse stärker ab, als sie bei gleichem Gegenmoment und kurzgeschlossener Läuferwicklung zurückgehen würde. Der Stromrichter SR 2 sei so ausgelegt, daß sich für

$$U_{d2\alpha} = U_{d2i} \cdot \cos \alpha_w = -\frac{3}{\sqrt{2}\pi}\, U_{20}$$

der Leerlaufschlupf nach Gl.(71) zu $s_0 = 0{,}5$ ergibt. Der Antrieb verfügt somit über einen Drehzahlstellbereich von

$$\frac{n_{min}}{n_{max}} = 1{:}2.$$

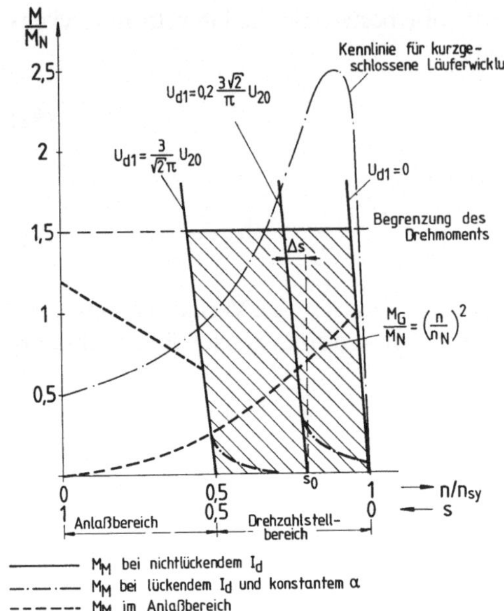

Bild 86. Drehmoment-Drehzahl-Kennlinie der Asynchronmaschine im Kaskadenbetrieb für jeweils konstante Zwischenstromkreisspannung U_{d1}. Bei einem Drehzahlstellbereich von 1:2 und Begrenzung des Drehmomentes auf $M_{M\,max} = 1{,}5\,M_N$ ist im Betrieb im schraffierten Bereich der M-n-Ebene möglich

Da bei $s \approx 0{,}5$ die Gütezahl G des Kommutierungskreises größer ist als bei $s \approx 0$, also der Grundschwingungsleistungsfaktor $\cos \varphi_{R1}$ kleiner, verläuft die Drehmoment-Drehzahlkennlinie flacher, d.h., Δs ist größer.

Geht man weiterhin von der Annahme aus, daß die elektrischen Ventile des Umrichters gerade in der Lage sind, den Gleichstrom $I_{d\,max}$, der dem 1,5-fachen Nennmoment entspricht, dauernd zu führen, so ergibt sich die in Bild 86 eingetragene Begrenzung des Drehmomentes. Innerhalb des durch die besprochenen Grenzkennlinien umschlossenen schraffierten Bereiches der Drehmoment-Drehzahlebene kann der Antrieb in jedem Betriebspunkt gesteuert oder – wie weiter unten gezeigt wird – auch geregelt betrieben werden.

Weiterhin ist in Bild 86 noch die Motorkennlinie für

$$U_{d1} = 0{,}2\,\frac{3\sqrt{2}}{\pi}\,U_{20}$$

eingetragen, die einem Leerlaufschlupf $s_0 = 0{,}2$ entspricht.

Bisher wurde von einem gut geglätteten Gleichstrom I_d im Zwischenkreis ausgegangen. Da die Entkopplungsinduktivität L im Zwischenkreis jedoch eine endliche Größe hat, beginnt der Gleichstrom unterhalb eines Grenzwertes zu lücken. Die Folge ist ein Ansteigen der Spannung $U_{d2\alpha}$, wenn der Steuerwinkel α des Stromrichters SR 2 konstant gehalten wird [34,37].

Das wiederum führt zu dem in Bild 86 strichpunktiert eingetragenen Drehzahlanstieg bei entlasteter Maschine. Um bei einer gegebenen Gegenmomentkennlinie auch die untere Grenze des Drehzahlstellbereiches sicher erreichen zu können, muß die Induktivität L so bemessen sein, daß das Lücken des Gleichstromes erst bei einem Motormoment M_M beginnt, das kleiner als das Gegenmoment M_G ist (siehe Bild 86).

Stromortskurven des gesamten Antriebes

Der vom Leistungsteil des Antriebes, also von der Asynchronmaschine und dem Umrichter, aus dem Versorgungsnetz entnommene Strom I_n setzt sich aus Anteilen des Statorstromes I_S und des Transformatorstromes I_{Tn} zusammen (Bild 80), es gilt

$$\underline{I}_n = \underline{I}_S + \underline{I}_{Tn}.$$

In Bild 87 wird vereinfachend davon ausgegangen, daß bei Belastung mit konstantem Gegenmoment der Arbeitspunkt A der Maschine innerhalb des Drehzahlstellbereiches seine Lage beibehält; die im vorstehenden Abschnitt beschriebene Abhängigkeit des Grundschwingungs-Leistungsfaktors vom Schlupf wird also vernachlässigt. Konstantes Gegenmoment bedingt dann einen Rotorstrom I_R konstanter Größe und – nach der idealisierten Stromrichtertheorie – auch einen Transformatorstrom I_T konstanter Größe. Die Phasenlage des Stromes I_{Tn} ändert sich jedoch in Abhängigkeit vom Steuerwinkel α des Stromrichters SR 2, wobei der Zusammenhang zwischen Leerlaufschlupf s_0 und Steuerwinkel α durch Gl.(71) gegeben ist. Wird der Einfluß der Kommutierungsreaktanzen vernachlässigt, so kann der Grundschwingungs-Verschiebungswinkel des Stromrichters SR 2 gleich dem Steuerwinkel α gesetzt werden.

Unter den vorstehend genannten vereinfachenden Voraussetzungen wird die Stromortskurve des gesamten Antriebes ein Kreisabschnitt mit dem Mittelpunkt A, dem Radius I_{Tn} und einem Winkel α im Bereich $90° \leq \alpha \leq \alpha_w$. Für $\alpha = 90°$ ist $s_0 = 0$ und für $\alpha = \alpha_w$ ist $s_0 = s_{0\,max}$. Die in Bild 87 ausgezogen gezeichnete Ortskurve gilt für einen Drehzahlregelbereich von 1:2, also einen maximalen Leerlaufschlupf $s_{0\,max} = 0{,}5$. Gestrichelt eingetragen sind die Ortskurven für die Drehzahlstellbereiche 3:4, 1:4 und 1:∞ entsprechend den Werten $s_{0\,max} = 0{,}25$; 0,75; 1.

Die Darstellung zeigt, daß der Grundschwingungs-Leistungsfaktor $\cos \varphi_{n1}$ mit steigenden Werten für $s_{0\,max}$ kleiner wird.

Häufig werden untersynchrone Stromrichterkaskaden zum Antrieb von Arbeitsmaschinen mit Lüftercharakteristik benutzt. Da bei diesen Antrieben das Gegenmoment quadratisch und die Leistung kubisch mit der Drehzahl ansteigen, läßt sich die

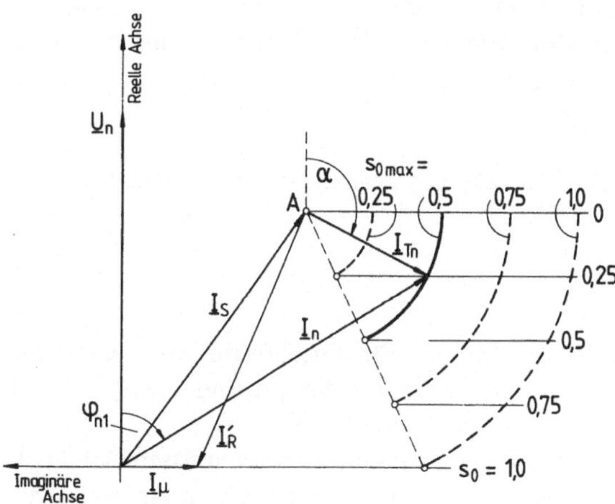

Bild 87. Ortskurve des Netzstromes I_n der untersynchronen Stromrichterkaskade bei Belastung mit konstantem Gegenmoment $M_G = M_N$. $I_n = I_S + I_{Tn}$

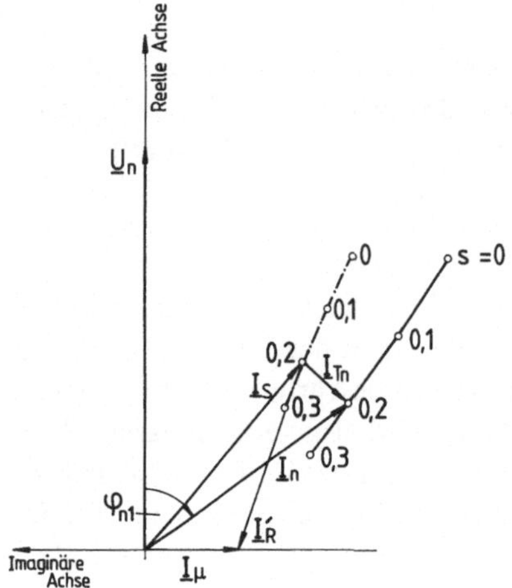

Bild 88. Ortskurve des Netzstromes I_n der untersynchronen Stromrichterkaskade bei Belastung mit Lüftermoment für $s_{0\,max} = 0{,}3$ und $M_G = M_N(n/n_N)^2$

Förderleistung schon bei einem kleinen Drehzahlstellbereich in weiten Grenzen variieren.

Bei einem maximalen Leerlaufschlupf von $s_{0\,max} = 0{,}3$ z.B. kann die Förderleistung einer Kreiselpumpe im Bereich zwischen 100% und 34% der Nennleistung stufenlos verstellt werden. Die sich in diesem Fall ergebenden Ortskurven des Statorstromes I_S und des Netzstromes I_n sind in Bild 88 wiedergegeben. Auch hier zeigt sich, daß wegen des relativ großen Grundschwingungs-Verschiebungswinkels φ_{n1} der Grundschwingungs-Leistungsfaktor cos φ_{n1} des gesamten Antriebes relativ klein ist.

Einfluß der durch den maschinenseitigen Stromrichter bedingten Stromoberschwingungen auf das Betriebsverhalten der Asynchronmaschine

Bedingt durch den an die Rotorwicklung angeschlossenen Stromrichter SR 1 (Bild 80), können sich die Rotorströme nicht sinusförmig ausbilden, sondern sie folgen dem aus der konventionellen Stromrichtertheorie her bekannten zeitlichen Verlauf, wie er in der unteren Zeile des Bildes 89 als $i_{RU}(t)$ dargestellt ist. Außerhalb der Kommutierungszeiten, in denen der gut geglättete Gleichstrom I_d von einem Ventil auf das Folgeventil übergeht, nimmt der Rotorstrom I_R die Werte $+I_d$, 0 und $-I_d$ an. Die harmonische Analyse zeigt, daß im Rotorstrom neben der Grundschwingung Oberschwingungen der Ordnungszahlen

$$\nu = 1 \pm 6n$$

mit $n = 1,2,3,4,...$ usw. enthalten sind. Der Effektivwert der ν-ten Oberschwingung bezogen auf den der Grundschwingung ist

$$\frac{I_{R\nu}}{I_{R1}} < \frac{1}{\nu}\,.$$

Der Grenzwert $1/\nu$ ergibt sich nach der idealisierten Stromrichtertheorie, bei der die Impedanzen im Kommutierungskreis zu Null gesetzt werden (in Bild 84: $R_k' = 0$ und $X_k' = 0$).

Die in der Läuferwicklung fließenden Oberschwingungsströme müssen sich auch im zeitlichen Verlauf der Statorströme bemerkbar machen; sie führen einerseits zur

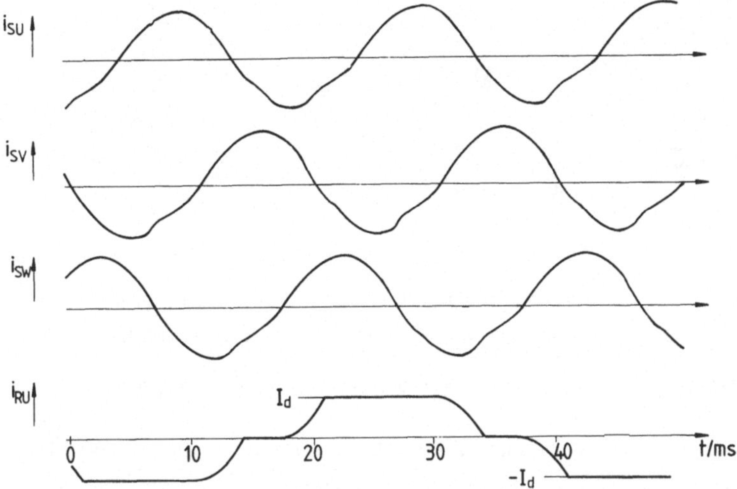

Bild 89. Zeitlicher Verlauf der drei Strangströme der Statorwicklung und eines Strangstromes der Rotorwicklung bei Belastung mit $M_G = 0{,}8\ M_N$; $s \approx 0{,}5$

Verzerrung der Statorströme, wie sie aus Bild 89 ersichtlich ist, und andererseits drehzahlabhängig zu Strompendelungen, Stromschwebungen und unsymmetrischen Netzbelastungen [38].

Die Oberschwingungen jeder Ordnungszahl ν in den drei Strängen der Läuferwicklung bilden ein symmetrisches Drehstromsystem, wodurch elektrische Durchflutungs-Drehwellen entstehen, die relativ zum Läufer mit der ν-fachen Schlupffrequenz umlaufen. Für positive ν-Werte laufen die Drehwellen in derselben Richtung wie die durch die Grundschwingung bedingte, für negative ν-Werte sind sie gegenläufig.

Betrachtet man den Betrieb der Asynchronmaschine zunächst aus der Sicht eines ständerfesten (α,β)-Bezugsystems, so stellt man fest, daß der Rotor mit der Winkelgeschwindigkeit ω_{mech} umläuft (Bild 90a). Zwischen der Winkelgeschwindigkeit der Grundschwingung der Statordurchflutung $\omega_{\mathrm{mech\,sy}}$, der Winkelgeschwindigkeit der Grundschwingung der Rotordurchflutung ω_{R1} und ω_{mech} besteht der Zusammenhang

$$\omega_{\mathrm{mech\,sy}} = \omega_{\mathrm{R1}} + \omega_{\mathrm{mech}}.$$

Zwischen der Grundschwingungsfrequenz f_{R1} des Rotorstroms I_{R} und der Winkelgeschwindigkeit ω_{R1} der durch ihn bedingten Durchflutungsdrehwelle besteht die Beziehung

$$f_{\mathrm{R1}} = \frac{p}{2\pi}\,|\omega_{\mathrm{R1}}|,$$

wobei p die Polpaarzahl der Maschine ist. Aus der Sicht eines läuferfesten (p,q)-Koordinatensystems (Bild 90b) ist zunächst die Drehwelle der Grundschwingungsdurchflutung festzustellen, die mit $\omega_{\mathrm{R1}} = s \cdot \omega_{\mathrm{S1}}$ in Richtung der Statorgrundschwingungsdurchflutung umläuft. Dazu kommen bedingt durch den Oberschwingungsgehalt der Rotorströme die o.a. Drehwellen der Ordnungszahl ν.

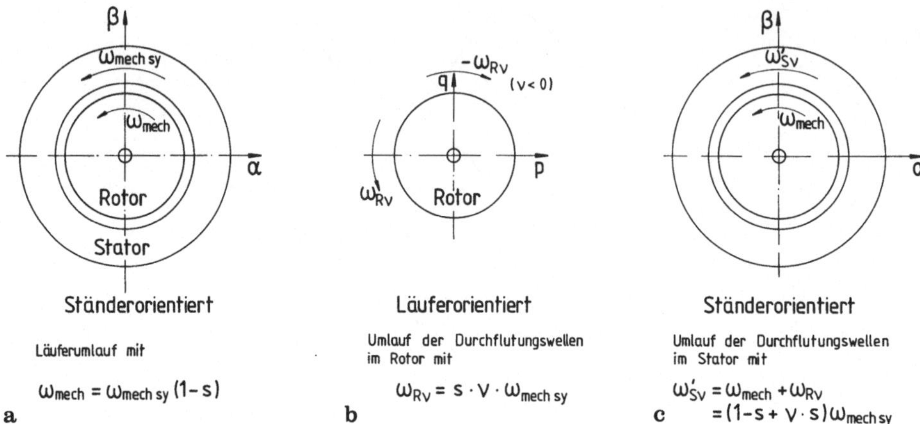

Bild 90. Zur Transformation der rotorseitigen Stromoberschwingungen in die Statorwicklung

Die Drehwelle der Grundschwingung des Rotorstromes läuft bezüglich der Statorwicklung mit

$$\omega_{\mathrm{mech}} + \omega_{\mathrm{R1}} = \omega_{\mathrm{mech\,sy}},$$

also mit der Winkelgeschwindigkeit des Grundschwingungsdrehfeldes um, d.h., die Grundschwingung des Rotorstromes wird so in die Statorwicklung transformiert, daß sie dort mit der Grundschwingung der Statorfrequenz auftritt.

Die durch die Oberschwingungen ν-ter Ordnung des Rotorstromes hervorgerufenen Drehwellen ν-ter Ordnung laufen in einem ständerfesten (α,β)-Bezugssystem (Bild 90c) mit der Winkelgeschwindigkeit

$$\omega'_{\mathrm{S}\nu} = (1 - s + \nu s)\omega_{\mathrm{mech\,sy}} \tag{85}$$

um. Ihre Umlaufgeschwindigkeit relativ zur Statorwicklung ist also schlupfabhängig. Das hat zur Folge, daß die Oberschwingungsströme der Rotorwicklung in die Statorwicklung mit schlupfabhängiger Frequenz transformiert werden und die Frequenzen der Stator-Oberschwingungsströme im allgemeinen keine ganzzahligen Vielfachen der Netzfrequenz sind.

Besonders gut sichtbar wird diese Transformation der rotorseitigen Stromoberschwingungen auf die Statorseite, wenn die Drehwelle der größten Oberschwingung, also der mit der Ordnungszahl $\nu = -5$, relativ zur Statorwicklung zum Stillstand kommt, also für $\omega'_{\mathrm{S5}} = 0$, oder wenn sie mit der Umlaufgeschwindigkeit des Drehfeldes in Gegenrichtung umläuft, also für $\omega'_{\mathrm{S5}} = -\omega_{\mathrm{mech\,sy}}$. Für den ersten Fall ergibt sich aus Gl.(85) $s = 1/6$, für den zweiten $s = 1/3$.

Messungen in der Nähe des Schlupfwertes $s = 1/6$ (Bild 91) zeigen deutlich, daß sich in den Strangströmen der Statorwicklung dem Grundschwingungsstrom ein niederfrequenter Strom, der durch die transformierte 5. Oberschwingung der Rotorstrangströme hervorgerufen wird, überlagert. Die dargestellten Meßwerte wurden bei einem Schlupf $s \approx 0{,}20$ aufgenommen. Aus Gl.(85) folgt für die transformierte 5. Oberschwingung $\omega'_{\mathrm{S5}} \approx -0{,}202\,\omega_{\mathrm{mech\,sy}}$; in den Ständerströmen der Maschine macht

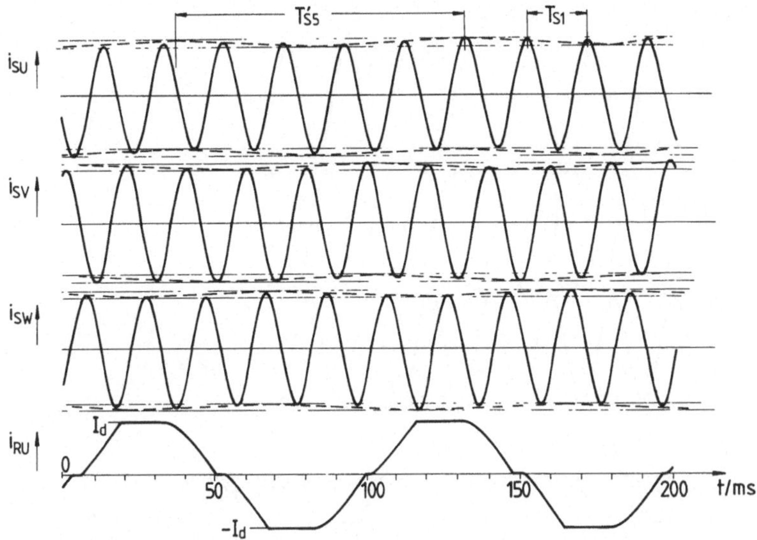

Bild 91. Zeitlicher Verlauf der drei Strangströme der Statorwicklung und eines Strangstromes der Rotorwicklung bei Belastung mit Nennmoment; $s \approx 0{,}202$; $f'_{S5} \approx 10{,}5$ Hz bei $f_n = 50$ Hz

sie sich mit

$$f_{S5} = \frac{|\omega'_{S5}|}{\omega_{\text{mech sy}}} f_n \approx 10{,}5 \text{ Hz}$$

bemerkbar.

In der Nähe des Schlupfwertes $s = 1/3$ werden die Statorströme mit der Differenzfrequenz $f_D = |f_n - f_{S5}|$ moduliert. In Bild 92 ist $s \approx 0{,}365$, damit ergibt sich $\omega'_{S5} \approx -1{,}19\ \omega_{\text{mech sy}}$ und $f_{S5} \approx 59{,}5$ Hz. Die Schwebungsfrequenz beträgt damit $f_D \approx 9{,}5$ Hz. Beim Schlupf $s = 1/3$ kommt die Schwebung zum Stehen. Der Grundschwingung des Mitsystems überlagert sich hier ein durch die 5. Oberschwingung im Läuferstrom hervorgerufenes Gegensystem mit Grundschwingungsfrequenz; die Folge ist eine unsymmetrische Belastung der Wicklungsstränge. Bei sehr langsamer Schwebung und Belastung mit Nennmoment wurden deutlich sichtbare Schwankungen der Effektivwerte der drei Strangströme der Statorwicklung um $\pm 15\%$ gegenüber dem Mittelwert gemessen.

Zusammenfassend läßt sich feststellen: Die durch den maschinenseitigen Stromrichter bedingten Oberschwingungen im Rotorstrom werden mit den Frequenzen

$$f_{S\nu} = |(1 - s + \nu \cdot s)| f_n \tag{86}$$

auf die Statorseite übertragen. Die Auswirkung in den statorseitigen Strangströmen ist schlupfabhängig, sie kann zu Stromverzerrungen, Strompendelungen, Stromschwebungen und unsymmetrischen Netzbelastungen führen. Soll die untersynchrone Stromrichterkaskade wegen ihrer relativ großen Blindleistungsaufnahme mit einer Blindleistungskompensation versehen werden, so ist bei deren Auslegung auf die Drehzahlabhängigkeit der Oberschwingungsfrequenzen $f_{S\nu}$ zu achten. Es ist bei untersynchronen Stromrichterkaskaden großer Leistung zum Antrieb von Kesselspeise-

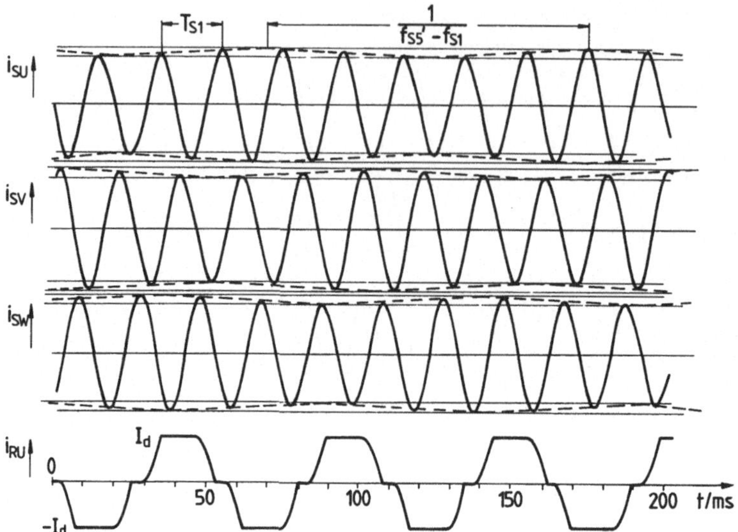

Bild 92. Zeilicher Verlauf der drei Strangströme der Statorwicklung und eines Strangstromes der Rotorwicklung bei Belastung mit Nennmoment; $s \approx 0{,}365$; $f_{S5}' - f_n \approx 9{,}5$ Hz bei $f_n = 50$ Hz

pumpen ein Fall bekannt, bei dem die Stromoberschwingungen den dazugehörigen Turbosatz zu subsynchronen Schwingungen anregten und damit den Betrieb störten [39].

Neben den vorstehend geschilderten Rückwirkungen auf die statorseitigen Strangströme bewirkt der Kaskadenbetrieb auch eine Pendelung im Drehmoment der Asynchronmaschine. Drehstromasynchronmaschinen, die an einem Netz mit sinusförmiger Spannung arbeiten und in deren Läuferwicklung sinusförmige Ströme fließen, also Käfigläufermaschinen bzw. Schleifringläufermaschinen mit kurzgeschlossener oder mit linearen symmetrischen Widerständen belasteter Rotorwicklunng, geben, wenn die durch Nutung bedingten Oberwellen im Luftspalt vernachlässigt werden können, im stationären Betrieb ein zeitlich konstantes Drehmoment ab. Da im Kaskadenbetrieb die Ströme oberschwingungshaltig sind, hat das Auswirkungen auf den zeitlichen Verlauf des Drehmomentes. Im folgenden soll anhand einiger vereinfachender Annahmen die Entstehung und der zeitliche Verlauf der Pendelmomente näherungsweise dargestellt werden.

Ausgangspunkt sei der Ersatzschaltplan nach Bild 83b. Wird der Widerstand der Statorwicklung vernachlässigt, so ergibt sich nach Gl.(75) $\alpha_0 = 0$; der Magnetisierungsstromzeiger $\underline{I}_\mu$ eilt dem Spannungszeiger $\underline{U}_S$ um $\pi/2$ nach (Bild 93). Das Trägheitsmoment der rotierenden Massen J sei groß genug, um eine Auswirkung der Pendelmomente auf die Drehzahl auszuschließen, es sei daher im stationären Betrieb $\omega_{mech} = \text{const}$. In der mit Läuferwinkelgeschwindigkeit ω_{mech} gleichmäßig umlaufenden Rotorwicklung (Bild 94a), mögen die in Bild 95 dargestellten Läuferströme i_R fließen. Wie die Meßwerte der Bilder 91 und 92 zeigen, kann der Stromverlauf während der Kommutierung bei kleinen Schlupfwerten gut durch eine Gerade angenähert werden. In Übereinstimmung mit den Meßwerten und den aus den Ortskurven des Bildes 85 zu entnehmenden Grundschwingungs-Verschiebungswinkeln φ_{R1} für

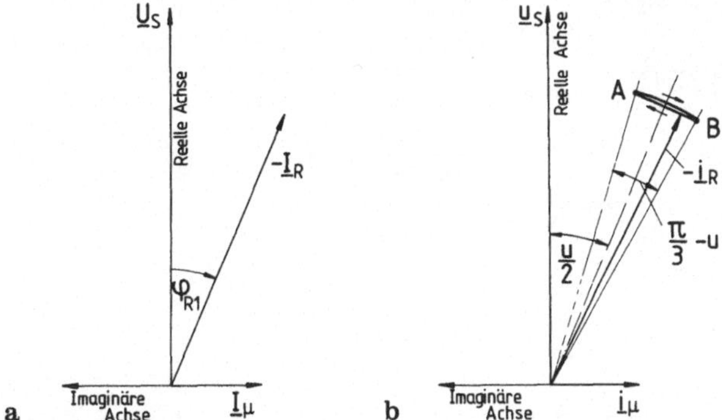

Bild 93. Zeigerdarstellung der Statorspannung U_S, des Rotorstromes $-I_R$ und des Magnetisierungsstromes I_μ. **a** Zeitzeigerdarstellung der Grundschwingungen; **b** Raumzeigerdarstellung für den zeitlichen Verlauf der Größen nach Bild 95 und ω_{mech} = const

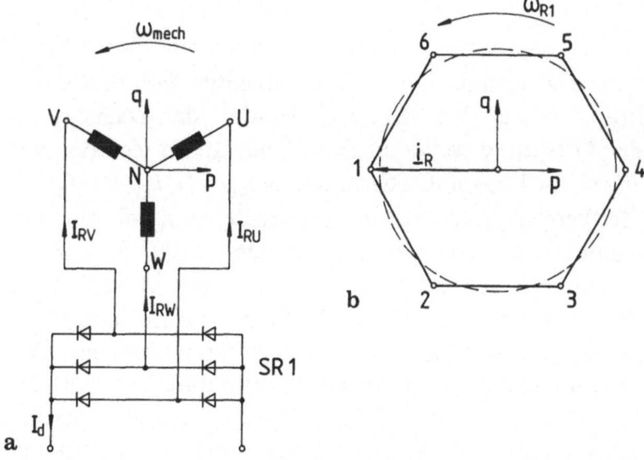

Bild 94. **a** Rotorwicklung mit angeschlossenem Stromrichter SR 1; **b** Ortskurve des Rotorstromraumzeigers i im rotorfesten (p, q)-Koordinatensystem bei zeitlichem Verlauf der Rotorströme nach Bild 95

kleine Gütewerte des Kommutierungskreises wird der Überlappungswinkel zu $u=48° \mathrel{\hat{=}} 4\pi/15$ gewählt. Da der Beginn des Kommutierungsvorganges auf den Schnittpunkt der Sternspannungen gelegt wird, entspricht der Grundschwingungsverschiebungswinkel φ_{R1} dem halben Überlappungswinkel u:

$$\varphi_{R1} = \frac{u}{2} \, .$$

Weiterhin wird ein gut geglätteter Zwischenkreisstrom I_d vorausgesetzt.

Im Zeitabschnitt $t_1 < t < t_2$ des in Bild 95 dargestellten Zeitraums, der eine Periodendauer der Rotor-Grundschwingungsfrequenz umfaßt, ist $i_{RU}=0$, $i_{RV}=-I_d$ und $i_{RW}=I_d$. Im läuferfesten (p,q)-Koordinatensystem kann die elektrische Läuferdurchflutung durch den Rotorstromraumzeiger $\underline{i}_R$ nach Größe und Richtung beschrieben werden [40,41], der gerade auf dem Punkt 6 der in Bild 94b dargestellten Ortskurve

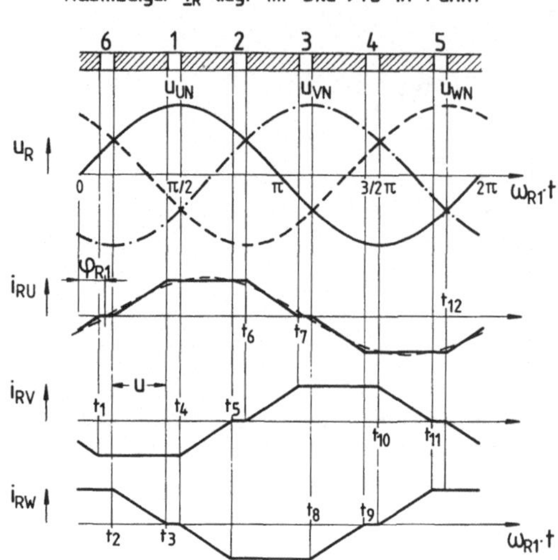

Bild 95. Zeitlicher Verlauf der in den Rotorsträngen induzierten Spannungen und der zugehörigen Strangströme. Zum Verlauf des Stromes i_{RU} ist der Verlauf des Grundschwingungsstromes i_{RU1} gestrichelt eingetragen

liegt. Dieser Zustand dauert bis zum Zeitpunkt t_2 an. Mit der linearen Kommutierung des Gleichstromes I_d vom Strang W auf den Strang U wandert der Zeiger $\underline{i}_R$ im Zeitabschnitt $t_2 < t < t_3$ auf der Ortskurve weiter in den Punkt 1. Im Zeitabschnit $t_3 < t < t_4$ hat er hier, bedingt durch die konstanten Stromwerte $i_{RU} = I_d$, $i_{RV} = -I_d$ und $i_{RW} = 0$, eine stabile Lage. Im Zeitbereich $t_4 < t < t_5$ wandert der Zeiger $\underline{i}_R$ während der Kommutierung des Gleichstromes $-I_D$ vom Strang V in den Strang W auf der Ortskurve wiederum um 60° weiter in den Punkt 2, wo er für den Zeitabschnitt $t_5 < t < t_6$ liegen bleibt, usw. Im Lauf einer Periode der Rotorgrundschwingungsfrequenz läuft der Stromraumzeiger $\underline{i}_R$ einmal auf der Polygon-Ortskurve um. Der Umlauf ist nicht stetig, er wird von Pausen in den Punkten 1 bis 6 unterbrochen. Die Ortskurve des die Grundschwingung der Läuferströme repräsentierenden Stromraumzeigers $\underline{i}_{R1}$ ist dagegen ein Kreis (in Bild 94b gestrichelt eingetragen), der mit konstanter Winkelgeschwindigkeit ω_{R1} durchlaufen wird. Im statorfesten (α,β)-System läuft der Zeiger $\underline{i}_{R1}$ mit der Winkelgeschwindigkeit

$$\omega_{\text{mech sy}} = \omega_{\text{mech}} + \omega_{R1} \tag{87}$$

um.

Wird nun der Rotorstromraumzeiger $\underline{i}_R$ in einem mit synchroner Winkelgeschwindigkeit zum Statorspannungsraumzeiger $\underline{u}_S$ umlaufenden Koordinatensystem (Bild 93b) abgebildet, so ergibt sich kein ruhender Zeiger, sondern die Spitze des Zeigers $-\underline{i}_R$ beschreibt eine Ortskurve. Unter den genannten Voraussetzungen ergibt sich eine zu einer Mittelachse, die dem Spannungszeiger $\underline{u}_S$ um den Winkel $u/2$ nacheilt, symmetrische Kurve, die in Pfeilrichtung durchlaufen wird. In den Zeitabschnitten, in denen keine Kommutierung stattfindet, in denen also in der Darstellung des Bildes 94b der Raumzeiger $-\underline{i}_R$ in einem der Punkte 1 bis 6 festliegt, läuft er in der Darstellung des Bildes 93b mit der Winkelgeschwindigkeit ω_{R1} auf einem Kreisbogen vom Punkt A zum Punkt B der Ortskurve; es wird dabei der Winkel $\pi/3 - u$ durchlaufen. Während der Kommutierung des Gleichstromes I_d in den nächsten Strang der Rotorwicklung wird der gerade Teil der Ortskurve mit der Winkelgeschwindigkeit

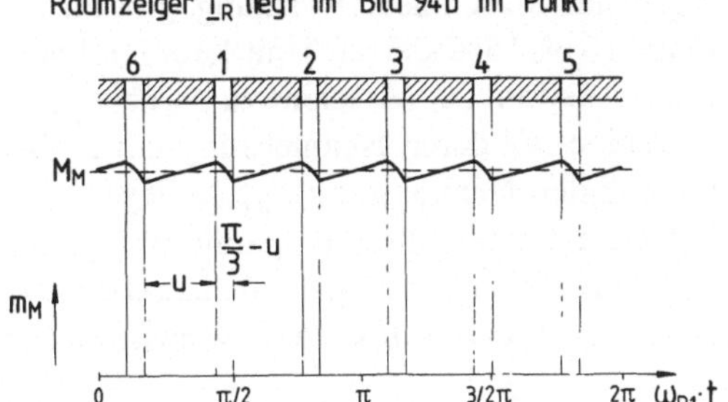

Bild 96. Zeitlicher Verlauf des Drehmomentes der Asynchronmaschine im Kaskadenbetrieb

ω_{R1} $[(\pi/3u)-1]$ vom Punkt B zum Punkt A durchlaufen. Ein Umlauf dauert somit 1/6 der Periodendauer der Rotorstrom-Grundschwingung.

Aus Bild 93b ist zu entnehmen, daß der Realteil des Rotorstromes $\mathrm{Re}\{-\underline{i}_R\}$ nicht konstant ist, sondern sich mit der 6-fachen Rotorfrequenz f_{R1} ändert. Mit dem Realteil des Rotorstromes ändert sich auch der Realteil des Statorstromes, unter den getroffenen Voraussetzungen (u.a. $R_S=0$) ist

$$\mathrm{Re}\{\underline{i}_S\}=\mathrm{Re}\{-\underline{i}'_R\}.$$

Mit dem Realteil des Statorstromes pulsiert auch die aufgenommene Leistung

$$p_n=2\,\mathrm{Re}\{\underline{u}_S\cdot\underline{i}^*_S\}. \tag{88}$$

Die im stationären Betrieb, also bei konstanter Drehzahl ($\omega_{mech}=\mathrm{const}$) und konstantem Gegenmoment M_G, zeitlich periodisch veränderliche Leistung hat auch ein zeitlich veränderliches inneres Drehmoment der Maschine zur Folge:

$$m_M=\frac{p_{mech}}{\omega_{mech}}\,.$$

Werden im Rahmen dieser grundsätzlichen Überlegung die Maschinenverluste vernachlässigt, so folgt

$$m_M=\frac{p_n}{\omega_{mech}}\,.$$

Der zeitliche Verlauf des Maschinenmomentes m_M (Bild 96) fällt während der Bewegung des Rotorstromraumzeigers $-\underline{i}_R$ vom Punkt A zum Punkt B (Bild 93) nach einem Ausschnitt aus einer cos-Funktion ab und steigt während der Kommutierungszeiten wieder an. Es zeigt sich, daß dem mittleren Maschinendrehmoment M_M Pendelmomente überlagert sind, deren Grundschwingungsfrequenz gleich der 6-fachen Grundschwingungsfrequenz des Rotorstromes ist.

Projektierungshinweise

Wie in den vorstehenden Abschnitten gezeigt wurde, erhöhen sich im Kaskadenbetrieb die Effektivwerte der Ströme in Ständer- und Läuferwicklung gegenüber einer baugleichen, mit gleichem Drehmoment belasteten Maschine mit kurzgeschlossener Läuferwicklung. Die Erhöhung ist bedingt durch

– den schlechteren Leistungsfaktor und
– die Stromoberschwingungen.

Bei den gleichen Verlusten, also etwa der gleichen Maschinenerwärmung, gibt die im Kaskadenbetrieb arbeitende Maschine ein um 10 bis 15% kleineres mittleres Drehmoment ab. Diese erhöhten Verluste sind bei der Auswahl der Maschine zu berücksichtigen; beim Einsatz einer listenmäßigen Maschine soll deren Nennleistung um 10 bis 15% über der von der Arbeitsmaschine benötigten Nennleistung $P_{\text{mech N}}$ liegen.

Wenn bei nicht listenmäßigen Maschinen die Läuferstillstandsspannung U_{20} frei gewählt werden kann, empfiehlt es sich, einen möglichst hohen Wert anzustreben und so zu einer guten spannungsmäßigen Ausnutzung und einem kleinen Nennstrom für die Halbleiterbauelemente zu kommen.

Nach der Auswahl der Asynchronmaschine liegen die Werte

Nennleistung	P_N	
Nennmoment	M_N	
Nenndrehzahl	N_N	
synchrone Drehzahl	n_{sy}	
Läuferstillstandsspannung	U_{20}	und
Rotornennstrom	I_{RN}	

fest.

Von der Anriebsaufgabe her werden die Größen

maximales Drehmoment	M_{max}	und
untere Grenzdrehzahl	n_{min}	

vorgegeben.

Mit der unteren Grenzdrehzahl n_{min} ergibt sich der maximale Leerlaufschlupf zu

$$s_{0\,max} = \frac{n_{sy} - n_{min}}{n_{sy}} .$$

Damit liegt auch die im Drehzahlstellbereich auftretende maximale Läuferspannung fest:

$$U_{2\,max} = U_{20} \cdot s_{0\,max} .$$

In dem im allgemeinen in Frage kommenden Drehmomentbereich $M_M \leq 1{,}5\,M_N$ gilt mit guter Näherung

$$I_{R\,max} = I_{RN}\,\frac{M_{max}}{M_N} .$$

Nach der idealisierten Stromrichtertheorie ergeben sich für den Stromzwischenkreis des Umrichters die Maximalwerte

$$U_{d\,max} = \frac{3\sqrt{2}}{\pi}\,U_{2\,max} = 1{,}35\,U_{2\,max}$$

$$I_{d\,max} = \sqrt{\frac{3}{2}}\,I_{R\,max} = 1{,}22\,I_{R\,max} .$$

Für den Maximalwert des Gleichstromes $I_{d\,max}$ sind die elektrischen Ventile des Umrichters, also die Dioden und Thyristoren (Bild 80), zu dimensionieren. Bei der Auswahl der Dioden ist zu berücksichtigen, daß der Strom $I_{d\,max}$ bei kleinen Schlupfwerten, also kleinen Läuferfrequenzen f_R auftreten kann. Wegen der kleinen, im ms-Bereich liegenden thermischen Zeitkonstante der in den Dioden enthaltenen Siliziumtabletten wird der Temperaturhub der Sperrschicht und damit die maximale Sperrschichttemperatur während einer Periode des Rotorstromes größer als bei 50-Hz-Betrieb.

Die erforderliche ideelle Leerlaufgleichspannung des gesteuerten Stromrichters SR2 ergibt sich zu

$$U_{\mathrm{d2i}} = \frac{U_{\mathrm{d\,max}}}{\cos\alpha_{\mathrm{w}}},$$

wobei die Wechselrichtertrittgrenze α_{w} zur Verhinderung eines Wechselrichterkippens auf etwa $\alpha_{\mathrm{w}} \approx 150°$ einzustellen ist. Anhand der Spannung U_{d2i} sind die Thyristoren des Stromrichters SR2 und die Dioden des Stromrichters SR1 bezüglich ihrer Sperrspannung auszuwählen.

Der Stromrichtertransformator T ist im allgemeinen zur Spannungsanpassung zwischen Netzspannung und der Leiterspannung auf der Drehstromseite des Stromrichters SR2 erforderlich. Die stromrichterseitige Leiterspannung ist zu

$$U_{\mathrm{TS}} = \frac{\pi}{3\sqrt{2}}\,U_{\mathrm{d2i}} = 0{,}74\,U_{\mathrm{d2i}}$$

zu wählen. Der stromrichterseitige Leiterstrom I_{TS} hat denselben Effektivwert wie der läuferseitige Strangstrom der Asynchronmaschine

$$I_{\mathrm{TS}} = I_{\mathrm{R}} = \sqrt{\frac{2}{3}}\,I_{\mathrm{d}} = 0{,}816\,I_{\mathrm{d}}.$$

Die vom Stromrichtertransformator zu übertragende Grundschwingungsscheinleistung ist

$$S_{\mathrm{T1}} = \sqrt{3}\,U_{\mathrm{TS}} \cdot I_{\mathrm{TS1}}.$$

Wegen der im Leiterstrom des Transformators enthaltenen Stromoberschwingungen ist die Bauleistung um den Fator $\pi/3$ größer zu wählen,

$$S_{\mathrm{TB}} = \frac{\pi}{3}\,S_{\mathrm{T1}} = 1{,}05\,S_{\mathrm{T1}}.$$

Aus dem Verhältnis von Netzspannung U_{n} und stromrichterseitiger Transformatorspannung ergibt sich das erforderliche Übersetzungsverhältnis

$$\ddot{u}_{\mathrm{T}} = \frac{U_{\mathrm{n}}}{U_{\mathrm{TS}}}.$$

Nach der VDE-Bestimmung DIN 57160/VDE 0160/11.81 "Ausrüstung von Starkstromanlagen mit elektronischen Betriebsmitteln" muß der induktive Anteil der Kurzschlußspannung des Transformators

$$u_{\mathrm{TX}} \geq 4\%$$

sein.

Die Glättungsdrosselspule im Gleichstromzwischenkreis L ist so auszulegen, daß sie den Nenngleichstrom

$$I_{\mathrm{DN}} = \sqrt{\frac{3}{2}}\,I_{\mathrm{RN}}$$

dauernd führen kann. Ihre Induktivität sollte so gewählt werden, daß bei kleinstem betriebsmäßig auftretenden Gegenmoment der Gleichstrom noch nicht lückt, so daß die vorgegebene untere Grenzdrehzahl n_{min} auch erreicht werden kann (Bild 86).

Schaltungsvarianten

Die untersynchrone Stromrichterkaskade in der bisher besprochenen Ausführung (Bild 80) ist als ein Einquadrant-Antrieb mit kleinem Drehzahlstellbereich konzipiert (Bild 86). Mit derselben Schaltung ist neben dem untersynchronen Motorbetrieb auch ein übersynchroner Generatorbetrieb möglich (Bild 97), allerdings fanden sich für diese Betriebsart bisher kaum Anwendungen. Mit dem für einen Leerlaufschlupf von $s_{0\,max}$ ausgelegten Antrieb läßt sich Bremsbetrieb im Bereich $s_{0\,min} < s < 0$ fahren, wobei

$$s_{0\,max} = -s_{0\,max}$$

ist. Das Leistungsfluß-Diagramm (Bild 98) zeigt, daß auch in dieser Betriebsart der Leistungsfluß im Umrichter von der Läuferwicklung der Maschine in das Netz gerichtet ist.

Wenn die Forderung nach einem elektrischen Bremsen der Arbeitsmaschine von der Betriebsdrehzahl im Motorbetrieb auf Drehzahl Null besteht, so kann im Prinzip eine der im Abschnitt 2.3.5 "Bremsen und Umsteuern" beschriebenen Bremsarten, die Gegenstrombremsung oder die Gleichstrombremsung, eingesetzt werden. Bei der Gegenstrombremsung ist jedoch zu beachten, daß beim Reversieren des Drehfeldes durch Vertauschen von zwei Anschlüssen der Statorwicklung die Schleifringspannung in den Bereich $U_{20} < U_2 < 2U_{20}$ gelangt. Ist der Umrichter nach dem im vorstehenden Abschnitt angegebenen Konzept ausgelegt, so wird er bei dieser Art des Bremsens spannungsmäßig weit überlastet. Es ist jedoch möglich, die Statorwicklung für das Gegenstrombremsen über einen Transformator an das Netz zu legen. Die Stator-Klemmenspannung muß dabei so weit reduziert werden, daß die mit Rücksicht auf

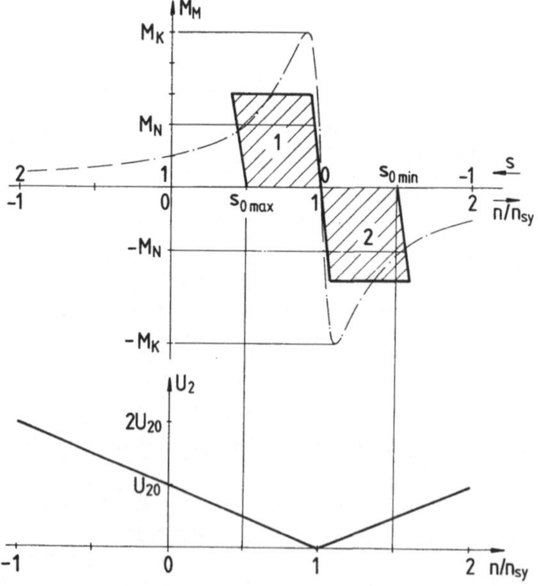

Bild 97. Betriebsbereiche der Stromrichterkaskade nach Bild 80 für $s_{0\,max} = -s_{0\,min} = 0{,}5$. Bereich 1: untersynchroner Motorbetrieb, Bereich 2: übersynchroner Generatorbetrieb

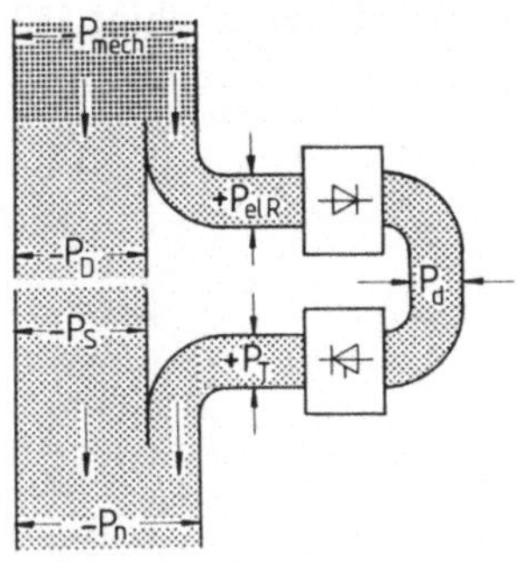

Bild 98. Leistungsfluß-Diagramm der übersynchronen Stromrichterkaskade in der Betriebsart übersynchroner Generatorbetrieb beim Schlupf $s = -0{,}4$ (Maschinen- und Umrichterverluste vernachlässigt)

den Wechselrichterbetrieb maximal zulässige Zwischenkreisspannung $U_{d\,max}$ nicht überschritten wird.

Ähnliche Überlegungen gelten für die Gleichstrombremsung; hier muß der in die Ständerwicklung als Erregerstrom eingespeiste Gleichstrom I_f so begrenzt werden, daß im Zwischenkreis die Spannung $U_{d\,max}$ nicht überschritten werden kann.

Als ein Nachteil der untersynchronen Stromrichterkaskade wurde der relativ hohe Blindleistungsbedarf genannt. Um diesem entgegenzuwirken, wurden Schaltungen angegeben, mit deren Hilfe, z.B. durch Reihen-Parallel-Umschaltung von zwei Teilumrichtern, die Blindleistungsaufnahme reduziert werden kann [42].

Vergleicht man die untersynchrone Stromrichterkaskade mit einer umrichtergespeisten Drehstromasynchronmaschine mit Kurzschlußläufer, so sind die Schleifkontakte Bürste/Schleifring als Nachteil anzusehen. Die Bürsten verschleißen und bilden dabei leitfähigen Staub, der sich in der Maschine absetzen kann. Die Bürsten müssen von Zeit zu Zeit erneuert und das Maschineninnere muß gereinigt werden. Dieser Nachteil läßt sich vermeiden, wenn der Motor als Doppelmotor oder *Kaskadenmotor* nach Bild 99 ausgeführt wird [43]. Die Blechpakete der beiden Teilmotoren können in einem gemeinsamen Gehäuse untergebracht werden, die Läuferwicklungen können direkt, ohne den Umweg über Schleifringe, miteinander verbunden werden. In Bild 99 sind nur die für den Kaskadenbetrieb benötigten Geräte dargestellt, auf die Wiedergabe der hier ebenfalls erforderlichen Anlaß- und Umschalteinrichtungen wurde verzichtet.

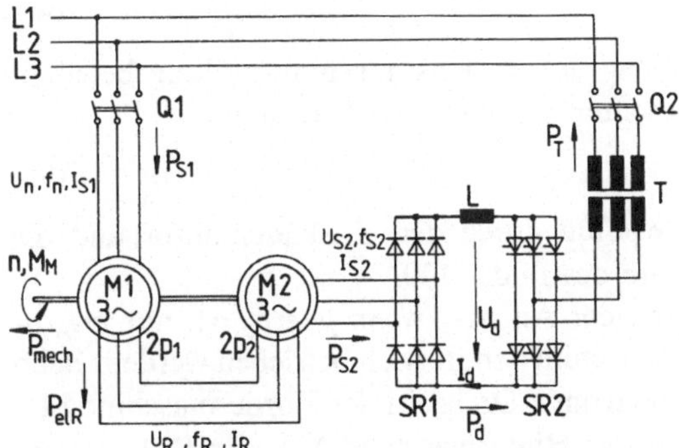

Bild 99. Bürstenloser Kaskadenmotor mit untersynchroner Stromrichterkaskade; grundsätzliche Schaltung

Werden die Schlupfwerte für die Vordermaschine M1 und die Hintermaschine M2 über die Drehzahlgleichung

$$n = n_{sy1}(1 - s_1) = n_{sy2}(1 - s_2) \tag{89}$$

definiert, so ergeben sich

$$s_1 = \frac{f_R}{f_n} \quad \text{und}$$

$$s_2 = \frac{f_{S2}}{f_R} = 1 + \frac{p_2}{p_1}\left(1 - \frac{1}{s_1}\right), \tag{90}$$

wobei p_1 und p_2 die Polpaarzahlen der Maschinen sind. Für die folgenden Überlegungen wird $p_1 = p_2$ vorausgesetzt, es ergibt sich somit

$$s_2 = 2 - \frac{1}{s_1}. \tag{91}$$

Die vom Doppelmotor abgegebene Leistung setzt sich aus den Teilleistungen der Einzelmaschinen zusammen

$$P_{mech} = P_{mech\,1} + P_{mech\,2}. \tag{92}$$

Die Teilleistungen ergeben sich zu

$$P_{mech\,1} = P_{D1}(1 - s_1) \tag{93}$$

und

$$P_{mech\,2} = (P_{mech\,2} + P_{D2})(1 - s_2) = \frac{1 - s_2}{s_2} P_{D2}. \tag{94}$$

Werden die Maschinenverluste vernachlässigt, so läßt sich schreiben

$$P_{S1} = P_{D1}$$

und

$$P_{el\,R} = P_{D1} \cdot s_1 = P_{mech\,2} + P_{D2}. \tag{95}$$

Werden die Gl.(91) und (95) in (94) eingesetzt, so ergibt sich mit Gl.(93)

$$P_{mech\,2} = P_{D1}(1 - s_1) = P_{mech\,1}. \tag{96}$$

Aus den Gl.(92) und (96) folgt

$$P_{mech} = 2\,P_{D1}(1 - s_1), \tag{97}$$

beide Teilmotoren sind somit gleichmäßig an der Leistungsumwandlung beteiligt. Über die Statorwicklung der Hintermaschine M2 fließt die Leistung

$$P_{S2} = P_{D2} = P_{D1}(2\,s_1 - 1) \tag{98}$$

in den Stromrichter SR1. Den Leistungsfluß durch den Kaskadenmotor und die Stromrichterkaskade zeigt das Diagramm des Bildes 100.

Mit der Schaltung nach Bild 99 kann der Antrieb, wenn $p_1 = p_2$ ist, nur bis zur halben synchronen Drehzahl der Einzelmaschinen motorisch betrieben werden. Beim Schlupf $s_1 = 0{,}5$, also bei der halben synchronen Drehzahl der Vordermaschine M1, laufen, bezogen auf die Statorwicklung der Hintermaschine M2, der Rotorstrom-Raumzeiger $\underline{i}_{R2}$ und das rotorfeste (p,q)-Koordinatensystem der Hintermaschine

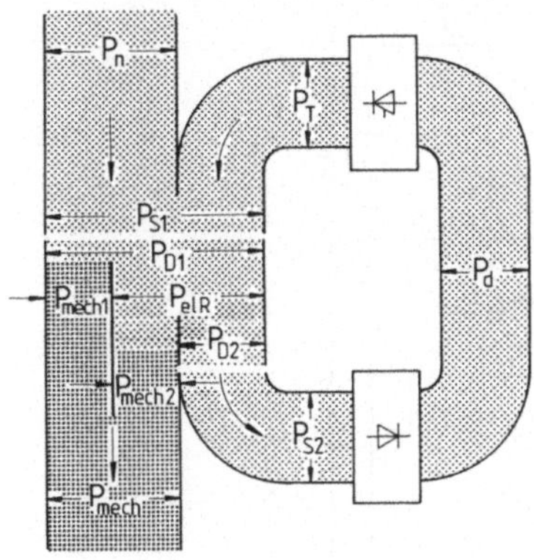

Bild 100. Leistungsfluß-Diagramm der untersynchronen Stromrichterkaskade mit bürstenlosem Kaskadenmotor nach Bild 99 (Maschinen- und Umrichterverluste vernachlässigt).

$$-s_1 = \frac{f_R}{f_n} = 0{,}7; \quad 2p_1 = 2p_2$$

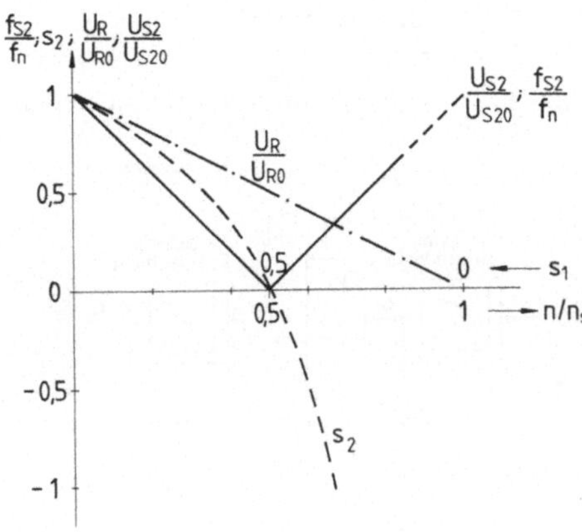

Bild 101. Drehzahlabhängigkeit der Größen U_R, U_{S2} und s_2 beim bürstenlosen Kaskadenmotor nach Bild 99,

$$s_2 = 2 - \frac{1}{s_1}; \quad 2p_1 = 2p_2$$

gleich schnell, aber gegenläufig um, so daß in der Ständerwicklung wegen $f_{S2} = 0$ keine Spannung induziert werden kann.

Für $s_1 = 0{,}5$ geht s_2 durch Null und auch

$$U_{S2} = U_{S20} |s_1 \cdot s_2| = U_{s20} |2s_1 - 1| \tag{99}$$

hat eine Nullstelle (Bild 101). Für $s_1 < 0{,}5$ müßte sich mit dem Vorzeichen von s_2 nach Gl.(98) auch die Flußrichtung der Leistung P_{S2} umkehren, was in der Schaltung nach Bild 99 nicht möglich ist. Wird die Statorwicklung der Hintermaschine M2 jedoch über einen selbstgeführten Stromrichter gespeist, so erstreckt sich sowohl der motorische als auch der generatorische Betriebsbereich bis in die Nähe der synchronen Drehzahl der Einzelmaschine [44].

Die untersynchrone Stromrichterkaskade als drehzahlgeregelter Antrieb

Mit dem steuerbaren Stromrichter SR2 als schnellem Stellglied läßt sich mit der untersynchronen Stromrichterkaskade eine dynamisch hochwertige Drehzahlregelung verwirklichen, die der einer im Einquadrant-Betrieb arbeitenden stromrichtergespeisten Gleichstrommaschine gleichwertig ist [31].

Der Aufbau des Regelkreises (Bild 102) entspricht, wenn von der Anlaufschaltung zunächst einmal abgesehen wird, dem einer stromrichtergespeisten Gleichstrommaschine [45]. Im Strukturbild des Regelkreises (Bild 103) ist die Übereinstimmung

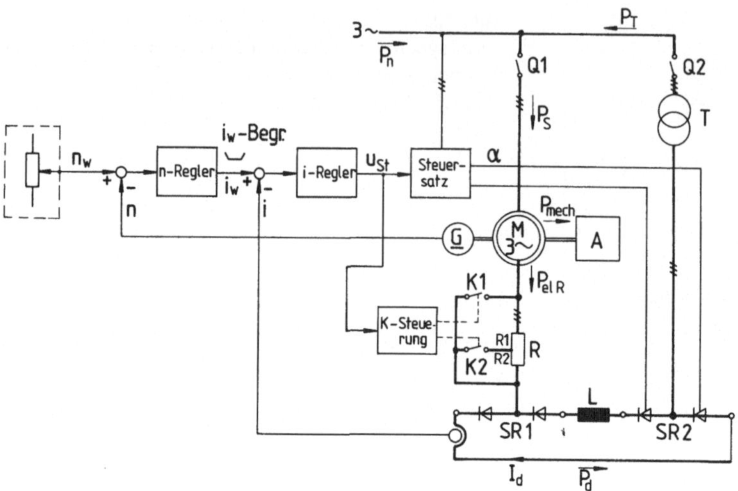

Bild 102. Grundsätzliche Schaltung der drehzahlgeregelten untersynchronen Stromrichterkaskade mit integrierter Anlaufschaltung

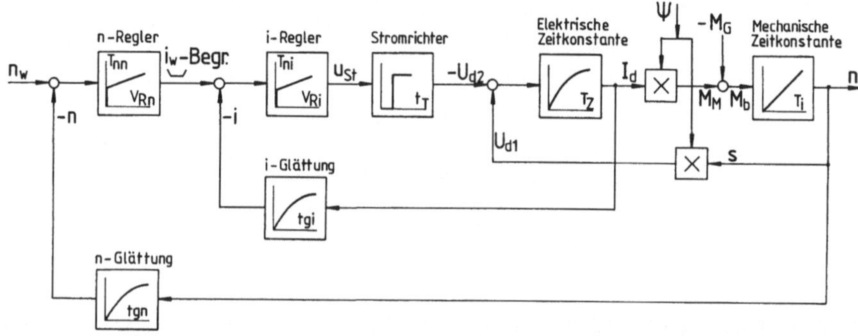

Bild 103. Strukturbild des Regelkreises der untersynchronen Stromrichterkaskade

augenfällig. Die Größe ψ steht für den Luftspaltfluß der Asynchronmaschine, sie hängt mit dem Magnetisierungssystem I_μ über die Magnetisierungskennlinie der Asynchronmaschine zusammen. Nach dem Prinzip der unterlagerten Regelkreise wird dem Drehzahlregelkreis ein Stromregelkreis unterlagert. Wie aus dem Strukturbild des Regelkreises ersichtlich, kann durch den Stromregler mit PI(Proportionalintegral)-Verhalten die elektrische Zeitkonstante T_z des Zwischenkreises kompensiert werden, wenn die Nachlaufzeit T_{ni} des Reglers zu $T_{ni} = T_z$ und die proportionale Reglerverstärkung zu

$$V_{Ri} = \frac{T_z}{2\,V_{si} \cdot \sigma_i}$$

gewählt werden [46]. V_{si} ist die Verstärkung der offenen Regelstrecke und σ_i die Summe der kleinen Zeitkonstanten. Im vorliegenden Falle ist

$$\sigma_i = t_T + t_{gi};$$

t_T ist die mittlere Totzeit des Stromrichters,

$$t_T = \frac{1}{f_n \cdot 2p},$$

wobei p hier die Pulszahl des Stromrichters ist, also bei der Drehstrombrückenschaltung $p=6$. t_{gi} ist die Glättungszeitkonstante, mit der die Erfassung der Regelgröße Strom behaftet ist.

Der so nach dem Betragsoptimum ausgelegte Stromregelkreis kann in den Drehzahlregelkreis als Ersatzzeitkonstante

$$t_{ei} = 2\sigma_i$$

eingeführt werden.

Zur Dimensionierung des Drehzahlreglers müssen bekannt sein: die Integrierzeit T_i des Antriebes, das ist die auf Verstärkung 1 bezogene Hochlaufzeit, und die in der Erfassung der Regelgröße Drehzahl n enthaltene Glättungszeitkonstante t_{gn}. Die Summe der kleinen Zeitkonstanten im Drehzahlregelkreis wird damit

$$\sigma_n = t_{gn} + t_{ei}.$$

Für das symmetrische Optimum ist die Proportionalverstärkung zu

$$V_{Rn} = \frac{T_i}{2\sigma_n}$$

und die Nachlaufzeit zu

$$T_{nn} = 4\sigma_n$$

zu wählen. Mit dieser Auslegung des Drehzahlreglers kann die mechanische Zeitkonstante kompensiert werden.

Bei einem Aufbau der Schaltung nach Bild 102 können auch das Anfahren und der Hochlauf auf die vorgegebene Führungsgröße n_w der Drehzahl geregelt erfolgen.

Vor dem Einschalten des Leistungsschalters Q1 (Bild 102) sind die Stromversorgung für Steuerung und Regelung und der Schalter Q2 einzuschalten, es ist weiterhin dafür zu sorgen, daß die Führungsgrößenbegrenzung des Stromes im Drehzahlreglerausgang einen kleinen negativen Wert i_2 vorgibt, der den Steuersatz an der Wechselrichtertrittgrenze α_w hält. Die Schützkontakte K1 und K2 sind geöffnet. Mit dem Einschalten von Q1 wird dann die Strombegrenzung auf einen Wert hochgezogen, der dem maximalen Gleichstrom $I_{d\,max}$ entspricht. Gleichzeitig (Zeitpunkt t_0 in Bild 104) baut sich an den Schleifringen die Spannung U_{20} auf, und im Gleichstromzwischenkreis beginnt der Strom $I_{d\,max}$ zu fließen, der den Strom $I_{R\,max}$ in der Rotorwicklung zur Folge hat. Die Spannung U_2 fällt teilweise an dem Anlaufwiderstand $R = R_1 + R_2$ ab und wird zum anderen Teil gleichgerichtet; dieser tritt als Gleichspannung U_d im Zwischenkreis auf. Der konstante Strom $I_{R\,max}$ hat ein näherungsweise kontantes mittleres Maschinenmoment M_M zur Folge. Ist auch das Gegenmoment M_G konstant, so wird der Antrieb mit einem konstanten Moment M_b beschleunigt. Um bei mit steigender Drehzahl kleiner werdender Schleifringspannung

$$U_2 = U_{20} \cdot s$$

den Strom $I_{d\,max}$ aufrecht erhalten zu können, muß durch Verkleinerung des Steuerwinkels α die Spannung U_d verkleinert werden. Ehe bei $\alpha \approx 90°$ die Spannung im

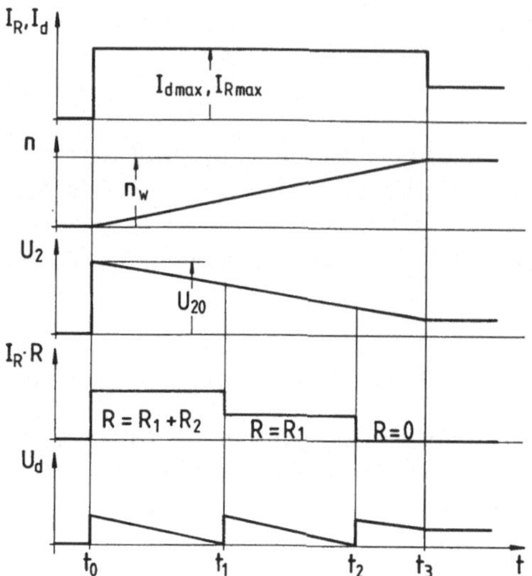

Bild 104. Anlauf gegen konstantes Gegenmoment; charakteristischer Verlauf von Strömen, Spannung und Drehzahl während des Hochlaufs der Asynchronmaschine in der untersynchronen Stromrichterkaskade mit integrierter Anlaufschaltung. t_0 Einschaltmoment von Q1, t_1 erste Widerstandsstufe wird kurzgeschlossen, t_2 zweite Widerstandsstufe wird kurzgeschlossen, t_3 Hochlauf beendet ($n = n_w$)

Zwischenkreis zu Null wird, muß durch die Funktionsgruppe Schütz-Steuerung (K-Steuerung), die die dem Steuersatz zugeführte Steuerspannung u_{St} erfaßt und auswertet, das Schütz K2 angesteuert werden. Durch Schließen der K2-Kontakte wird die Widerstandsstufe R2 im Zeitpunkt t_1 überbrückt; die vorher an ihr abgefallene Spannung steht jetzt im Zwischenkreis an. Mit weiterer Beschleunigung des Antriebes fällt U_d wieder ab. Im Zeitpunkt t_2 wird der Widerstand ganz überbrückt und der Antrieb arbeitet in seinem Drehzahlregelbereich.

Im Zeitpunkt t_3 stimmen Führungsgröße Drehzahl n_w und Regelgröße Drehzahl n überein, der Strom I_d wird durch den Drehzahlregler über die Führungsgröße Strom i_w von der Strombegrenzung auf den Wert zurückgenommen, der für den stationären Betrieb ($M_M = M_G$) erforderlich ist.

Mit der vorstehend beschriebenen Schaltungsanordnung ist, wie gezeigt wurde, ein strombegrenzter Anlauf vom Stillstand bis zur vorgegebenen Führungsgröße n_w möglich.

Anwendungen

Die ersten industriell gefertigten und eingesetzten untersynchronen Stromrichterkaskaden gingen Anfang der sechziger Jahre in Betrieb. Seit dieser Zeit hat diese Antriebsart eine beachtliche Verbreitung in einem großen Leistungsbereich gefunden. Sie stellt z.Z. die technisch einfachste und wirtschaftlichste Methode dar, elektrische Antriebe mit kleinem Drehzahlstellbereich verlustarm und mit guter Dynamik in ihrer Drehzahl zu regeln.

Besonders interessant ist der Einsatz der untersynchronen Stromrichterkaskade in Kreiselpumpen- und Lüfterantrieben, deren Gegenmoment quadratisch und deren Leistung kubisch mit der Drehzahl ansteigt; bei dieser Art von Antrieben läßt sich bei kleinen Drehzahlstellbereichen die Förderleistung in einem großen Bereich verstellen. Untersynchrone Stromrichterkaskaden werden von Leistungen im unteren kW-Bereich an bis weit in den MW-Bereich hinein gebaut. Zu den leistungsstärksten gehören Antriebe für Kesselspeisepumpen [47, 48].

Über den vorstehend genannten Einsatzbereich hinaus haben untersynchrone Stromrichterkaskaden u.a. auch Anwendung als Kalanderantriebe, als Antriebe von Walzenstraßen, als Extruderantriebe und als Schaufelradantrieb bei Großraum-Schaufelradbaggern [49] gefunden.

3.2.3 Drehzahlsteuerung durch Einprägen des Rotorstromes nach Betrag und Winkelgeschwindigkeit: Die doppeltgespeiste Drehstrommaschine für kleinen Drehzahlstellbereich

Die im vorigen Abschnitt beschriebenen Kaskadenschaltungen haben zwei wesentliche Mängel:

- sie sind nur für den Einquadrant-Betrieb in der Drehmoment-Drehzahl-Ebene geeignet, d.h., ein kontinuierlicher Übergang vom Motorbetrieb in den Generatorbetrieb innerhalb des Stellbereiches ist nicht möglich,
- der Leistungsfaktor des Antriebes ist relativ klein.

Beide Mängel lassen sich beseitigen, wenn der zwischen Läuferwicklung und Netz geschaltete Umrichter so ausgeführt wird, daß er

- Wirkleistung in beiden Richtungen übertragen kann und
- in der Lage ist, Blindleistung in die Läuferwicklung einzuspeisen, d.h. die Maschine über die Läuferwicklung mit einem eingeprägten Drehstrom zu erregen.

Bei ausgeführten Anlagen großer Leistung wurde als Umrichter ein Direktumrichter [34, 50, 51] eingesetzt, wie er im Bild 105 einpolig dargestellt ist. Bei kleinen Leistungen oder größeren Drehzahlstellbereichen kann anstelle des Direktumrichters auch ein Zwischenkreisumrichter, dessen maschinenseitiger Teilstromrichter selbstgeführt ist, eingesetzt werden.

Mit vorstehend genannten Umrichtern ist es möglich, der Rotorwicklung der Asynchronmaschine einen Strom einzuprägen, der innerhalb eines vorgegebenen Bereiches eine bestimmte Größe I_R bei einer bestimmten Winkelgeschwindigkeit ω_R hat.

Nach dem Hochlauf, der asynchron über einen Widerstandsanlasser erfolgen kann, wird der Rotorstrom, der als Erregerstrom wirkt, eingeprägt, und die Maschine

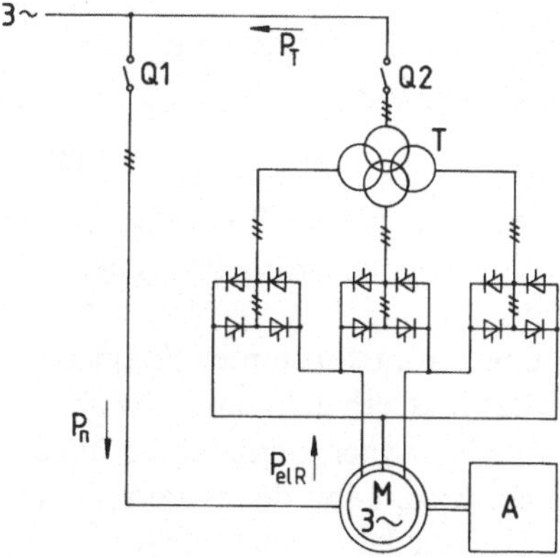

Bild 105. Doppeltgespeiste Drehstrommaschine: statorseitig netzgespeist, rotorseitig über Direktumrichter gespeist. Die Anfahreinrichtung (nicht dargestellt) entspricht der des Bildes 80

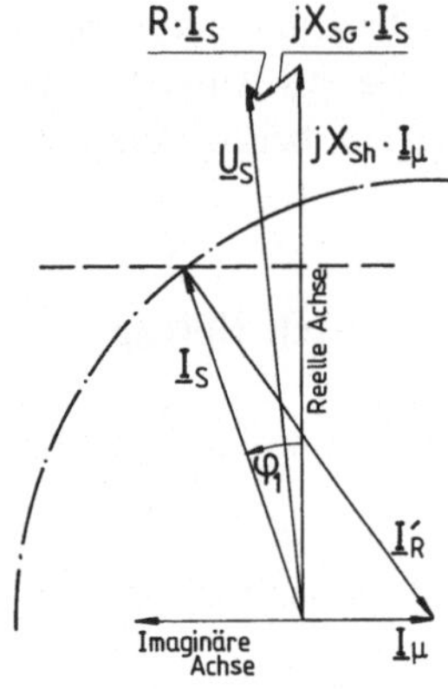

Bild 106. Zeigerdarstellung von Strömen und Spannungen für die doppeltgespeiste Drehstrommaschine nach Bild 105.
– – – Ortskurve des Statorstromes I_S für M_M = const und I_R variabel,
– · – · – Ortskurve des Statorstromes I_S für I_R = const und M_M variabel

arbeitet dann wie eine synchronisierte Asynchronmschine, sie nimmt also das Betriebsverhalten einer Synchronmaschine an. Besonders deutlich wird das, wenn ω_R zunächst zu Null gesetzt wird, der Umrichter also einen Gleichstrom wählbarer Größe in die Rotorwicklung einspeist.

Arbeitet die Maschine, mit einem konstanten Gegenmoment M_G belastet, motorisch, so kann über die Größe des Erregerstromes der Grundschwingungsverschiebungswinkel φ_1 und damit die Blindleistungsaufnahme oder -abgabe der Maschine beeinflußt werden; der Zeitzeiger $\underline{I}_S$ des Statorstromes hat dann die in Bild 106 gestrichelt eingetragene waagerechte Gerade als Ortskurve.

Wird dagegen der Rotorstrom I_R konstant gehalten und das Gegenmoment M_G ändert sich, so bewegt sich der Statorstromzeiger $\underline{I}_S$ auf einem Kreisbogen; bei konstanter Drehzahl, in diesem Fall bei synchroner Drehzahl, ergibt sich beim Vorzeichenwechsel des Gegenmomentes ein kontinuierlicher Übergang in den generatorischen Betrieb.

Über den Umrichter kann nicht nur ein Gleichstrom mit Frequenz $f_R = 0$, sondern auch über einen Drehstrom mit der Frequenz f_R eine Drehdurchflutung mit der Winkelgeschwindigkeit ω_R in die Rotorwicklung eingeprägt werden. Der Zusammenhang zwischen f_R und ω_R ist durch die Beziehung

$$f_R = \frac{p}{2\pi} |\omega_R|$$

gegeben, wobei p die Polpaarzahl der Maschine ist. Auch hier gilt dann die von der untersynchronen Stromrichterkaskade her bekannte Beziehung

$$\omega_{\text{mech}} = \omega_{\text{mech sy}} - \omega_R. \tag{100}$$

Ist ω_R positiv, läuft also die Läuferdurchflutungswelle in derselben Richtung um wie die Statordurchflutungswelle, so arbeitet die Maschine untersynchron; ist ω_R negativ, so ergibt sich Betrieb bei übersynchroner Drehzahl.

Mit einem in die Rotorwicklung eingeprägten Drehstrom konstanter Frequenz f_R hat die doppeltgespeiste Drehstrommaschine das Betriebsverhalten einer Synchronmaschine. Da diese jedoch nicht, wie bei der normalen Synchronmaschine üblich, durch Gleichstrom, sondern durch Drehstrom erregt wird, kann dieses Betriebsverhalten als das einer drehstromerregten Synchronmaschine bezeichnet werden.

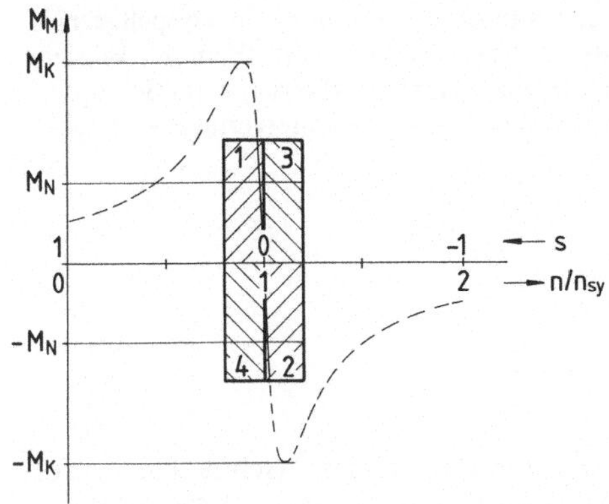

Bild 107. Betriebsbereiche der doppeltgespeisten Drehstrommaschine nach Bild 105. Bereich 1: untersynchroner Motorbetrieb, Bereich 2: übersynchroner Generatorbetrieb, Bereich 3: übersynchroner Motorbetrieb, Bereich 4: untersynchroner Generatorbetrieb. Drehzahlstellbereich: $0{,}8\, n_{sy} < n < 1{,}2\, n_{sy}$

Der Antrieb läßt sich innerhalb eines durch die spannungsmäßige und frequenzmäßige Auslegung des Umrichters vorgegebenen Stellbereiches beiderseits der synchronen Drehzahl n_{sy} (es sei weiterhin $n = n_{sy}$ für $f_R = 0$) in der Drehzahl regeln, wobei sowohl motorischer als auch generatorischer Betrieb möglich ist (Bild 107). Die Drehzahl wird nach Gl.(100) durch die Winkelgeschwindigkeit der Rotordurchflutung ω_R bestimmt, die Beschleunigung bzw. Verzögerung des Antriebes wird durch die zeitliche Änderung $d\omega_R/dt$ vorgegeben, und der Netzleistungsfaktor des gesamten Antriebes kann über die Größe des Rotorstromes I_R beeinflußt werden. Es ist also auch möglich, den Antrieb als übererregte Synchronmaschine zu betreiben und Blindleistung an das Netz abzugeben.

Die Leistungsfluß-Diagramme für Bereich 1 ″untersynchroner Motorbetrieb″ und Bereich 2 ″übersynchroner Generatorbetrieb″ entsprechen den Darstellungen der Bilder 81b und 98. Das Leistungsflußdiagramm für den Bereich 3 ″übersynchroner Motorbetrieb″ (Bild 108) zeigt, daß ein Teil der Leistung, die Schlupfleistung, nicht über den Luftspalt der Maschine übertragen wird, sondern vom Netz über den Umrichter direkt in die Läuferwicklung der Maschine eingespeist wird. Das Leistungsfluß-Diagramm für den Bereich 4 ″untersynchroner Generatorbetrieb″ (Bild 109) sieht dem der untersynchronen Stromrichterkaskade (Bild 81 b) ähnlich, nur daß hier der Leistungsfluß umgekehrt ist.

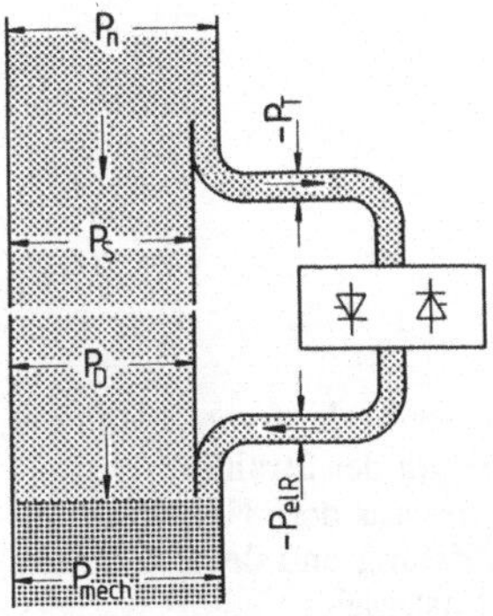

Bild 108. Leistungsfluß-Diagramm der doppeltgespeisten Drehstrommaschine nach Bild 105 in der Betriebsart übersynchroner Motorbetrieb beim Schlupf $s = -1/7$ (Maschinen- und Umrichterverluste vernachlässigt)

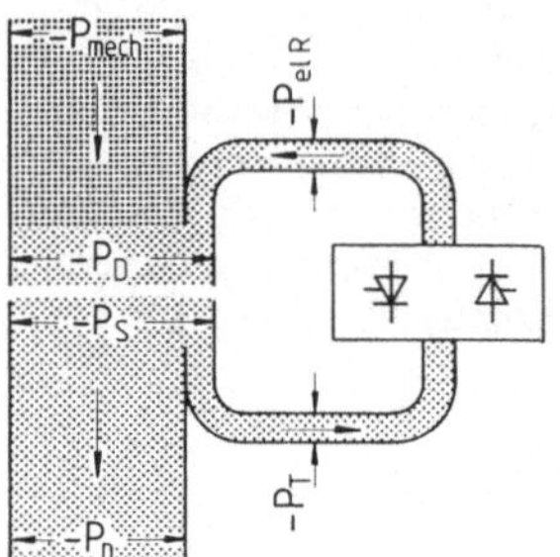

Bild 109. Leistungsfluß-Diagramm der doppeltgespeisten Drehstrommaschine nach Bild 105 in der Betriebsart untersynchroner Generatorbetrieb beim Schlupf $s = 1/7$ (Maschinen- und Umrichterverluste vernachlässigt)

Anwendung hat diese Art der doppeltgespeisten Drehstrommaschine bei Umformersätzen großer Leistung gefunden, z.B. bei Stoßleistungsumformersätzen für die Speisung der Strahlführungsmagnete von Protonensynchrotrons oder bei Bahnumformersätzen zur Übertragung elektrischer Energie aus dem 50-Hz-Drehstromnetz in das 16 2/3-Hz-Einphasennetz. Bei den Bahnumformersätzen muß ein gewisser Frequenzgang zwischen beiden Netzen, die bezüglich ihrer Frequenz nicht starr gekoppelt sind, ausgeglichen werden; weiterhin soll der Leistungstransport in beiden Richtungen möglich sein. Um diese Forderungen erfüllen zu können, besteht der Bahnumformersatz aus einer doppeltgespeisten Drehstrommaschine und einem Einphasengenerator. Über die doppeltgespeiste Drehstrommaschine kann zusätzlich Blindleistung in das 50-Hz-Netz eingespeist werden.

Als Beispiel für den Einsatz eines Antriebes mit doppeltgespeister Drehstrommaschine wird auf die Stromversorgungsanlage für die Strahlführungsmagnete eines Protonensynchrotrons eingegangen. In Bild 110 ist oben der zeitliche Verlauf von Spannung u_d, Strom i_d und Leistung p_d eingetragen, wie er für einen Erregerzyklus mit Maximalenergie und kleinster Zyklusdauer von 1,4 s erforderlich ist [52]. Es treten Leistungsspitzen von ± 70 MW auf, was, wenn die Erregerleistung direkt dem Dreh-

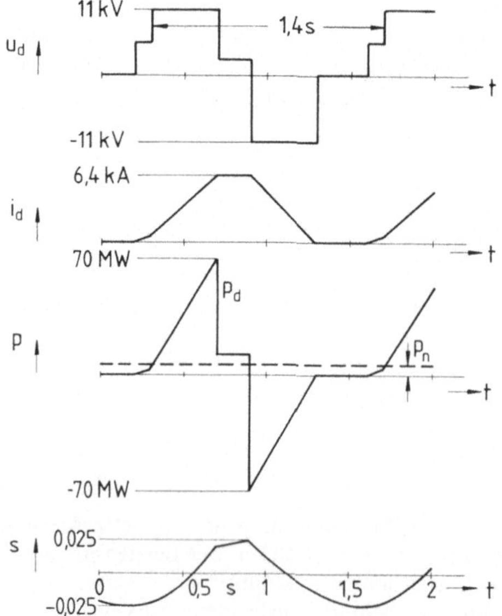

Bild 110. Zeitlicher Verlauf von Spannung, Strom und Leistung der Strahlführungsmagnete sowie der aus dem Netz aufgenommenen Leistung und des Schlupfes während eines Lastspieles

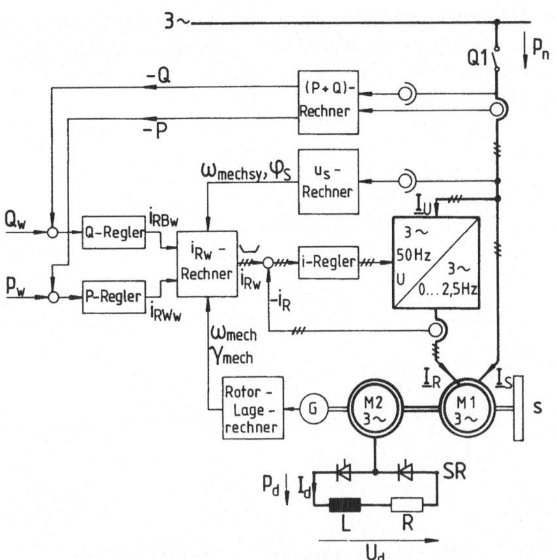

Bild 111. Grundsätzliche Schaltung einer doppeltgespeisten Drehstrommaschine für die Stromversorgungsanlage der Strahlführungsmagnete eines Protonensynchrotrons mit Wirk- und Blindleistungsregelung

stromnetz über Stromrichter entnommen würde, Scheinleistungsspitzen von 95 MVA ergäbe.

Um diese zyklischen Stoßbelastungen vom Netz fernzuhalten, wurde eine Lösung gewählt, bei der die für die Magneterregung erforderlichen Wirkleistungsspitzen aus einem mechanischen Puffer, dem Trägheitsmoment des Umformersatzes (Bild 111), zur Verfügung gestellt werden und das Netz gleichmäßig nur mit der mittleren Verlustleistung der Anlage belastet wird. Durch den Einsatz einer doppeltgespeisten Drehstrommaschine M1 kann zusätzlich der Grundschwingungsleistungsfaktor der dem Netz entnommenen Leistung auf $\cos \varphi_1 = 1$ gehalten werden. Die Strahlführungsmagnete, deren Induktivität und Widerstand im Bild 111 mit L und R gekennzeichnet sind, werden aus einer gleichstromerregten Synchronmaschine M2 über den steuerbaren Stromrichter SR gespeist. Die Maschine M1 arbeitet während der gesamten Betriebsdauer, in der gleichartige Erregerzyklen nacheinander durchfahren werden, im Motorbetrieb. Der zeitlich stark veränderliche Wirkleistungsbedarf der Strahlführungsmagnete wird aus der kinetischen Energie des Maschinensatzes gedeckt, die bei Bedarf noch durch ein Schwungrad S vergrößert werden kann. Durch die Wirkleistungspendelungen zwichen den Strahlführungsmagneten und der Synchronmaschine M2 bei konstanter Wirkleistungsaufnahme der Maschine M1 muß sich auch die Drehzahl des Maschinensatzes während eines Lastspieles ändern; in Bild 110 unten ist der zeitliche Verlauf des Schlupfes s angegeben.

Das in die Läuferwicklung der Maschine M1 eingeprägte Drehstromsystem muß nach dem Effektivwert des Stromes I_R, der Frequenz f_R, der Frequenzänderung df_R/dt und der Drehrichtung der Durchflutungswellen so bemessen sein, daß die vorstehenden Forderungen bezüglich Wirkleistungsaufnahme und Blindleistungsabgabe erfüllt werden. Hierzu dient die in Bild 111 angegebene Wirk- und Blindleistungsregelung nach einem feldorientierten Verfahren [53]. Dieses ermöglicht es, die Wirkkomponente $\underline{i}_{RW}$ und die Blindkomponente $\underline{i}_{RB}$ des Rotorstromraumzeigers $\underline{i}_R$ (Bild 112) entkoppelt, d.h. unabhängig voneinander zu beeinflussen. Damit wird es möglich,

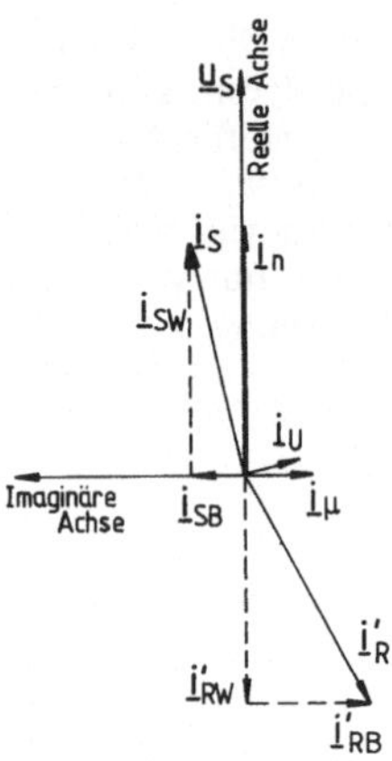

Bild 112. Zeigerdiagramm für die Stromversorgungsanlage für Strahlführungsmagnete nach Bild 111. Der Spannungsfall an der statorseitigen Eingangsimpedanz $(R_S + jX_S)\underline{I}_S$ wurde vernachlässigt

daß der Wirkleistungsregler nur die Wirkkomponente i_{RW_w} des Rotorstromes und der Blindleistungsregler nur die Blindkomponente i_{RB_w} als Führungsgrößen an den Rotorstrom-Führungsgrößenrechner vorgeben. i_{RW_w} und i_{RB_w} sind in ein mit dem Statorspannungsraumzeiger $\underline{u}_S$ (Bild 112) umlaufendes Bezugssystem projiziert zu denken und treten im stationären Zustand als konstante Gleichgrößen auf. Der auf das statorfeste (α,β)-Koordinatensystem bezogene Lagewinkel φ_S und die Umlaufgeschwinigkeit $\omega_{\text{mech sy}}$ des Statorspannungsramzeigers $\underline{u}_S$ werden aus dem zeitlichen Verlauf der Statorspannung ermittelt. Aus der von einem auf der Rotorwelle sitzenden Impulsgenerator (G in Bild 111) gelieferten Impulsfolge werden die Lagewinkel γ_{mech} zwischen dem rotorfesten (p,q)-Bezugssystem und dem (α,β)-System sowie die mechanische Winkelgeschwindigkeit ω_{mech} gewonnen.

Mit diesen Informationen kann der Rotorstrom-Führungsgrößenrechner die Führungsgrößen i_{RU_w}, i_{RV_w} und i_{RW_w} für die drei Rotorstrangströme in erforderlicher Größe und Winkellage mit der Winkelgeschwindigkeit

$$\omega_R = \omega_{\text{mech sy}} - \omega_{\text{mech}}$$

sinusförmig vorgeben.

Über drei Stromregelkreise, einen für jeden der drei Teilumrichter (Bild 105), werden in die drei Wicklungsstränge der Rotorwicklung Ströme eingeprägt, die, abgesehen von durch den Stromrichterbetrieb bedingten Oberschwingungen, den sinusförmigen Führungsgrößen folgen.

Dem Wirkleistungsregelkreis, dem noch ein Drehzahlregelkreis überlagert werden kann, wird die mittlere Verlustleistung der gesamten Stromversorgungsanlage als Führungsgröße vorgegeben. Konstante Wirkleistung bedeutet, wenn die Maschinen- und Umrichterverluste vernachlässigt werden, konstantes Drehmoment M_M der Maschine M1. Bei Leistungsaufname der Strahlführungsmagnete arbeitet die Maschine M2 generatorisch, für M1 bedeutet das ein mit der Gleichstromleistung ansteigendes Bremsmoment M_G. Ist M_G größer als M_M, so fällt die Drehzahl des Maschinensatzes ab, der Schlupf s steigt an (Bild 110 unten). In Zeiten, in denen die in der Induktivität der Strahlführungsmagnete gespeicherte Energie rückgespeist wird, bzw. in Pausenzeiten ist $M_M > M_G$, die Drehzahl steigt an, der Schlupf sinkt.

Soll die gesamte Stromversorgungsanlage so kompensiert werden, daß der Grundschwingungsleistungsfaktor der Netzleistung cos $\varphi_1 = 1$ ist, so muß die Maschine M1 übererregt betrieben werden, damit sie auch die Blindleistungskomponente des Umrichterstromes i_U (Bild 112) decken kann. Dem Blindleistungsregler ist unter den genannten Bedingungen die Führungsgröße $Q_w = 0$ vorzugeben. Die Reglerausgangsgröße i_{RBw} wird dann so geführt, daß das Netz von Grundschwingungsblindleistung entlastet wird.

4 Stromrichterkaskaden für gegenläufigen, untersynchronen und übersynchronen Betrieb

Bisher wurden mit der untersynchronen Stromrichterkaskade und der doppeltgespeisten Drehstrommaschine Antriebe behandelt, die nur einen kleinen Drehzahlstellbereich benötigen, bei denen die Umrichterleistung, die ja dem Maximalwert des Schlupfes s_{max} bzw. dem Betrag des Minimalwertes $|s_{min}|$ nach Gl.(68) proportional ist, nur einen Teil der Antriebsleistung übernimmt.

Stromrichterkaskaden lassen sich jedoch auch für größere Drehzahlstellbereiche auslegen. Im folgenden wird über einige neuere Entwicklungen [55 – 58] berichtet, die nachstehendes gemeinsam haben: Sie arbeiten mit einem Umrichter mit Stromzwischenkreis; im Gegensatz zur untersynchronen Kaskade ist der maschinenseitige Stromrichter jedoch steuerbar ausgeführt und wird maschinengeführt betrieben (Bild 113).

Die Antriebe sollen ferner mit Schlupfwerten $|s| > 1$ arbeiten. Das heißt, es würde bei Anschluß der Statorwicklung an das Netz wegen

$$P_{elR} = P_D \cdot s$$

die über den Umrichter zu transportierende Leistung P_{elR} größer als die Drehfeldleistung P_D sein, die, Maschinenverluste vernachlässigt, der von der Maschine dem Netz entnommenen Leistung entspricht. Bei Schlupfwerten $|s| > 1$ empfiehlt es sich deshalb, nur die kleinere Leistung, also die dem Netz direkt entnommene, über die Schleifringe zu führen und die Statorwicklung mit dem maschinenseitigen Teilstromrichter SR1 zu verbinden (Bild 113).

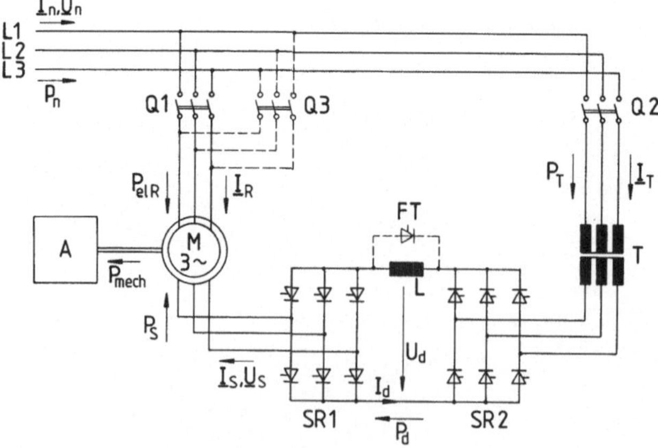

Bild 113. Grundsätzliche Schaltung einer Stromrichterkaskade für gegenläufigen, unter- und übersynchronen Betrieb

Bei Anschluß der Rotorwicklung an das Drehstromnetz ergibt sich der Schlupf zu

$$s = \frac{n_{sy} - n}{n_{sy}} = \frac{f_S}{f_R} .$$

Mit den in Bild 113 für die Teilleistungen eingetragenen Pfeilrichtungen ist bei Vernachlässigung der Maschinenverluste

$$P_{mech} = P_{el\,R} + P_S,$$

wobei – Maschinenverluste vernachlässigt – $P_S = P_D$ ist. Anstelle der für Anschluß der Ständerwicklung an das Drehstromnetz geltenden Gl. (25) und (26) ist hier

$$P_D = -P_{el\,R} \cdot s \qquad \text{und}$$

$$P_{mech} = P_{el\,R}(1 - s),$$

woraus

$$P_{mech} = P_D \frac{s-1}{s}$$

folgt.

4.1 Gegenläufiger Betrieb

Unter gegenläufigem Betrieb sei hier die Betriebsart verstanden, bei der der Rotor der Maschine in Gegenrichtung zum Drehfeld umläuft, also der Schlupf $s > 1$ ist (Bild 114).

Um den Antrieb vom Stillstand $s = 1$) aus zu höheren Schlupfwerten hin beschleunigen zu können, muß der Teilstromrichter SR1 als Wechselrichter (WR) arbeiten, während der Teilstromrichter SR2 als Gleichrichter (GR) auszusteuern ist. Wird der Steuerwinkel α_1 des Teilstromrichters 1 während des gegenläufigen Motorbetriebes an der Wechselrichtertrittgrenze α_{1w} gehalten, so kann über die Größe der Zwischenkreisspannung U_d, d.h. über die Gleichrichteraussteuerung des Teilstromrichters SR2, die Statorspannung der Asynchronmaschine und damit auch deren Drehzahl verstellt

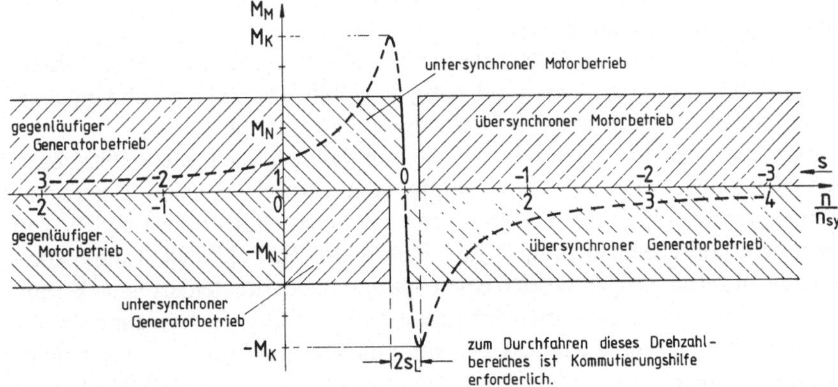

Bild 114. Mögliche Betiebsbereiche der Stromrichterkaskade nach Bild 113

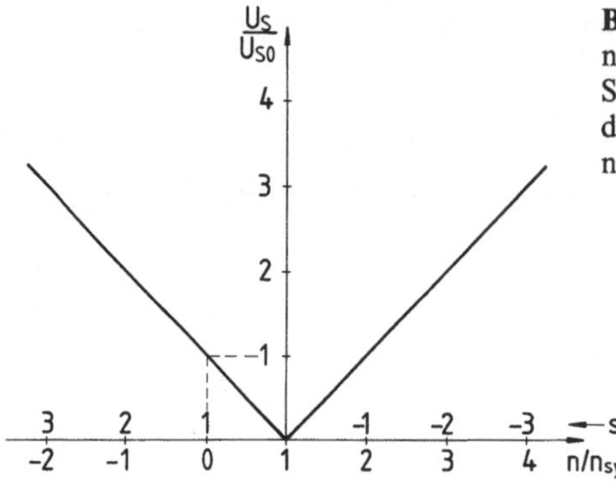

Bild 115. Abhängigkeit der auf die Statorspannung bei stillstehender Maschine U_{S0} bezogenen Statorspannung U_S von der Drehzahl n bzw. dem Schlupf s (Spannungsfall an den Maschinenimpedanzen vernachlässigt)

werden. Den Zusammenhang zwischen Statorspannung U_s und dem Schlupf s bzw. der Drehzahl n bei vernachlässigten Spannungsfällen an den Maschinenimpedanzen zeigt Bild 115.

Zwischen Gleichspannung U_d und Statorspannung U_s besteht nach der idealisierten Stromrichtertheorie der Zusammenhang

$$U_d = -\frac{3}{\pi}\sqrt{2}\,U_S \cdot \cos\alpha_{1w} = -1{,}35 \cdot s \cdot U_{S0} \cdot \cos\alpha_{1w},$$

wobei U_{S0} die Statorspannung bei stillstehender Maschine ist. Eine Vergrößerung von U_d vergrößert die Statorspannung U_S, dadurch steigt der Statorstrom I_S an, was mit steigendem Maschinenmoment M_M bei konstantem Gegenmoment M_G ein Beschleunigungsmoment M_b auslöst, das den Antrieb bis in den neuen stationären Betriebspunkt beschleunigt. Eine Drehzahlregelung mit unterlagerter Stromregelung und integrierter Strombegrenzung, ähnlich wie sie für die untersynchrone Kaskade anhand von Bild 102 beschrieben wurde, sorgt dafür, daß während des Beschleunigungsvorganges der zulässige Statorstrom I_S und damit auch das zulässige Maschinenmoment M_M nicht überschritten werden. Für das Bild 114 wurde das 1,5-fache Nennmoment als maximal zulässiges Moment angenommen.

Dem Leistungsfluß-Diagramm (Bild 116), gezeichnet für den Schlupf $s = 3$, ist zu entnehmen, daß, bei Vernachlässigung der Maschinen- und Umrichterverluste, die Umrichterleistung P_d um die Rotorleistung $P_{el\,R}$ der Maschine größer sein muß als die mechanisch abgegebene Leistung.

Diese Aussage wird durch die Ortskurve des Netzstromes $\underline{I}_n$ für konstantes Gegenmoment (Bild 117) bestätigt, die gleichzeitig ein Bild vom Grundschwingungs-Blindleistungsbedarf des Antriebes im Drehzahlstellbereich gibt.

Wie in der Literatur [54,55] gezeigt wurde, empfiehlt es sich, diese Betriebsart insbesondere bei Antrieben mit großen Schlupfwerten einzusetzen, da mit steigendem maximalem Schlupfwert s_{max} das Verhältnis der rückgespeisten Rotorleistung $P_{el\,R}$ zur abgegebenen mechanischen Leistung P_{mech} kleiner wird. Nach [55] stellt die Stromrichterkaskade im gegenläufigen Betrieb einen Spezialfall des drehfelderregten Stromrichtermotors, nämlich den Stromrichtermotor mit 50-Hz-Drehfelderregung dar.

Die Stromrichterkaskade nach Bild 113 kann im gegenläufigen Drehzahlbereich auch generatorisch betrieben werden. Dazu muß im Umrichter die Flußrichtung der Energie umgekehrt werden; der Stromrichter SR1 ist als Gleichrichter (GR) voll

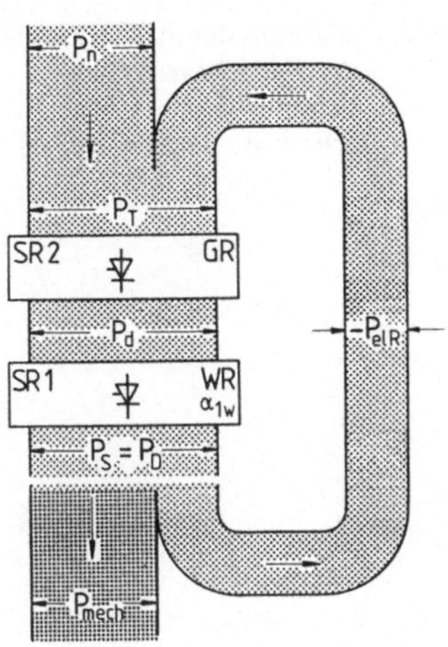

Bild 116. Leistungsfluß-Diagramm der Stromrichterkaskade nach Bild 113 in der Betriebsart gegenläufiger Motorbetrieb beim Schlupf $s = 3$ (Maschinen- und Umrichterverluste vernachlässigt)

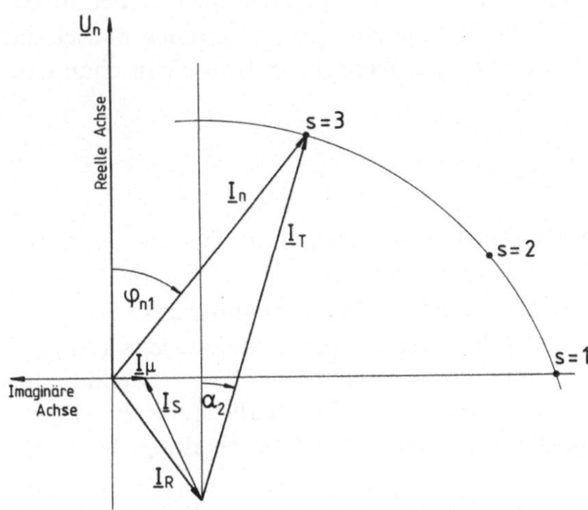

Bild 117. Ortskurve des Netzstromes I_n der Stromrichterkaskade nach Bild 113 bei Belastung mit konstantem Gegenmoment $M_G = M_N$ in der Betriebsart gegenläufiger Motorbetrieb. Auslegung für $s_{max} = 3$ mit einer Spannungsreserve des Stromrichters SR 2 von 5%

ausgesteuert zu betreiben ($\alpha_1 = 0$), während der Stromrichter SR2 als Wechselrichter (WR) arbeitet, über dessen Steuerwinkel α_2 die Gleichspannung

$$U_d = \frac{3}{\pi} \sqrt{2}\, U_T \cdot \cos \alpha_2$$

verstellt werden kann. Andererseits ist

$$U_d = -\frac{3}{\pi} \sqrt{2}\, U_S.$$

Über die Änderung des Steuerwinkels α_2 läßt sich somit die Statorspannung U_S und über diese nach der Kennlinie des Bildes 115 die Drehzahl des Antriebes im Bremsbe-

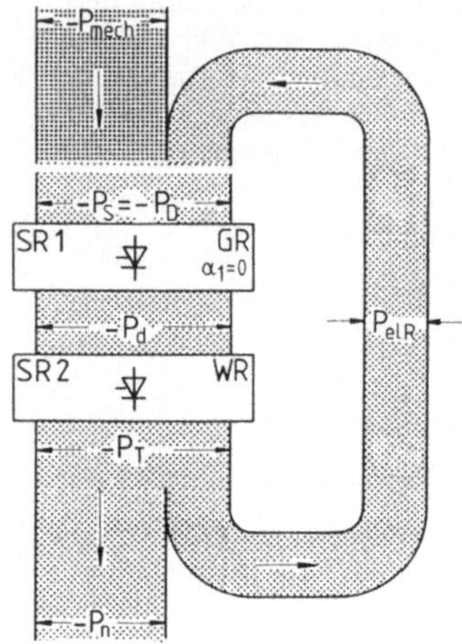

Bild 118. Leistungsfluß-Diagramm der Stromrichterkaskade nach Bild 113 in der Betriebsart gegenläufiger Generatorbetrieb beim Schlupf $s = 3$ (Maschinen- und Umrichterverluste vernachlässigt)

trieb beeinflussen. Das Leistungsfluß-Diagramm für den gegenläufigen Generatorbetrieb (Bild 118) bei dem Schlupf $s=3$ zeigt, daß auch im generatorischen Betrieb die Umrichterleistung P_d um die Rotorleistung $P_{el\,R}$ größer sein muß als die mechanische Bremsleistung.

4.2 Übersynchroner Betrieb

Wie schon die Bilder 98 und 108 zeigen, bietet der übersynchrone Betrieb gegenüber dem gegenläufigen den Vorteil, daß sich Umrichterleistung P_d und Drehfeldleistung P_D zur mechanischen Leistung P_{mech} addieren, bei gleicher mechanischer Leistung des Antriebes der Umrichter also kleiner ausgelegt werden kann. Andererseits kann der Antrieb, wie das Leistungsfluß-Diagramm für den Schlupfwert $s=-3$ (Bild 119) zeigt, bei gleicher Umrichterleistung P_d und gleicher Drehfeldleistung P_D wie im Beispiel $s=3$ nach Bild 116, die doppelte mechanische Leistung bei doppelter Drehzahl abgeben.

Während das Anfahren im gegenläufigen Drehzahlbereich keine Probleme bietet, ist der Übergang vom untersynchronen in den übersynchronen Drehzahlbereich mit

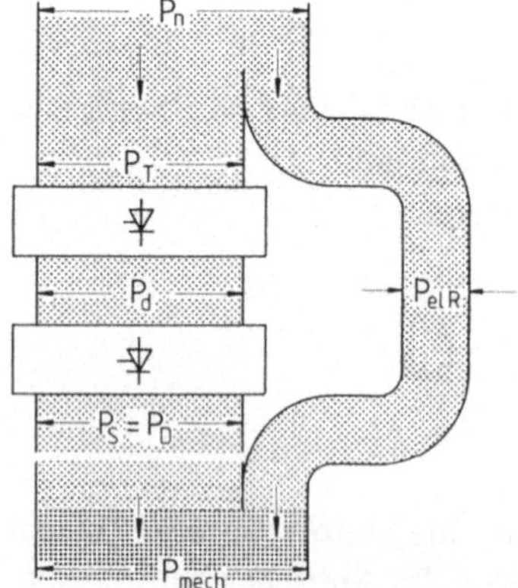

Bild 119. Leistungsfluß-Diagramm der Stromrichterkaskade nach Bild 113 in der Betriebsart übersynchroner Motorbetrieb beim Schlupf $s = -3$ (Maschinen- und Umrichterverluste vernachlässigt)

der im Bild 113 ausgezogenen Grundschaltung nicht möglich. Im untersynchronen Motorbetrieb kann der Antrieb bis auf ein gegenmomentabhängiges Δs an den der synchronen Drehzahl n_{sy} entsprechenden Schlupf $s=0$ herangefahren werden (Bild 86). Bei der synchronen Drehzahl $n=n_{sy}$ ist die Statorspannung $U_S=0$, es steht für den maschinengeführten Stromrichter somit keine Kommutierungsspannung zur Verfügung, und ein Übergang in den übersynchronen Motorbetrieb, in welchem der Stromrichter SR1 im Wechselrichterbetrieb arbeiten muß, ist nicht möglich. Erst wenn bei Schlupfwrten $|s| \geq s_L$ (Bild 114) die Statorspannung U_S so groß geworden ist, daß eine sichere Kommutierung des maschinenseitigen Stromrichters erfolgen kann, kann die Maschine im übersynchronen Drehzahlbereich weiter beschleunigt werden. Übersynchroner Motorbetrieb setzt beim Anfahren die Überwindung der im Bild 114 nicht schraffierten Lücke der Breite $2\,s_L$ in der Umgebung des Synchronismus voraus. Hierfür wurden in der Literatur zwei unterschiedliche Wege vorgeschlagen.

Der erste [55] sieht vor, daß der Motor zunächst in den gegenläufigen Drehzahlbereich hinein bis auf einen Schlupfwert $s > 2 + s_L$ beschleunigt wird, z.B. auf $s=3$; der Antrieb sei spannungsmäßig für $s_{max} = |s_{min}| = 3$ ausgelegt. Wenn jetzt durch Öffnen des Schalters Q1 und Schließen des Schalters Q3 die Drehrichtung der Rotordurchflutungswelle geändert wird, also ω_R sein Vorzeichen ändert, so springt bei gleichbleibender Antriebsdrehzahl $n=2\,n_{sy}$ der Schlupf vom Wert $s=3$ auf den Wert $s=-1$. Von hier aus kann die Maschine dann bis auf $s_{min}=-3$, was der Drehzahl $n=4\,n_{sy}$ entspricht, hochgefahren werden.

Beim generatorischen Bremsen ist der umgekehrte Weg zu beschreiten. Der Antrieb wird zunächst im übersynchronen Generatorbetrieb bis z.B. auf $n=2\,n_{sy}$ abgebremst und nach Drehrichtungsumschaltung der Rotordurchflutungswelle dann im gegenläufigen Generatorbetrieb stillgesetzt.

Anstelle des in Bild 113 mit den mechanischen Schaltern angegebenen Umschalters kann selbstverständlich ein elektronischer Umschalter treten [57].

Der zweite vorgeschlagene Weg [58] überwindet die Kommutierungslücke der Breite $2\,s_L$ um die synchrone Drehzahl herum durch die vom Stromrichtermotor[1] her bekannte Zwischenkreistaktung [59]. Bei kleinen Werten der Statorspannung wird die Kommutierung des maschinenseitigen Stromrichters SR1 über den netzseitigen Stromrichter SR2 erzwungen. Der von diesem in den Zwischenkreis eingeprägte Strom I_d wird dabei in Stromblöcke zerlegt (Bild 120). In den stromlosen Pausen wird die Ansteuerung der Thyristoren des Stromrichters SR1 so weitergeschaltet, daß sich über die drei Strangströme der Statorwicklung eine Statordurchflutungswelle mit der gewünschten kleinen Grundschwingungs-Winkelgeschwindigkeit ω_{S1} ausbildet. In der Mitte des im Bild 120 dargestellten Zeitabschnittes kehrt die Winkelgeschwindigkeit ω_{S1} ihr Vorzeichen um, was dem Durchgang durch die synchrone Drehzahl entspricht. Sobald der Schlupfwert $s=-s_L$ unterschritten ist, kann die Zwischenkreistaktung abgeschaltet werden und der maschinenseitige Stromrichter wieder maschinengeführt arbeiten.

Der in Bild 113 die Induktivität L der Zwischenkreis-Drosselspule überbrückende Freilaufthyristor FT wird jeweils beim Steuerbefehl zur Einleitung der stromlosen Pausen im Zwischenkreis angesteuert. Auf diese Weise kann die in der Induktivität L

[1] Auf dem Stromrichtermotor wird im Band 2 dieses Werkes ausführlich eingegangen.

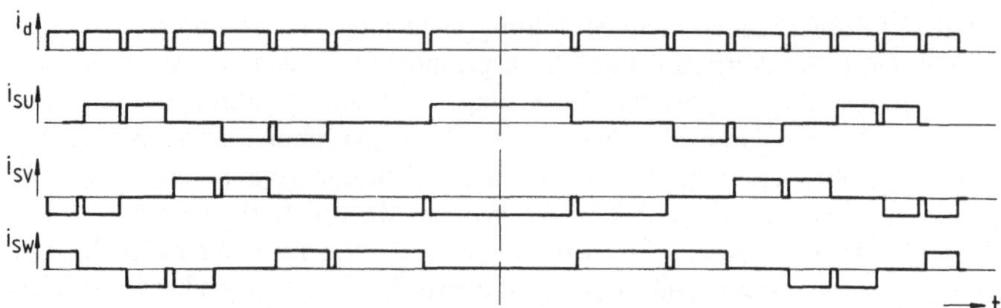

Bild 120. Zeitlicher Verlauf des Zwischenkreisstromes I_d und der statorseitigen Strangströme I_{SU}, I_{SV} und I_{SW} beim Durchgang durch die synchrone Drehzahl mit Hilfe der Zwischenkreistaktung

gespeicherte Energie erhalten bleiben, da der in sie eingeprägte Strom über den Freilaufthyristor weiterfließen kann. Der Strom im Zwischenkreis i_d kann auf diese Weise über den Stromrichter SR2 zunächst schneller ab- und dann, nach stromloser Pause und Änderung der Ansteuerung des Stromrichters SR1, wieder schneller aufgebaut werden.

Die Kommutierungslücke kann sowohl beim Beschleunigen als auch beim Verzögern des Antriebes mit der Zwischenkreistaktung überwunden werden.

Der Grundschwingungs-Blindleistungsbedarf des gesamten Antriebes bei konstantem Gegenmoment mit dem Schlupf s als Parameter läßt sich aus der Ortskurve des Netzstromes I_n für motorischen Betrieb im übersynchronen Drehzahlbereich entnehmen (Bild 121).

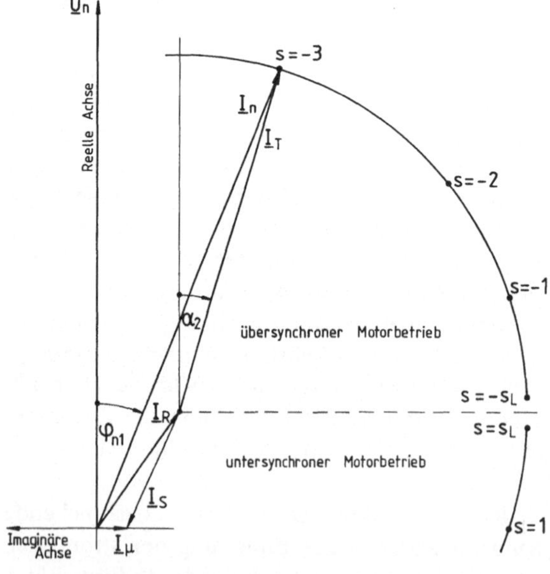

Bild 121. Ortskurve des Netzstromes I_n der Stromrichterkaskade nach Bild 113 bei Belastung mit konstantem Gegenmoment $M_G = M_N$ in den Betriebsarten unter- und übersynchroner Motorbetrieb. Auslegung für $s_{min} = -3$ mit einer Spannungsreserve des Stromrichters SR 2 von 5%

Im Statorstrom I_S der Stromrichterkaskade nach Bild 113 treten, bedingt duch den an die Statorwicklung angeschlossenen Stromrichter SR1, neben der Grundschwingung Oberschwingungen auf. Die Auswirkungen dieser Oberschwingungen auf den Rotorstrom I_R, auf die Ausnutzbarkeit der Maschine und auf den zeitlichen Verlauf des Drehmomentes der Maschine entsprechen den im Abschnitt 3.2.2 "Die untersynchrone Stromrichterkaskade" beschriebenen.

Literaturverzeichnis

1. Jahresbericht 1982 des Fachverbandes Elektrische Maschinen im ZVEI. Frankfurt 1983
2. Hütte: Elektrische Energietechnik, Bd. 1 Maschinen. Berlin, Heidelberg, New York: Springer 1978
3. Nürnberg, W.: Die Asynchronmaschine. Berlin, Göttingen, Heidelberg: Springer 1952
4. Auinger, H.: Universelle Entwurfsmethode für polumschaltbare Mehrphasenwicklungen mit wenig Anschlußenden. Siemens Forsch.- u. Entw.-ber. 8 (1979) 332–339
   Auinger, H.: Polumschaltbare Dreiphasenwicklung nach dem Umgruppierungsprinzip mit 12 Klemmen und 6-zoniger Wicklungssymmetrie in beiden Polzahlstufen. Siemens Forsch.- u. Entw.-ber. 12 (1983) 290–297
5. Aichholzer, G.: Elektromagnetische Energiewandler. Wien, New York: Springer 1975
6. Bonfert, K.: Betriebsverhalten der Synchronmaschine. Berlin, Göttingen, Heidelberg: Springer 1962
7. Dommer, R.; Rotter, H.-W.: Meßfühler für den thermischen Motorschutz. Siemens-Energietechnik 3 (1981) 313–317
8. Virt, W.: Niederspannungsmotorschutz in Mikroprozessortechnik. ETZ 103 (1982) 243–244
9. Tikvicki, M.: Erfahrungen über die Aussagegenauigkeit der SPM-Meßmethode für elektrische Maschinen. Siemens-Energietechnik 2 (1980) 55–58
10. Nojak, K.: Lagerschadenfrüherkennung mit der Kurtosis-Methode. Elektronik (1981) Nr. 17, 55–58
11. Stadler, H.: Mikroprozessorgesteuertes Überwachungssystem für große Elektromotoren (BMFT-Forschungsbericht T 82-060, April 82)
12. Abratis, M.; Teichgräber, U.: Neue Reihe explosionsgeschützter Hochspannungmotoren in der Zündschutzart „Druckfeste Kapselung". Tech. Mitt. AEG-TELEFUNKEN 72 (1982) 12–17
13. Tivicki, M.: Sekundäre Maßnahmen zur Geräuschminderung an elektrischen Maschinen im mittleren Leistungsbereich. Siemens-Energietechnik 2 (1980) 23–26
14. Kovácz, K. P.: Transiente Vorgänge in Wechselstrommaschinen. Budapest: Verl. d. Ung. Akad. d. Wiss. 1959
15. Späth, H.: Elektrische Maschinen: Eine Einführung in die Theorie des Betriebsverhaltens. Berlin, Heidelberg, New York: Springer 1973
16. Pfaff, G.; Jordan, H.: Dynamische Kennlinien von Drehstrom-Asynchronmotoren. ETZ-A 83 (1962) 388–392
17. Güntner, H.: Die Läufererwärmung von Drehstromkäfigankermotoren im transienten Betrieb. Dissertation Tech. Univ. München, 1977
18. Handbuch der Elektrotechnik. Berlin, München: Siemens AG 1971, S. 438–451
19. Brodersen, P.; Sperling, P.-G.: Dynamische Drehmomente bei Asynchronmaschinen. Siemens Forsch.- u. Entw.-ber. 7 (1978) 257–262
20. Eckert, J.: Stoßmomente und Ströme eines Asynchronmotors bei Netzumschaltung und anderen Schaltvorgängen. Siemens-Energietechnik 2 (1980) 51–54
21. Andrä, W.; Sperling, P.-G.: Beanspruchung der Wicklungsisolierung beim Schalten elektrischer Maschinen. Siemens-Z. 49 (1975) 672–677
22. Jäger, R.: Leistungselektronik: Grundlagen und Anwendungen. Berlin: VDE-Verlag 1977
23. Küller, H.; Mittelmeyer, H.: Antriebsregelung für H-Bahn-Fahrzeuge mit asynchronem Drehstrom-Linearmotor und Drehstromsteller. Siemens-Energietechnik 5 (1983) 20–23

24. Brünnler, A; Schmidt, H.: Hochleistungskrane für den kombinierten Ladungsverkehr: Elektronische Steuerung und Thyristorantriebstechnik. Elektrische Bahnen 81 (1983) 356–361
25. Freitag, R.; Stark, K: Neue ölgekühlte Anlasser 3 PA 3 für Drehstrommotoren mit Schleifringläufer. Siemens-Energietechnik 2 (1980) 121–123
26. Freitag, R.; Stark, K.: Neue Anlaßstellschalter 3 PK 4 für Drehstrommotoren mit Schleifringläufer. Siemens-Energietechnik Produktinformation 2 (1982) H4, S. 15–16
27. Silizium Stromrichter Handbuch. Baden, Mannheim: BBC AG 1971, S. 417–419
28. Meyer, M.: Selbstgeführte Thyristor-Stromrichter. Berlin, München: Siemens AG 1974
29. Schulze, W.; Vogel, G.: Neue Flüssigkeitsanlasser für Hochspannungsmotoren. Siemens-Energietechnik 1 (1979) 293–295
30. Schuisky, W.: Elektromotoren: Ihre Eigenschaften und ihre Verwendung für Antriebe. Wien: Springer 1951
31. Meyer, M.: Die untersynchrone Stromrichterkaskade, ein hochwertiger Regelantrieb für kleine Drehzahlstellbereiche. Siemens-Z. 35 (1961) 231–233
32. Meyer, M.: Über die untersynchrone Stromrichterkaskade. ETZ-A 82 (1961) 589–596
33. Stöhr, M.: Vergleich zwischen Stromrichtermotor und untersynchroner Stromrichterkaskade. E und M 57 (1939) 581–591
34. Möltgen, G.: Netzgeführte Stromrichter mit Thyristoren. Berlin, München: Siemens AG 1974
35. Handbuch der Elektrotechnik. Berlin, München: Siemens AG 1971, S. 463–467
36. Kipke, M.: Besonderheiten beim Bemessen des Drehstrom-Asynchronmotors einer untersynchronen Stromrichterkaskade. Siemens-Z. 49 (1975) 99–102
37. Kohnhäuser, W.: Untersynchrone Stromrichterkaskade: Einflüsse des Umrichters auf das Betriebsverhalten. Elektrotechnik 65 (1983) Nr. 19, 26–30
38. Kleinrath, H.: Über die Schlupfabhängigkeit der Pulsationsmomente einer untersynchronen Stromrichterkaskade. Elin-Z. (1976) 108–116
39. Fick, H.: Anregung subsynchroner Torsionsschwingungen von Turbosätzen durch einen Stromzwischenkreisumrichter. Siemens-Energietechnik 4 (1982) 39–42
40. Späth, H.: Steuerverfahren für Drehstrommaschinen: Theoretische Grundlagen. Berlin, Heidelberg, New York, Tokyo: Springer 1983
41. Eckhardt, H.: Grundzüge der elektrischen Maschinen. Stuttgart: Teubner 1982
42. Elger, H.: Schaltungsvarianten der untersychronen Stromrichterkaskade. Siemens-Z. 51 (1977) 145–150
43. Kratky, H.: Der bürstenlose Kaskadenmotor als Regelantrieb. Elin-Z. (1979) 139–143
44. Bauer, F.: Neues Steuerverfahren für die doppeltgespeiste Maschinenkaskade. ETZ Arch. 7 (1985) (noch nicht erschienen)
45. Flöhr, F.; Orttenburger, F.: Einführung in die elektronische Regelungstechnik. Siemens AG 1970
46. Watzinger, H.: Stromrichter-Gleichstromantriebe. Heidelberg: Hüthig 1980
47. Haslik, R.: Die Stromrichterkaskadenschaltung für Kesselspeisepumpen-Antrieb im Kraftwerk Simmering der Wiener Stadtwerke. Elin-Z. (1979) H. 4, 132–139
48. Schuhmacher, W.: Regelbare Drehstromantriebe großer Leistung mit untersynchroner Stromrichterkaskade. Elin-Z. (1979) H. 4, 144–148
49. Grüll, K.: Schaufelradbagger mit stromrichtergespeistem Schaufelradantrieb. BBC-Nachr. (1981) 272–278
50. Vau, G.: Neue Stromversorgungsanlage für die Strahlführungsmagnete des 28-GeV-Protonensynchrotrons des CERN in Genf. Siemens-Z. 45 (1971) 63–69
51. Bethge, W.; Güldenpenning, A.: Eine neue Leistungsklasse von Bahnstromumformersätzen bei der Deutschen Bundesbahn. Elektrische Bahnen 80 (1982) 259–263
52. Stirba, A.; Vau, G.: Stromversorgungen im Rahmen des Erweiterungsprogramms für das 28-GeV-Protonensynchrotron des CERN in Genf. Siemens-Z. 45 (1971) 59–63
53. Dirr, R.; u. a.: Neuartige elektronische Regeleinrichtung für doppeltgespeiste Asynchronmotoren großer Leistung. Siemens-Z. 45 (1971) 362–367
54. Kleinrath, H.: Stromrichtergespeiste Drehfeldmaschinen. Wien, New York: Springer 1980
55. Boehringer, A.: Funktion und Einsatz des drehfelderregten Stromrichtermotors. E und M 100 (1983) 499–507

56. Zwicki, R.: Systematik regelbarer Antriebe mit Induktionsmaschinen. Bull. SEV/VSE 70 (1979) 555–559
57. Lattmann, J.: Beitrag zur Untersuchung der gegen-/übersynchronen Stromrichterkaskade als Regelantrieb. Diss. ETH Zürich 1984
58. Zimmermann, P.: Über- und untersynchrone Stromrichterkaskade als schneller Regelantrieb. Diss. TH Darmstadt 1979
59. Meyer, M.: Stromrichtergespeiste Drehfeldmaschinen. (VDE-Buchreihe, Bd. 11). Berlin: VDE-Verlag 1966, 531–558

Sachverzeichnis